人生锦囊全集

◎主　编：滕　刚　澜　涛
◎副主编：许德海　陈　雄　刘英俊

花山文艺出版社

图书在版编目(CIP)数据

人生锦囊全集 / 滕刚, 澜涛主编. -- 石家庄: 花
山文艺出版社, 2006(2021.8 重印)
　　ISBN 978-7-80673-904-4

　　Ⅰ.①人… Ⅱ.①滕… ②澜… Ⅲ.①散文 – 作品集
– 中国 – 当代 Ⅳ.①I267

　　中国版本图书馆 CIP 数据核字(2006)第 112092 号

书　　名:**人生锦囊全集**

著　　者:**滕　刚　澜　涛**

策　　划:张采鑫
责任编辑:于怀新
责任校对:李　鸥
特约编辑:李文生
装帧设计:红十月工作室
出版发行:花山文艺出版社(邮政编码:050061)
　　　　　　(河北省石家庄市友谊北大街330号)
销售热线:0311-88643221
传　　真:0311-88643234
印　　刷:永清县晔盛亚胶印有限公司
经　　销:新华书店
开　　本:720×1020　1/16
字　　数:465 千字
印　　张:22.75
版　　次:2012 年 11 月第 2 版
　　　　　2021 年 8 月第 2 次印刷
书　　号:ISBN 978-7-80673-904-4
定　　价:78.00 元

人生如下棋 林 夕

父亲喜欢下象棋。那一年,我大学回家度假,父亲教我下棋。

我们俩摆好棋,父亲让我先走三步。可不到 3 分钟,三下五除二,我的兵将损失大半,棋盘上光秃秃的,只剩下老帅、仕和一车两卒在孤守奋战。我不肯罢休,可是已无回天之力,眼睁睁看着父亲"将军",我输了。

我不服气,摆棋再下。几次交锋,基本上都是下到 10 分钟就败下阵来。我不仅有些泄气。父亲看看我,说:"你初学棋,输是正常的。但是你要知道输在什么地方。否则你就是再下上十年,也还是输。"

"我知道,输在棋艺上。我技术不如你,没有经验。"

"这只是次要因素,不是最重要的。"

"那最重要的是什么?"我不解地问。

"最重要的是你心态不对。你不珍惜你的棋子。"

"我怎么不珍惜? 每走一步,我都想半天。"我不服气地说。

"那是后来。开始你是这样吗? 我给你算过,你三分之二的棋子是在前三分之一的时间里失去的。这期间你走棋不假思索,拿起来就走,失了也不觉得可惜。因为你觉得棋子很多,失一两个不算什么。"

我看看父亲,不好意思地低下头。

"后三分之二的时间,你又犯了相反的错误:对棋子过于珍惜,每走一步,都思前想后,患得患失,一个棋子也不想失,结果一个一个都失去了。"说到这,父亲停下来,把棋子重新在棋盘上摆好,抬起头看着我,问:"这是一盘待下的棋,我问你:下棋的基本原则是什么?"

我想也没想,脱口而出:"赢呗。"

"那是目的。"父亲不满地扫了我一眼,"下棋最基本的原则是得、失。有得必有失，有失才有得。每走一步，你心里都要非常清楚，为了赢得什么，你愿意失去什么。这样才可能赢。可惜，大部分人都像你这样，开始不考虑失，只想到得。等到后来失的多了，又过于谨慎，束手束脚，所以才屡下屡败。其实不仅是下棋，人生也是如此呀。"

我看着父亲，又看看眼前的棋，恍然顿悟：人生不就是一盘待下的棋吗？所不同的是，有的人，棋刚刚摆好，还没开场；有的人，棋已经下了一半，得失参半；而有的人，棋已经接近尾声，尘埃落定。

人生如下棋，不管多么精彩的棋，其中总有遗憾。

人生不如下棋，下棋最大的好处是：如果你下错了，你还可以接着下。

目　录

第一辑　迎着阳光开一扇窗棂

看似平淡的生活,其实蕴藏着深刻的智慧。有时候,一个简单的道理,都足以给人意味深长的生命启示;有时候,只言片语也足够我们品味一生。用智慧为人生去芜存菁,在平淡的生活中发现自己,认识自己,体会人生的价值和生存的智慧,让生活充满自信和乐观。

第二辑　人生永远都在PK台

我们所拥有的幸福和快乐,我们所遭遇的痛苦和不幸,并不是由于世界的不公和错乱,而在于我们自己,在于我们能否拥有积极的心态去思考幸福、构思快乐。

第三辑　水到绝境是飞瀑

人生如牌。上帝发给每个人手中的牌,几率是相同的,虽然你没有权利选择自己手中的牌、自己的出身和背景,但你有权利选择自己的出牌方式、人生之路的行走方式。牌没有好坏之别,关键就看你怎么去打;同样,你有什么样的态度,就决定你会有什么样的人生。

第四辑 每个人都是自己的明星

我们每个人注定都是自己这部人生戏剧的主角，站在各自的舞台上，以各自不同的方式，演绎着自己与众不同的故事。如此，谁都不应该有什么自卑、抱怨、牢骚，只需把自己的人生台词精心地推敲，只需努力让自己这个角色光彩夺目。

第五辑 不加锁的幸福

我们恐惧,也许是因为我们不再单纯;我们不快乐,也许是我们经历得太多。日益增大的压力、无止境的欲望,常常使人感到窒息;紧绷的神经、疲惫的心,将人折磨得不堪重负。不要只知道在人生的道路上狂奔,而错过一个又一个欣赏两旁美丽花朵的机会。解除利欲的枷锁,幸福将在简单平淡的生活中涌现。

第六辑 暖透一生的奶酪

人世间需要真情,真情需要珍惜。如果没有真情的保护,生活将是一块易碎的玻璃,经不起岁月的颠簸。生活中,当我们遭遇挫折和烦恼时,当被孤寂和困苦缠绕时,只要拥有真情,风再大、雨再狂,也不能将我们打倒。

第七辑 微笑是一种力量

　　幸福并不取决于财富、权利和容貌,而是取决于你和周围人的相处。生活中,一句问候,一份关怀,一个微笑,都将给你和他人的心中带来温暖,带来希望,使生活充满友爱、充满阳光。善意的微笑、真诚的理解,是生活中最美丽的智慧。

第八辑 也许,生活并没有痛苦

有勇气换个角度,就多一份成功的机会。换个角度来看风景,风景便会有
不一样的风采;而换个角度看人生,那更会有不同的景致。只要把角度轻轻扭
转,心胸会豁然开朗,灰暗的世界也能变得明亮,迷茫的事态也能变得清晰。

第九辑 上帝给谁的都不会太多

上帝为你关闭一扇窗子的同时又为你打开了另一扇窗子。上帝给了我们黑暗的际遇，但是并没有剥夺我们追求光明的权利；上帝给了我们坎坷的遭遇，但是并没有剥夺我们快乐的心境。虽然上帝给予人的东西很少，可那些都是快乐的酵母，成功的种子。

第十辑　绊倒你的也许正是金块

　　人世中的许多事,只要想做,都能做到;该克服的困难,也都能克服,用不着什么钢铁般的意志,更用不着什么技巧或谋略。只要你正确认识自己,不断提升自己,你会惊讶地发现,造物主对世事的安排,都是水到渠成的。

第十一辑 守到黎明见花开

三峡截流时不允许记者进入库区,几乎所有的记者都被警卫拦在了警戒线之外。当一个记者将精彩的三峡截流照片登在媒体上时,许多同行都大吃一惊:"你到底是怎样拍到的?"他说,为了这张照片,他和一位渔民做了一笔小交易,让渔民在月黑风高的午夜把他偷渡到对岸,然后他在一辆工程车下躲了20多个小时。成功就是不间断努力和不放弃的坚持。

人生同旅行一样，美妙皆在过程中，那些所谓的目的地，不过是我们在开启下一段人生旅程前的歇脚处罢了。放慢脚步，细细品味人生的每段过程，我们才会找到生命的价值和意义。

迎着阳光开一扇窗棂

第 一 辑

看似平淡的生活，其实蕴藏着深刻的智慧。有时候，一个简单的道理，都足以给人意味深长的生命启示；有时候，只言片语也足够我们品味一生。用智慧为人生去芜存菁，在平淡的生活中发现自己，认识自己，体会人生的价值和生存的智慧，让生活充满自信和乐观。

寻 找 圣 人

◇刘燕敏

1947 年,美孚石油公司董事长贝里奇到开普敦巡视工作。在卫生间里,看到一位黑人小伙正跪在地板上擦上面的水渍,并且每擦一下,就虔诚地叩一下头。贝里奇感到很奇怪,问他为何如此? 黑人答,在感谢一位圣人。

贝里奇很为自己的下属公司拥有这样的员工感到欣慰。问他为何要感谢那位圣人? 黑人说,是他帮着找了这份工作,让他终于有了饭吃。

贝里奇笑了。说,我曾遇到一位圣人,他使我成了美孚石油公司的董事长,你愿见他一下吗? 黑人说,我是位孤儿,从小靠锡克教会养大,我很想报答养育过我的人,这位圣人若使我吃饱之后,还有余钱,我愿去拜访他。

贝里奇说,你一定知道,南非有一座很有名的山,叫大温特胡克山。据我所知,那上面住着一位圣人,能为人指点迷津,凡是能遇到他的人都会前程似锦。二十年前,我来南非登上过那座山,正巧遇到他,并得到他的指点。假如你愿意去拜访,我可以向你的经理说情,准你一个月的假。

这位年轻的黑人是个虔诚的锡克教徒,很相信神的帮助,他谢过贝里奇就上路了。30 天的时间里,他一路劈荆斩棘,风餐露宿,过草地,穿森林,历尽艰辛,终于登上了白雪覆盖的大温特胡克山。他在山顶徘徊了一天,除了自己,什么都没有遇到。

黑人小伙很失望地回来了,他见到贝里奇后,说的第一句话是:"董事长先生,一路我处处留意,直至山顶。我发现,除我之外,根本没有什么圣人。"

贝里奇说:"你说得很对,除你自己之外,根本没有什么圣人。"二十年后,这位黑人小伙做了美孚石油公司开普敦分公司的总经理,他的名字叫贾姆讷。2000 年,世界经济论坛大会在上海召开,他作为美孚石油公司的代表参加了大会,在一次记者招待会上,针对他的传奇一生,他说了这么一句话:在您发现自己的那一天,就是您遇到圣人的时候。

你一直以为你不是主角,嗟叹镜头里总没有你的影子,可谁让你老躲在别人影子后面呢? 其实每个人都有一台对着自己的摄影机,你躲起来,所以它才找不到你。

与一个注定要成为亿万富翁的人交往,自己怎么可能成为一个穷人呢? 你与之交往的人就是你的未来!

你与之交往的人就是你的未来

◇刘燕敏

他是位音乐爱好者,同时对天文学也充满特别的兴趣,一有空他不是沉浸在音乐里,就是对着天空发呆,因此,在同学之间,他被视为一个不善交际的人。

不过,他也不是没有朋友,比他低两个年级的一位金发男孩,就经常到班里来找他,因为他父亲是图书管理员,金发男孩要通过他借一些最新的电脑书籍。

在借书还书的过程中,他喜欢上了那个金发男孩,于是经常跟他出入于学校的计算机房,与金发男孩一起玩编程游戏。从"三连棋"一直玩到"登月",临毕业时,他也成为一个仅次于金发男孩的计算机高手。

1971年春天,他考入华盛顿州立大学,学习航天;隔一年,那位金发男孩进入哈佛,学习法律。两人虽然不在一个学校,但经常联系,金发男孩继续跟他借书,他继续跟他探讨编程问题。

1974年寒假,他在《流行电子》杂志上看到一篇文章,是介绍世界第一台微型计算机的。他兴奋异常,因为在中学时,那个金发男孩就经常在他面前抱怨,计算机太笨重了! 说,要是小到家里能放下就好了。

他拿着那本杂志去了哈佛,见到那位金发男孩,说,能放在家里的计算机造出来了。金发男孩当时正为"是继续学法律,还是搞计算机"而苦恼。当他看到《流行电子》杂志上的那台所谓的家用电脑,说,你不要走了,我们一起干点儿正经事。

他没有走,在哈佛所在的城市——波士顿住了下来,并且一住就是8个星期。在这8个星期里,他和金发男孩没日没夜地工作,用Basic语言编了一套程序,这套程序可以装进那台名为Altair 8008的家用电脑里,并且能像汽车制造厂的大型计算机一样工作。

当他们带着这套程序走进那家微型计算机生产厂家时,竟然得到一个意想不到的答复,给他们3000美元的基价,以后每出一份程序拷贝,付30美元的版税。

他和金发男孩喜出望外,再也没有回到学校,三个月后,一家名为微软的计算机软件开发公司在波士顿注册,总经理比尔·盖茨,副总经理保罗·艾伦。

现在微软公司已成为世界上的一个巨无霸,总经理已成为人所共知的世界首富。副总经理在总经理的巨大光环下,虽然有些暗淡,但在《福布斯》富豪榜上也名列前5位,个人资产210亿美元。

前不久,有人写了一本书,称保罗·艾伦是一位"一不留神成了亿万富翁"的人,其实,这是一种误解。犹太经典《塔木德》中有一句话:和狼生活在一起,你只能学会嗥叫;和那些优秀的人接触,你就会受到良好的影响。

与一个注定要成为亿万富翁的人交往,自己怎么可能成为一个穷人呢?你与之交往的人就是你的未来!说的就是这个道理。

智慧锦囊

朋友不是我们过河的桥,或者攀登的基石,而是一种精神集中点,像镜子一样随时照出我们所缺失的东西,他们身上散发出的美好品质,才是我们要吸收的最佳营养。

在属于自己的时间里关掉手机打开孤独,享受属于我自己的那份寂寞和美丽。

给自己留出孤独的时间

◇雪小禅

我是喜欢热闹的人,所以,很多时候就显得俗气,喜欢拉帮结伙地去吃饭,围着热腾腾的火锅说段子,直说到三更已过才回家。

回到家里却觉得心还是凉的,明明,刚刚还煮着一颗热烈的心,转眼就了无情趣了? 其实朋友也还是好朋友,只不过每天缠在一起就没了新鲜感吧。

有一个朋友,大家总说他是怪人,十次打电话,有九次他是关机的,打家里亦是没有人接,有人说他在耍大牌,不就比我们名气大些吗?

那天终于打通了他的电话,我说找你好难啊,是不是忙着谈恋爱,周围美女太多了吧? 我开着他的玩笑。

他很禅意地告诉我,知道吗? 我在享受孤独。

享受孤独? 他笑着,不觉得吗,孤独成了我们的一件奢侈品,甚至,我们连孤独的自由都没有了。手机控制了我们的一切,甚至跑得再远也有人联系你,有时候我很想就一个人安静地呆一会儿,不去和朋友泡酒吧,不去吆三喝六地去吃饭,想想,除去睡觉,我们一生真正属于自己的时间有多少?

我在电话这边傻了一会儿,才说,是啊,上班听领导听上司,像个陀螺一样转转转,有几件事是自己喜欢做的? 上着班就开始接电话预订下班去哪里吃饭和谁约会,再趁着有空时发几条短信;上网时看看留言,下了班就直奔朋友堆里,开始海侃。好像每件事情都与自己有关,其实自己一个人呆着的时候几乎极少,别说享受孤独,就是享受一个人的时光都是奢侈的。

所以,我的朋友说,下了班,第一件事是关掉手机,享受自己的生活。因为真正的孤独是一种享受,它远离了红尘,冷静地想想自己的过与失,还能把自己放在一个适当的角度仔细解剖,那种每天的嘻嘻哈哈能让自己的生命有质的提高吗?

有多少日子我是这样浑浑噩噩地度过了? 甚至我迷恋了夜夜笙歌纸醉金迷,甚至我喜欢就那样热热闹闹地过下去? 但我的朋友说,给自己留出孤独的时间,那才是幸福的人。

所以,从此,我也要做一个幸福的人,在属于自己的时间里关掉手机打开孤独,享受属于我自己的那份寂寞和美丽。

智慧锦囊

孤独是一种心境,淡雅而不失魅力,沉静而蕴含哲理。因为孤独,心灵的尘埃会得到彻底的洗涤与洁净;因为孤独,世俗的心更远离尘埃。

> 只有那些永远躺在坑里，从来不仰望高空的人，才不会掉进坑里。

掉进坑里的巨人

◇蒋光宇

很久以前，夏夜已深，许多人仍坐在广场上乘凉。

这时，古希腊的第一个哲学家和天文学家泰勒斯，仰面朝天慢慢地向广场走来。他正专心致志地观察天上的星辰。在他的前面有个又大又深的土坑，泰勒斯没有发现它，一脚踩空，掉了下去……

周围的一些人见了哈哈大笑。有人嘲笑他说："你自称能够认识天上的东西，却不知道脚下是什么，你研究学问得益真大啊，跌进坑里就是你的学问给你带来的好处吧！"这一挖苦又引起一阵笑声。

泰勒斯从坑里爬上来，拍了拍身上的泥土，镇定地回答说："只有站得高的人，才有从高处跌进坑里去的权利和自由。没有知识的人，好像本来就躺在土坑里从来没有爬出来过一样，又怎么能从上面跌进坑里去呢？"

接着，泰勒斯笑了笑说："明天会下雨。"果然，第二天真的下雨了。

两千年后，黑格尔也因此说过一句同样的话，他说：只有那些永远躺在坑里，从来不仰望高空的人，才不会掉进坑里。

鹰有时比鸡飞得低，但鸡永远飞不到鹰那么高。

智慧锦囊

非洲有一个谚语：不睡觉，没有梦。失败并不可怕，可怕的是没有奔向成功的勇气，要知道如果不努力我们连失败的机会都没有。

成功的途中不能停留,假若停留,你就要付出比别人更多的努力。

为自己的停留买单

◇李雪峰

有一天下着小雨,因为有急事,我必须赶到两位朋友家去。

出了门,躲在街旁的法国梧桐树下等了好久,才拦下了一辆出租车。我吩咐司机说:"到兰花街6号。"司机很不情愿,因为兰花街6号不太远,不到2公里,他只能收取5元的出租车启动费,而启动费里已包括了3公里内的计程费,就是说,付给他5元钱,我就不用再支付其他什么费用了。见司机不情愿,我告诉他说:"到兰花街6号办点儿事儿,我还要到兰花街尽途的郊区去。"司机这才懒洋洋地启动了车子。

到了兰花街6号,我付给司机5元钱,并告诉他:"如果愿意,你可以在这里稍稍等候,一会儿我还要到郊区去。"司机像没睡醒的样子,懒洋洋地点了点头。

到了第一位朋友家,匆匆忙忙把事情办完,茶也没顾得上品一口,就匆匆忙忙下楼,可到街边一看,那辆出租车还是早走了,街上,只有打着雨伞来来往往的行人,只有一街的沙沙细雨。

只好重新再叫一辆出租车了。

又等候了好久,才重新拦到了一辆出租车。这辆出租车的司机是位明眸皓齿的女孩,十分开心也十分健谈的样子,坐进车子,她问我到哪里去,我说:"就沿这兰花街,到尽途的郊区去办点儿事儿。"

"就这么一点点路呀?"女孩边笑着问边轻轻启动了车子。

"不足2公里。"见女孩很健谈,我就告诉她说:"不足6公里的路,我付了两次5元的启动费。"女孩不解,我向她解释说,由于中途稍作停留,我打了两次出租车,你这辆车,是我在这条街上打的第二辆。

听了我的解释,女孩乐了,调皮地眨了一眨眼睛说:"你中途停留了,所以你肯定得为你自己的中途停留买单。"

为自己的中途停留买单?我一怔。又细细想想,是啊,谁不为自己的中途停留买单呢?车辆在中途停留一次,重新启动时,要比正常行驶多耗一些油;长跑的运动员中途稍作停留,要恢复正常的运动状态,就必须多用一些力;假若飞行的飞机要在飞行途中的天空稍作停留,那代价可能要比它的本身更要昂贵……

成功的途中不能停留,假若停留,你就要付出比别人更多的努力。

追求成功的旅程上,我们不能在中途停留,如果停留,你就肯定要为自己的停留买单。

智慧锦囊

没有人会等你很久,假如你不珍惜,就注定错过。所以在你决定停留之前,必须做好重新追赶的准备,而且你可能跑得很累,结果却仍然是看着成功的背影消失。

一个人一旦丢掉属于自己的东西,就有可能失去一座金矿。

你本来就有一座金矿

◇澜　涛

美国田纳西州有一位秘鲁移民,在他的居住地拥有6公顷山林。在美国掀起西部淘金热时,他变卖家产举家西迁,在西部买了90公顷土地进行钻探,希望能在上面找到金沙或铁矿。

他一连干了5年,不仅没找到任何东西,最后连家底也折腾光了,不得不又重返田纳西。当他回到故地时,发现那儿机器轰鸣,工棚林立。原来,被他卖掉的那个山林就是一座金矿,新主人正在挖山炼金。如今这座金矿仍在开采,它就是美国有名的门罗金矿。

一个人一旦丢掉属于自己的东西,就有可能失去一座金矿。在这个世界上,每个人都潜藏着独特的天赋,这种天赋就像金矿一样埋藏在我们平淡无奇的生命中,一个人是否能有幸挖到这座金矿,关键看能不能脚踏实地地发挥自己的长处,去经营自己的人生。

那种整天羡慕别人的活法而邯郸学步的人,那种总认为财宝埋在别人家园子里的人,是挖不到金矿的。

造物主公平地给每一个人设计了一个最合适的成功方式,但同时它也让别人先成功,所以我们总是觉得别人的方式是最好的。

当你对自己诚实时,天下就没人能够欺骗你。

埋藏了两千多年的真理

◇刘燕敏

　　埃及的迪拉玛,被称为魔鬼城,它处在帝王谷的入口处。从比东法老到兰塞法老的 600 年间,凡是走进小城的外地人,没有不上当受骗的。

　　史书记载,第一个来这儿的是位阿拉伯商人,他想贩些银器回国去卖,结果被一个带路的小孩骗走了脚上正穿着的一双皮靴。还有一个来自大马士革城的旅行者,他想到帝王谷去探宝,进城不到一刻钟,就被一个吉卜赛人连钱带行李骗了个精光。据传,印度一位道行最高的巫师漫游至此,也没逃出被骗的厄运,身上唯一的一件东西——铜蛇管,被一个哑巴骗走。

　　对于魔鬼城之谜,历来众说纷纭。有的说,迪拉玛是上帝的狮子、水牛、天狼三颗星座在地球上的重心投射点,地理位置特殊,外地人走进这里头脑都要失灵。也有的说,是埃及法老图坦卡蒙的咒语在起作用,他说,"凡扰乱法老安宁的人必死";在这个入口处,他在用"让你破财"的方式,仁慈地提醒你,不要走近帝王谷。

　　然而,自从古希腊的一位哲学家来到这儿,这些说法就被动摇了,因为他作为外地人,在城里住了一年,不仅头脑和原来一样清晰,而且随身携带的东西一件都没有丢。一位罗马商人得知此事,很感振奋。他想,一个能清白地走出迪拉玛的人,一定是破解了法老咒语的人。因为他知道,迪拉玛这座小城是图坦卡蒙法老有意安排的。罗马的羊皮书上有记载:图坦卡蒙法老的陵墓修好后,为防止盗墓贼入侵,曾把关押在监牢里的 3000 名骗子秘密流放到这里,因为法老相信,一类人的智慧能制约另一类人的智慧。

　　罗马商人决定去拜访那位哲学家。他随自己的商队来到希腊,可惜那位哲学家已经去世 5 年了。希腊人告诉他,哲学家临终前在摩西神庙的石壁上留下过一句话,那句话是他从埃及漫游回来后写上去的。

商人来到神庙,凝视着石壁,喃喃自语:说得多好啊! 然后匍匐在地,表达对哲学家的敬意。

2300 年后的一天,一位考古学家在迦勒底山脚下挖出 7 块巨石,其中一块刻着这么一行字:当你对自己诚实时,天下就没人能够欺骗你。不久,希腊政府宣布,摩西神庙的遗址被发现。

智慧锦囊

人们总是习惯于高估自己的智商, 所以敢于冒险涉足贪婪的地界,最后令人们上当的往往是最粗糙的骗术。

幸福,只需要我们给心灵迎着阳光开一扇窗棂。

迎着阳光开一扇窗棂

◇李雪峰

朋友买了一套房子,地段不错,格局也十分合理,唯一遗憾的是光线不太明朗,几扇窗子都掩在附近几幢高楼的阴影里,晴天时还可以,一遇雨天或天气不好的日子,屋里的光线就十分差,就是白天对窗读书,也常常需要拧亮台灯。

朋友对此十分烦恼。

一天,朋友请一帮老同学到家里小酌,朋友们看了他的一个一个房间,都点头称道不错。朋友说:"格局不错,就是光线太差。"一位搞装潢设计的同学听了,仔细在朋友的房间里看了又看说:"光线差是因为你留错了窗子。"

朋友不解,那位搞装潢的同学指点说:"迎着阳光的地方你没留窗子,没有阳光的地方你偏偏开了窗子,室内怎么能明朗呢?"过了几天,那位搞装潢的同学带了一帮人来,要帮朋友重新开几扇窗子,朋友和他的家人担心地说:"方位不对,怎么能开窗呢?"

那位同学笑笑说:"什么方位不对? 你要想让室内光线明朗,就别管什么方位,迎着阳光开窗就行了。"同学在墙上重新设计了几个开窗的位置,有几扇是迎着早上太阳的,有几扇是迎着上午太阳的,还有几扇是迎着傍晚斜阳的,设计好后,同学就指挥那帮装修工人丁丁当当打墙,只半天的工夫,就在原来没窗的墙上打开了十几扇窗子,室内的光线一下子就明朗起来了。朋友很兴奋,邀我到他家去坐坐,指着东墙上新开的窗子说,清晨太阳一跃出地平线,那明媚的光线一下子就穿过东墙上窗子射进屋里来,照在床上、书桌上,甚至洒在睡梦中家人的安详的脸上;中午和下午时,太阳从面南的几扇窗子斜射进来,照在室内的墙上和地板上,到了傍晚,一抹夕阳从向西的窗子飞进来,把屋子里涂得金碧辉煌。就是在雨天,屋子里的光线也不差,可以临窗看无边无际的雨幕,也可以临窗看迷蒙的远山。朋友感叹说:"没想到只是开了几扇窗子,屋里原本的沉郁生活,一下子就变得充满诗情画意和阳光明媚起来。"看着朋友感慨不已的样子,我想,如果我们能迎着阳光给我们的心房开几扇心窗,那将会怎样呢?

可能因为开错了窗棂,我们只看到了生活的沉重和生命的阴郁;可能因为开错了窗棂,我们只看到岁月的阴影和社会的阴云;可能因为开错的窗棂,洒进我们心房的只是尘世的炎凉和命运的孤寂……

但如果能迎着阳光给我们的心灵打开一扇窗子,那么,温暖的阳光会洒进来,和煦的微风会拂进来,轻柔的月光和星光会飘进来,生活和生命是明媚而温暖的,这个世界是缤纷而七彩的……

不要埋怨世界,也不要叹息命运,许多时候,只是因为我们心房的窗棂开错了地方,如果我们能迎着太阳给自己开一扇新窗,那么快乐和幸福便会洒进你的心灵中来,那么你将看到生活和命运如诗如画的温馨风景。

幸福,只需要我们给心灵迎着阳光开一扇窗棂。

智慧锦囊

我们之所以不幸福,一方面是我们对幸福的定义太完美,而我们又达不到那种境界;另一方面是我们的眼睛只盯着遗憾,忽略了身边的美好。

巨著浓缩的一句话

◇蒋光宇

数百年前，一位聪明的老国王召集了聪明的臣子，交代了一个任务："我要你们编一本《各时代的智慧录》，好流传给子孙。"

这些聪明人离开老国王以后，工作了很长一段时间，最后完成了一本12卷的巨作。老国王看了后说："各位先生，我确信这是各时代的智慧结晶。然而，它太厚了，我怕人们不会去读完它。把它浓缩一下吧！"

这些聪明人又经过长期地努力工作，几经删减之后，完成了一卷书。然而，老国王还是认为太长了，又命令他们继续浓缩。

这些聪明人把一本书浓缩为一章，然后浓缩为一页，浓缩为一段，最后则浓缩成一句话。老国王看到这句话时，显得很得意，说："各位先生，这真是各时代的智慧结晶，并且各地的人一旦知道这个真理，我们担心的大部分问题就可以解决了。"

这句千锤百炼的话是："天下没有免费的午餐。"

这句千锤百炼的话指出，即使是要满足自身生存的最基本需要，也需要自己去做。纵使你的父母能为你提供丰厚的物质基础，也需要自己去做。不然，势必坐吃山空。

美国的雷纳·川伽的例子，可以说是"天下没有免费的午餐"的很好例证。

雷纳·川伽住在美国密苏里州独立的雷德街。在1928年，川伽先生继承了一笔价值10万美元的产业；到了1938年，他却宣告破产。

川伽先生自己剖析了破产的原因："我的父亲不但事业成功，而且为人慷慨。""在我高中的时候，只要我需钱花用，他就允许我随时用银行的账号开支票。到了我上大学的时候，我更是精于此道了。我完全不知道钱的价值，更不知道要用什么方法去赚取，我只知道如何用父亲的账号去签写支票。"

幸运的是，川伽先生破产后，及时地调整了自己，全力以赴地投入到工作之中，将失去的产业，都赚了回来。但更重要的是，他把这些宝贵经验都传给了两个儿子。他努力使儿子们明白：凡事均要靠自己的努力，这才是最根本的生存之道。即使偶尔有可观的遗产，也不可过多地指望，因为它实属兔子的尾巴——长不了！这比单独只给他们财富要有意义多了。

人人都应记住这 12 卷巨著浓缩之后的一句话："天下没有免费的午餐。"

智慧锦囊

天上如果能掉下馅饼，那一定会很大、很重，你别指望它会如你所愿掉在你的脚边，它会重重地把你砸入地底下，不会给你任何享用它的机会。

好像每件事情都是这样，不到最后时刻总感觉做不完，最后的句号总是由别人来画。

句号总是别人来画

◇林　夕

我已经两天没有看见小妹了，她在单位连续加了两天班，除了吃饭和上厕所，一直坐在电脑前设计排版。所以见到她的时候，看见她那副模样也就不足为怪。

"你们领导是不是把你们也当成电脑了？可以昼夜不断地工作！"我有些气不过。

"也不怪我们领导，是客户，他们三八节发行一种女士专用卡，要印宣传用的小册子。早不着急，现在只剩不到十天了，又急着要！所以只好加班。"

"做完了吗？"

"就算是完了吧！今天送印刷厂了，再不送就来不及了。所以完不完也只能这样了，没时间再改了！"小妹有气无力地说。

"那这样质量能保证吗？为什么不早一点儿做呢？"

"保不保证反正我们已经尽力了，他们也看到了，从接到手就马不停蹄地做，能做到现在这样就不错了。至于他们为什么不早一点儿做呢，谁知道呢？其实早做可能也和现在差不多——不到最后时刻做不完。你不也一样吗——不到截稿日期不交稿。"

小妹简单洗漱完，饭也没吃就一头躺到床上睡觉去了。我关上门，回到自己房间，想着她刚才说的那句话；的确，她说得很对，很多事情都是这样，不到最后时刻做不完。

读书的时候，总是每学期初的时候轻松，快到期末的时候紧张，因为面临考试，每次考试前都感觉准备不够，复习不完，直到进考场时才不得不合上书本。

工作以后，总是每年初开始时轻松，年底快结束时紧张，因为面临考评、发奖。每次考评前都感觉自己做得不够好，有那么多欠缺的地方，直到考评结束，奖金发到手。

还有很多，比如结婚，总是觉得购买不够，准备不足，尽管每次上街都不空手而归，直到举行婚礼。收拾新房，总是觉得收拾不完，装饰不好，直到最后把自己搬进去。好像每件事情都是这样，不到最后时刻总感觉做不完，最后的句号总是由别人来画。

想一想我们的一生，也真是这样。学生的句号，由老师和学校来画；工作的句号，由老板或工作的对象来画；单身的句号，由爱情来画；爱情的句号，由婚姻来画；婚姻的句号，由法官来画；年轻的句号，由延续你生命的孩子来画；至于人生最后的那个句号，就更由不得自己——是由上帝派医生来画的。

智慧锦囊

我们总是在得失之间奔波，但在人生的球场，取胜未必是靠一味的狂奔射门，你一直亢奋就不会有思考进球策略的时间，你疲惫了哪有力气再向前冲？

给我们自己加满"水"，使我们负重，这样我们才能够站得更稳，才不容易被人生的风雨打翻！

负重，才不会跌倒

◇李雪峰

一艘货轮卸货后返航，在浩渺的茫茫大海上，他们突然遭遇到前所未有的巨大风暴。狰狞的排浪和疯狂的暴风一次次席卷着这艘货轮，把货轮一会儿抛到浪尖上,一会儿又甩到浪谷下,时刻都有船翻人亡的危险。

惊慌失措的船员和水手们,他们个个脸色苍白地团团围住老船长,求老船长马上想出一个脱险的办法来。船被飓风狂飙吹打得歪过来又歪过去,咆哮的海水哗哗地溅到甲板上。老船长思忖了片刻,果断地下达命令说:"打开所有的货仓,立刻往货仓灌水!"

几位年轻的船员和水手们担忧地说:"风暴这样厉害,浪又这么高,货仓里什么也没装我们已够危险了,如果再把货仓里灌满了水,增加了货轮的载重,我们不就更危险吗?"老船长看了他们一眼说:"大家谁看见过根深体重的树被暴风刮倒过?"船员和水手们想了想都摇摇头。老船长说:"这样的树是不会被风刮倒的,而被飓风刮倒的往往是那些根浅体轻的树。就像人,背负重物的常常不会跌倒,跌倒的,常常是那些身无一物两手空空的。因为他没有负重,所以也就没有了站稳的强大力量。"

船员们半信半疑地打开了所有卸空的货仓,立刻拼命地往货仓里灌水。暴风虽然依旧那么疯狂,排天的巨浪虽然依旧那么猛烈,随着货仓里的水越来越满,货轮却渐渐平稳了,像在海水中扎下了坚实而沉稳的根。老船长告诉那些松了一口气的水手们说:"一只空木桶,是很容易被风打翻的。如果把它盛满水,增加了它的载重,那么再大的狂风,也打不翻它了。"老船长顿了顿说:"有经验的水手都知道,在船上装满沉重货物的时候,是最不用担心风高浪大,是出海最安全的时候,恰恰在你空船的时候,才是风浪最容易把船打翻的时候,才是最危险的时候。负重才会沉稳,才会安全。"

何尝不是呢?

那些胸藏大志满怀抱负的人,沉重的责任感时时刻刻压在他们的心头,砥砺着他们人生的坚稳脚步,他们从岁月和历史的风雨中脚步坚定地走了出来,成为了岁月和历史中磐石般的丰碑。而那些得过且过空耗时光的人,他们像没有盛水的空空木桶,往往一场人生的风雨就把他们彻底打翻了。

给我们自己加满"水",使我们负重,这样我们才能够站得更稳,才不容易被人生的风雨打翻!

智慧锦囊

负重是人生从一个阶梯转向另一个阶梯的过程,当上楼时身体给一只脚压力,另一脚才能向上迈进,这种短时的负重会使自己迈向一个新的阶梯。

> 净叶子不沉，纯净的心灵又有什么能把它击沉呢？即使把它埋入污泥深掩的塘底，它也会绽出一朵更美更洁的莲花。

净 叶 不 沉

◇李雪峰

一个年轻人千里迢迢找到燃灯寺的释济大师说："我只是读书耕作，从来不传不闻流言蜚语，不招惹是非，但不知为什么，总是有人用恶言诽谤我，用蜚语诋毁我。如今，我实在有些经受不住了，想遁入空门削发为僧以避红尘，请大师您千万收留我！"

释济大师静静听他说完，微然一笑说："施主何必心急，同老衲到院中捡一片净叶你就可知自己的未来了。"释济带年轻人走到禅寺中殿旁一条穿寺而过的小溪边，顺手从菩提树上摘下一枚菩提叶，又吩咐一个小和尚说："去取一桶一水瓢来。"小和尚很快就提来了一个木桶一个葫芦瓢交给了释济大师。大师手拈树叶对年轻人说："施主不惹是非，远离红尘，就像我手中的这一枚净叶。"说着将那一枚叶子丢进桶中，又指着那桶说："可如今施主惨遭诽谤、诋毁、深陷尘世苦井，是否就如这枚净叶深陷桶底呢？"年轻人叹口气，点点头说："我就是桶底的这枚树叶呀。"

释济大师将水桶放到溪边的一块岩石上，弯腰从溪里舀起一瓢水说："这是对施主的一条诽谤，企图是打沉你。"说着就"哗"地一声将那瓢水浇到桶中的树叶上，树叶激烈地在桶中荡了又荡，便静静漂在了水面上。释济大师又弯腰舀起一瓢水说："这是庸人对你的一句恶语诽谤，企图还是要打沉你，但施主请看这又会怎样呢？"说着又"哗"地将一瓢水浇到桶中的树叶上，但树叶晃了晃，还是漂在了桶中的水面上。年轻人看了看桶里的水，又看了看水面上浮着的那枚树叶说："秋叶竟毫无损伤，只是桶里的水深了，而树叶随水位离桶口越来越近了。"释济大师听了，微笑着点点头，又舀起一瓢瓢的水浇到树叶上，说："流言是无法击沉一枚净叶的，净叶抖掉浇在它身上的一句句蜚语、一句句诽谤，净叶不仅未沉入水底，却反而随着诽谤和蜚语的增多而使自己渐渐漂升，一步一步远离了渊底了。"释济大师边说边往桶中浇水，桶里的水不知不觉就满了，那枚菩提树叶也终于浮到了桶面上,翠绿的叶子,像一叶小舟,在水面上轻轻地荡漾着、晃动着。

释济大师望着树叶感叹说:"再有一些蜚语和诽谤就更妙了。"年轻人听了,不解地望着释济大师说:"大师为何如此说呢?"释济笑了笑又舀起两瓢水哗哗浇到桶中的树叶上,桶水四溢,把那片树叶也溢了出来,漂到桶下的溪流里,然后就随着溪水悠悠地漂走了。释济大师说:"太多的流言诽谤终于帮这枚净叶跳出了陷阱,并让它漂向远方的大河、大江、大海,使它拥有更广阔的世界了。"

年轻人蓦然明白了,高兴地对释济大师说:"大师,我明白了,一枚净叶是永远不会沉入水底的,流言蜚语,诽谤和诋毁,只能把纯净的心灵淘洗得更加纯净。"释济大师欣慰地笑了。

净叶子不沉,纯净的心灵又有什么能把它击沉呢?即使把它埋入污泥深掩的塘底,它也会绽出一朵更美更洁的莲花。

智慧锦囊

没有什么可以把纯净的心灵击沉,即使把它埋入污泥深掩的池塘,它也能绽放出美丽洁白的莲花。

强者让步,避免一切无价值的纠缠,不是胆怯,不是懦弱,不是无能,而是大度、智慧和勇敢。

让　　步

◇蒋光宇

林肯早年出言尖刻,甚至于搞到参加决斗的地步。后来,他接受了教训,在非原则的问题上总是避免和人家争吵。他说:"宁可给一条狗让路,也比和它争抢而被它咬一口好。咬了一口,即使把狗杀掉,也无济于事,得不偿失。"

林肯身材瘦高腿长。有一位自命不凡的同事曾不无讥笑地问林肯:"一个人的两条腿应该有多长?"

林肯沉稳地回答:"至少应该碰得到地面。"

林肯得体的回避和让步,显示了他克制、宽容的胸襟,至今仍为人们引为美谈。

歌德也碰到过不怀好意的挑衅。有一天,歌德漫步在魏玛公园。不料,在一条小径遇到了那个曾把他的所有作品贬得一文不值的批评家。在这条狭窄的过道,只能通过一个人。他们面对面地站着。

那个批评家十分傲慢,把头一昂,毫不退让地说:"对一个傻子,我绝不让路!"

歌德微笑着说:"我却让的。"然后,站到一边。

强者让步,避免一切无价值的纠缠,不是胆怯,不是懦弱,不是无能,而是大度、智慧和勇敢。

智慧锦囊

两只羊同时从不同方向走上独木桥,彼此都不肯退让,在激烈的角逐下,两只羊都坠落在河里,命丧黄泉。有时退让并不代表怯懦,而是一种境界。

学会自卑,为了更好地充实自己;学会自卑,为了生命中期望已久的成功。

学 会 自 卑

◇崔 浩

这是人生课堂上很重要的一课。

一个人被公认为是全班最胆小最怯弱者。大学毕业时各人挥手告别,许多人预言十年后相聚时他将是最失败者。

十年后的相聚如期举行。当年许多意气风发指点江山的同学如今被生活改变成了一言不发的旁观者,许多才华横溢认为一出校门即可拥有一切的同学因苦苦挣扎而终无意料之中的成功而垂头丧气,只有他,那个被公认为将是最失败者还是和当年一样平凡得如一粒尘土,不出众,不显眼,也不高谈阔论。

聚会到了高潮,每人依次上台讲述自己的现状和理想,还有对目前生活的满意程度。大多数人目前并未实现当年跨出校门时的理想,而现在的理想明显地降低了规格并增加了实用部分,对目前生活满意者几乎没有。

他上台了:"我目前拥有数家公司,总资产上亿元,远远超过当年走出校门时的理想。如果说还有什么遗憾的话,就是我认为我离那些我所欣赏的成功者还很遥远。是的,无论是在学校还是走向社会,我一直很自卑,感觉每一个人都有特长,都比我强。所以我要努力学习每一个人的特长,并且丢掉自己的缺点。但我发现无论我如何努力也总是无法赶上所有的人,所以我就一直自卑下去。因为自卑,我把远大理想埋在心底,努力做好手头的每一件小事;因为自卑,我将所有伟大目标转化成向别人学习的一点点的进步。进步一点儿,战胜一个自卑的理由,同时又会发现一个自卑的借口。永远让自己处在自卑之中,我就会获得源源不断的前进动力。"

长久的沉默。优秀者或平凡者明白了自己竟然失败于自信。因为自信,总认为自己比别人优秀,所以不肯虚心求教,看不到别人的长处;因为自信,目光一直看向远方,却忽略了脚下的道路应该一步一个脚印地走。

长时间的掌声。人们终于发现,在人生课堂上最有用的课程往往是大多数人都忽视的课程,学会自卑,为了更好地充实自己;学会自卑,为了生命中期望已久的成功。

智慧锦囊

当你一路高歌,一路攀登的时候,你可能更多的是在享受一览众山小的豪情,却没有发现自己的缺点正像红旗一样在高处飘扬。

脚穿什么样的鞋子并不重要,重要的是他始终在向前奔跑。

别光盯着你的脚

◇崔修建

小时候,他家里实在太穷了,上中学之前,他穿的都是母亲一针一线做的布鞋,有时干脆打赤脚,从没有穿过一双买的鞋。尽管这并没有影响他的学习成绩,但那一份无以言说的自卑,还是深深地印在他幼小的心灵中了。特别是当他穿着带有破洞的布鞋去上学的路上,他总喜欢一个人走在前面或远远地落在后面,他怕别的同学笑话他。

小学毕业那年,学校要开运动会。母亲原本已说好要给他买一双运动鞋的,但妹妹突如其来的一场病,花掉了家中仅有的一点儿积蓄,也打碎了他连续好几天的兴奋。于是,他悄悄跟同学换了比赛项目,去了赛场一角的跳远场地,因为看跳远的观众少并且离得较远,他可以脱掉那双难看的黑布鞋,光着脚往沙坑里跳。

但比赛进行到高潮时,班主任老师动员他去参加长跑比赛,因为他有希望帮助班级获得总分第一。他心里也很想为班级争光,可低头一瞅那双粘满泥巴的、灰突突的布鞋,他立刻脸红着拒绝了。老师看出了他的窘迫,想帮他借一双运动鞋,偏偏身边一时竟没找到一双合适的。

不知何时,父亲挤到了他身旁,不容商议地向他命令道:"快去跑吧,别光低头盯着你的脚,你的任务是拿第一。"

他不情愿地站到了起跑线前,目光掠过身旁那一双双运动鞋时,他的心里有一股说不出的滋味,眼泪都快要落下来。然而,发令枪响过,他和选手们一踏上跑道,他脑子里就什么都不想了,他只一门心思地快跑、快跑、快跑,他的耳朵里已经灌满了响亮的"加油"声,他看到了老师和同学们一张张为他激动的脸,还看到了刚刚出院的妹妹也站在人群中拼命地冲他挥手加油。

骤然,仿佛有一股神奇的力量涌注全身,他脚下虎虎生风,很快便冲到了最前面,脚步稳健地带领大家向前奔跑。

"抬起头来,挺直胸膛,盯着前面跑。"父亲在场外大声地指挥他。

这时,他心里只想着拿"第一"了,脚步还在不断地加快,似乎有一种飞翔的感觉。他全神贯注地向前奔跑着,丝毫没有发觉一只鞋的脚尖处不知何时已裂了一个口子。

在众人的热烈欢呼声中,他第一个冲过了终点。这时,他右脚那只鞋张着一个大口子,像是在邀功似的呼嗒呼嗒地喘息着。而此时,他已完全被兴奋包围了,脸上已见不到一丝的难为情了。

"只要你的心里有目标,眼里也有目标,穿什么样的鞋,都不能妨碍你拿第一。跑赛是这样的,学习和做事情也是这样的。"父亲像个哲人似的教诲他。

就是那次比赛和父亲的一席话,让他深深地记住了一个道理——最重要的是盯紧心中的目标,而不是自己的脚。

此后,彻底地抛掉了心头的自卑的他,以异乎寻常的刻苦,考上了县城的重点高中;后来又成为全村第一个考到北京读大学、留学美国的人。如今,他已是世界著名的铃木集团中国区副总裁。

他就是我的表哥张仲逊。在向我讲述上面这个真实的故事后,表哥真切地感慨道："虽然我现在脚上穿的都是价值上千元的国际名牌，但我始终没有忘记父亲的话——无论什么时候，都不能把目光仅仅停留到脚上，而应该投向无限的远方。只有不断地加速前行，才会率先抵达希望的终点。"

由此，我想到了一位肯尼亚中长跑世界冠军在接受记者采访时说的一句话："我的冠军是赤脚跑出来的，这没有什么值得奇怪的，因为我的眼睛总是瞄准第一。"是啊，当一个人锁定了追寻的目标，他只需坚定而执著地朝着选准的方向努力，至于他的脚穿什么样的鞋子并不重要，重要的是他始终在向前奔跑……

智慧锦囊

这世上有很多人说鞋不合脚，其实未必就是鞋有问题，可能是鞋中掉入的沙粒造成了一种不合脚的错觉，我们常常因为几颗沙粒而放弃整双鞋。

自卑，其实是一种美德，可以让自己更奋进，可以看到自己的不足，然后不断地寻找自己的突破点，找到长处。

自卑是一种美德

◇雪小禅

那天看中央电视台《人生采访》年底大戏《温暖2003》，被大导演许鞍华打动。

我想象的许鞍华是一个叱咤风云的女子，一个领导香港电影新浪潮的大导演能不是这样的女子吗？

但她走上台来。先是羞涩地笑，再是孩子气地说自己胖，新年的愿望是减肥，一点儿不像55岁的女人，那种孩子似的可爱和单纯。不能想象她居然拍了那么多好电影。

接着胖胖的智慧型的主持人张越问她觉不觉得自己特别出色？因为后来香港那些大导演开始都是跟她做助手的，她笑着说，出色？我很自卑呢。

这样出色的女人会自卑？我疑惑起来。她笑着，孩子似的说自己的不足：我长得这么不好看，分不清左右，学不会开车，常常把刹车踩了油门，而且我不会煮饭不会做家务，在生活中几乎是一个废人。人多的时候我还不会讲话，所以，我常常很自卑，自卑的好处是我得加倍地努力，结果我终于有一样出色了，在上学时我的学习成绩是一流的，没有考过第二名。后来我出来工作，能感受到电影的美好，能捕捉那些美丽的瞬间，但这时我还是自卑的，因为我总是留下了遗憾，超越不了自己。

她说完，全场响起热烈的掌声。因为她的谦逊，因为她的自卑。因为她说，自卑，其实是一种美德，可以让自己更奋进，可以看到自己的不足，然后不断地寻找自己的突破点，找到长处。

因为她的一番话，那么喜欢着许鞍华。现实的我们，总是如孔雀开屏，看到的多是自己的优势和强项，于是责怪着生活待我们的不公，去找工作不满意，就说用人单位有眼不识珠，恋爱失败了，觉得对方一定是不明白自己，从来想的都是自己身上的那一点点好，不曾想我们其实有很多的缺陷与瑕疵，所以，不思进取，所以，挑剔着生活。

没有一颗自卑的心，没有对生活的感恩和知遇。

自卑，不是低下头委屈自己，许鞍华的自卑，是能够正确认识自己，知道自己哪里长哪里短，还知道，如何让自己的命运在哪里能发生转变。

还有一个朋友，几乎所有人都羡慕，他年轻英俊有才气，从美国哈佛读了工程管理硕士回来，然后在一家大公司做总裁，几乎成了年轻男人的典范。但有一天他在公司会上说，其实，我是很自卑的人。因为少年时是一个结巴，甚至与人说话我就低头不敢多看人家一眼，现在我还是自卑，因为我可以做得更好却还没做到，因为有那么多人比我更优秀，所以，唯有努力。

有的时候，自卑不是懦弱，而是一种美德。它可以让我们真实地感觉到自己的短处，感觉到来自外界的压力，然后变成生命中最强的一股动力。没有那种刻骨的自卑，也许许鞍华只是一个平常的女人，或者还不如平常人，至少她不会煮饭不会熨衣服，她分不清左右；但她知道自己要另辟蹊径，所以，会成为一代名导，会在55岁时有那样美丽而智慧的形态，然后笑着告诉我们，自卑，是一种美德。

智慧锦囊

生命是一个严峻的课题，所以我们应该拥有一颗明朗的心，勇敢地面对现实，认识自己。人首先是征服自己，然后才是享受生活。

> 孩子对生活的认识，远远超过了我们的想象。常常的，我们这些自作聪明的人，甚至还不如这些孩子。

孩子的真理

◇乔 叶

一位婚姻不和谐的朋友在拖了 5 年之后终于和爱人分手了。她告诉我为什么能够下定决心。"因为孩子。"她说。

"以前不离，你不是也说为了孩子么？"

"但事实并不是我认为的那样。"她说。她找出一封信，浅绿色的信笺上印着可爱的小狗卡通图案。"上个月 15 号是我们结婚 16 年纪念日。这封信是孩子送给我们的礼物。"

信是这样的：

亲爱的爸爸妈妈：

我知道你们在一起已经没有幸福了。那为什么不离婚呢？如果你们是为了我凑合，那我现在郑重地请求你们为了我而分开。因为你们这样在一起，不仅没有给自己快乐，也没有给我快乐。——自己是你们凑合的理由，这让我时时感到一种压力，生怕自己做错了什么，对不起你们为我付出的忍受。于是我就常常在你们的忍受中忍受。我不想成为这样的角色。这让我时常感觉黯淡和沉重，无法去真正地享受生活。我知道你们这是为了我好。可家不是三张脸凑在一起吃饭。家没有你们之间的爱，就不是家。这样的家，我宁可不要。

如果你们真爱我，请为我离婚。离了婚我一样有亲爱的爸爸妈妈，而你们也都有了新的选择机会。我绝不埋怨你们，这是我自己的选择。我会为自己的选择负责。也请你们为自己负责。请你们拿出勇气帮我确认这样一个事实：此处牺牲并非一定意味着彼处受益，为己而活并非一定意味着可耻有罪。

我跟谁都可以。我只有两个请求：一，请没有监护权的那一方多来看看我。因为，我爱你们。二，请你们不要再在我面前说彼此的不好。因为你们的恩怨只是源于你们之间爱人的身份，对我来说你们只是父母。作为父母，你们在我心里都无可挑剔。

说话不知深浅，若有言不当，敬请原谅。

女儿即日

看着这封信上稚嫩的字迹，我和朋友默默无言。这是一封让人酸楚的信，让人愧疚的信，然而更是一封让人尊敬的信。这是多么奇怪啊，我忽然发现，有很多时候，孩子对生活的认识，远远超过了我们的想象。常常的，我们这些自作聪明的人，甚至还不如这些孩子。

智慧锦囊

有一支淘金队伍在沙漠中行走，大家都步伐沉重，痛苦不堪，只有一人快乐地走着，别人问："你为何如此惬意？"他笑着说："因为我带的东西最少。"

什么时候品好了人生的三道茶，就会看到阳光灿烂的人生，就会每天是丽日晴空。

人生三道茶

◇雪小禅

一直以为茶是有灵性有禅意的东西，不仅仅是茶那些美丽的名字（茉莉呀、龙井呀、乌龙呀、莲花香片），重要的是，茶给我一种别样的感觉，比如那种淡泊明志宁静致远的感觉，后来看到采茶和炒茶的过程更印证了我的想法——当那些采茶女的纤纤手指在茶园里翻动时，当那些炒了一辈子茶的老人守着炒锅不停翻动时，他们手上的老茧是他们的沧桑和感悟。他们说，炒茶的过程是一个艺术的过程，在经过三次翻炒之后，我们闻到了那淡淡的清香，但他们说，你能闻出茶和茶的不同吗？其实每个人炒的茶都会不同，同样的茶叶，不同的炒茶人炒出来会不同，因为他们说，炒茶需要悟性，而喝茶的过程更是如此。第一道茶涩如橄榄，你觉得茶远远不如饮料，我的孩子从来不喝茶，他认为茶是世界上最难喝的液体。有一天他问:"妈妈,茶这么苦人们为什么还要喝茶?"我该怎样回答一个孩童的问题呢?我告诉他第二道茶甘之若饴,他不明白什么叫甘之若饴。其实好茶真的是那样,在将所有的苦涩一饮而尽后,我们尝到了泉的甜美。

品茶如此,人生又何尝不是如此。都说不经历风雨怎么见彩虹,其实是一个道理,经过了生命中的千山万水,该来的总会要来。生活还在于每一个人的悟性,生活对于每一个人来说都是一样的,可是每一个人感觉却是如此的天差地别。禅语总说日日是好日,的确是不错的,真正懂得生活的人,是化腐朽为神奇的人,是化苦涩为甘甜的人。什么时候品好了人生的三道茶,就会看到阳光灿烂的人生,就会每天是丽日晴空。

智慧锦囊

喧嚣浮躁的生活,使人逐渐丧失了宁静心灵的能力。入鲍鱼之肆久了,鼻子只有臭味;再入芝兰之室,也闻不到清香。

有些特长,虽然不伟大,不高贵,但是它照样可以让我们享受一生。

被细化的特长

◇王国华

在美国耶鲁大学的入学典礼上,校长每年都要向全体师生特别介绍一位新生。去年,校长隆重推出的,是一个自称会做苹果饼的女同学。大家都感到奇怪,耶鲁不乏多才多艺之人,怎么只推荐一个特长是做苹果饼的人呢?最后校长自己揭开了谜底。原来,每年的新生都要填写自己的特长,而几乎所有的同学都选择诸如运动、音乐、绘画等,从来没有人以擅做苹果饼为卖点。因此,这位同学便脱颖而出。

这真是一个聪明的学生。我想,如果当初她在自己的履历表上填上"擅长厨艺",结果会怎样?肯定不会像"做苹果饼"这么打动人心。其实,那些填写运动、音乐、绘画的,可能也就是会打打羽毛球、吹吹口哨或者画几笔素描。但是,他们不敢那样写,非要用一个大而笼统的概念把自己的特长掩盖起来。细细打量,这背后更多的是心虚。而细化自己的特长，则显示出一种天真的可爱和拙朴，同时也是一种自信。我一个朋友求职时，在自己的简历"有什么特点"一栏中写道："说谎时容易脸红"，这比起那些自称"从不说谎"的人来，要真诚得多。有些特长，虽然不伟大，不高贵，但是它照样可以让我们享受一生。细化它们，并张扬它们，你的自信便一点一滴地渗透出来。

智慧锦囊

人生本来就是朴素的，我们为它涂抹绚丽的色彩，只是为了让它精彩，让我们获得开心，而不是要让它变得陌生和复杂。

生活中，有许多贪婪的人，他们拼命想使自己得到更多，但结局往往是一无所获；而那些不计得失的人，却无心插柳柳成荫，收获了丰硕的成果。

贪婪的孩子没饭吃

◇感　动

在非洲一个贫困地区的孤儿院里，生活着十几个孤儿。

由于当地粮食紧缺，孩子们每天只能吃一顿饭。这样，每天管理人员把有限的一盆米饭端上来时，都告诉孩子们，不要多吃多占，照顾一下别人，但饥饿的孩子们还是蜂拥而上，努力把自己的饭碗盛得满满的。

只有一个孩子守规矩，每次都是先等别人都把碗盛满后，他才去盛饭，而且，他碗里的饭要比别人少很多。

但管理人员发现，尽管这个孩子守规矩，可是每天只有他能吃饱饭。原来，由于他碗里的饭总比别人的少，这样，当其他孩子还没有吃完第一碗饭时，他已经开始盛第二碗饭。而当其他孩子再去盛第二碗饭时，盆里已经没有饭了。

这使我想到，生活中，有许多贪婪的人，他们拼命想使自己得到更多，但结局往往是一无所获；而那些不计得失的人，却无心插柳柳成荫，收获了丰硕的成果。

上天不会赐予我们什么东西，当你意外中得到什么东西的时候，用不着谢谢上天，对着镜子谢谢你自己吧，那是你为自己种下了善果。

人生的陡坡上，直线并不是最短的距离，能够使我们更省力更轻松达到成功顶点的，是曲线一样的生活智慧。

人生的曲线

◇李雪峰

高中毕业那年秋天，我到镇上的砖窑厂去打工，老板给我推来辆胶皮轱辘拉车说："你拉土吧。"于是我就成了运土组一名最年轻的组员。运土在这个窑场是重力活，除了我，这个组里基本上是三四十岁身强力壮有耐力的中年人。

我们的任务是每人一辆拉车，到距窑厂近一公里远的采土点装满土后，一车一车运到窑厂来，每人每天20车，也就是说，一天20次往返，差不多要走40公里左右。最要命的是，从采土点到窑厂，是30度左右一个漫长的陡坡道，平常一个人拉一辆空车都很吃力，何况装满一车沉重得像石块的黄土呢？

我弓着腰，拼命拽着拉车的背带，绷紧双腿使劲地往上拽，胳膊发麻，两腿累得直打哆嗦，汗珠吧嗒吧嗒地摔到地上，在落满厚厚浮尘的陡坡上砸出一串又一串的麻点。第一天艰苦地结束了，当满天亮起银钉似的一颗颗星斗时，拖着满身的酸痛到记事板前一看，别人的任务都完成了，只有我才运了15车，我愣了，怎么会这样呢？他们拽着拉车慢慢蹭蹭地在陡坡上左拉右拐，只有我是拼了命狠着劲儿直线走的，怎么还比他们少，两点之间直线最短啊！第二天运土，看着我累得站都站不直少气无力的样子，胡子拉碴的刘大叔说："你这样拽车不行，人累垮了，任务还是一准完不成。"刘大叔边说边给我做示范："瞅，稳住神慢慢来，先往右斜着走，再往左斜着走，就这样一直左斜右斜，不用太费力就拽上去了。"我看着刘大叔的车辙，左斜右斜，一直呈"之"字形地蜿蜒着爬上了陡坡，我心里直觉得好笑：这样走，至少比直线多走了一倍的路，怎么能又快又省力呢？

但我还是依照刘大叔他们的走法试了试，一试果然省力了许多。天将黑的时候，我和刘大叔们一样，很轻松地拽完了 20 车黄泥土。开始的时候我挺纳闷儿，怎么走曲线比走直线还省力还更快呢？但渐渐我就明白了，刘大叔他们这种上陡坡走曲线的方法，左一斜右一斜的，就把陡坡的陡度一点点斜缓了，化解了，30 度左右的陡坡，被他们斜来斜去，或许被他们斜成了 10 度或 5 度。

其实，人生对于我们每一个人来说，何尝不都是一个个负重爬漫漫陡坡的过程呢？我们精疲力竭地拼命走直线，期望用最短的时间最快登临人生辉煌的顶点，但结果恰恰是那些轻轻松松不断用生命智慧缓和人生陡坡的走曲线者走在了我们的前面，他们镇定、从容，用智慧的曲线分解了人生的漫漫坡度。人生的陡坡上，直线并不是最短的距离，能够使我们更省力更轻松达到成功顶点的，是曲线一样的生活智慧。

其实，走一走人生的曲线，走一走人生的弯路又何妨呢？人生的陡坡上，"曲"是一种经验，"曲"是一种智慧，何况一叶一菩提，一花一世界，多一步弯路，我们就会多出一份生活的味道，就会多出一份人生别样的风景。

智慧锦囊

中国的园林讲求曲径通幽，每一个曲折后面都隐藏着一处美丽的风景。人生亦然，对于人生的曲折，不需要悲观，每一次转折都隐藏着一个希望。

在有刀的时候去承受刀爱和积蓄养料，在没有刀的时候，自己把自己打造成一把刀。

刀　爱

◇乔　叶

明媚的三月三如期来临。然而，三月三留给我印象最深的，却不是野外风筝飘飞的轻盈和艳丽，而是奶奶用刀砍树的声音。

"三月三，砍枣儿干……"每到这个时候，奶奶都会这么低唱着，在晴朗的阳光中，手拿一把磨得锃亮的刀，节奏分明地向院子里的枣树砍去。那棵粗壮的枣树就静静地站在那里,用饱含沧桑的容颜,默默地迎接着刀痕洗礼。

"奶奶,你为什么要砍树?树不疼吗?"我问。在我的心里,这些丑陋的树皮就像是穷人的棉袄一样,虽然不好看,却是他们抵御冰雪严寒的珍贵铠甲。现在,尽管冬天已经过去,可是春天还有料峭的初寒啊。奶奶这么砍下去,不是会深深地伤害他们吗?难道奶奶不知道"人活一口气,树活一张皮"吗?我甚至偷偷地设想,是不是这枣树和奶奶结下了什么仇呢?

"小孩子不许多嘴!"奶奶总是这么严厉地呵斥着我,然后把我赶到一边,继续自顾自地砍下去,一刀又一刀……

那时候,每到秋季,当我吃着甘甜香脆的枣子时,我都会想起奶奶手里凛凛的刀光,心里就会暗暗为这大难不死的枣树庆幸。惊悸和疑惑当然还有,但是却再也不肯多问一句。

多年之后,我长大了。当这件事情几乎已经被我淡忘的时候,在一个美名远扬的梨乡,我又重温了童年的一幕。

也是初春,也是三月三,漫山遍野的梨树刚刚透出一丝清新的绿意。也是雪亮的刀,不过却不仅仅是一把,而是成百上千把。这些刀在梨树干上跳跃飞舞,像一个个微缩的芭蕾女郎。梨农们砍得也是那样细致,那样用心,其认真的程度绝不亚于我的奶奶。他们虔诚地砍着,仿佛在精雕细刻着一幅幅令人沉醉的作品。梨树的皮屑一层层地撒落下来,仿佛是他们伤痛的记忆,又仿佛是他们陈旧的冬衣。

"老伯,这树,为什么要这样砍砍呢?"我问一个正在挥刀的老人。我恍惚地明白,他们和奶奶如此一致的行为背后,一定有一个共同的充分的理由。这个理由,就是我童年里没有知解的那个谜底。

"你们读书人应该知道,树干是用来输送养料的。这些树睡了一冬,如果不砍砍,就长得太快了。"老人笑道。

"那有什么不好呢?"

"那有什么好呢?"老人反问着说,"长得快的都是没用的枝条,根储存的养料可是有限的。如果在前期生长的时候把养料都用完了,到了后期,还有什么力量去结果呢? 就是结了果,也只能让你吃一嘴渣子。"

许久许久,我怔在了那里,没有说话。

我被深深地震撼了。

树是这样,人又何尝不是如此呢? 一个人,如果年轻时太过顺利,就会在不知不觉间疯长出许多骄狂傲慢的枝条。这些枝条,往往是徒有其表,却无其质,白白浪费了生活赐予的珍贵养料。等到结果的时候,他们却没有什么可以拿出去奉献给自己唯一的季节。而另外一类人,他们在生命的初期就被一把把看似残酷的刀锋斩断了甜美的微笑和酣畅的歌喉,却由此把养料酝酿了又酝酿,等到果实成熟的时候,他们的气息就芬芳成了一壶绝世的好酒。

从这个意义上讲，刀之伤又何尝不是刀之爱呢？而且，伤短爱长。

当然，树和人毕竟还有不同：树可以等待人的刀，人却不可以等待生活的刀；而且，即使等也未必能够等到。那么，我们所能做的也许就是，在有刀的时候去承受刀爱和积蓄养料，在没有刀的时候，自己把自己打造成一把刀。用这把刀，来铭记刀爱和慎用养料。

智慧锦囊

小孩子犯错误，大人总是以打骂进行教育。但打骂的目的并不是惩罚，而是为了让小孩子记住不能再犯同样的错误，这一点我们都是长大了才明白的。

第 二 辑　人生永远都在 PK 台

　　我们所拥有的幸福和快乐，我们所遭遇的痛苦和不幸，并不是由于世界的不公和错乱，而在于我们自己，在于我们能否拥有积极的心态去思考幸福、构思快乐。

> 每一个时刻，都做好上PK台的准备，那才是人生的最高境界。

人生永远都在PK台

◇雪小禅

知道PK这个词，是在红遍全国的超级女生舞台上。

当一个选手和另一个选手要PK，当30个大众评审团和评委要决定谁会被淘汰出局时，我觉得，PK是件残忍的事情。

的确残忍。

两选其一，必须有一个要走。

小小的超级女生们，往往是含着眼泪离开自己的舞台的，那大概是她们受过的最大的挫败吧。

而经历了风雨的选手，往往会更坚强，PK王纪敏佳，永远选择的是往前冲，她一往无前，仿佛没有什么可以拦得住她。这个去年超级女生没有入选前10名的女孩子，一年之中，忍辱负重，卧薪尝胆，先是减肥，再是练声，她说，我这次PK的是自己。

永远不认输，即使站在台上。

超级女生的魅力，也在于此吧？尽管这个节目很娱乐，尽管湖南卫视赚得盆满钵满，可我知道，那句"想唱就唱，要唱得响亮"是生命中最灿烂的烟花，一遍遍地开放。

何止是超级女生要PK？人生的舞台到处都是PK台。

从出生，你从千军万马中挤了出来，成为了一个美妙的精灵。上学了，你要变成出色的学生，你的竞争对象是那些同你一样要PK的人。当你脱颖而出，当你走过大学的独木桥，你以为已经平坦了，可人生的道路才刚刚开始，你的PK之路长而又长……

工作、就业、恋爱、结婚、生子、赡养老人……人生时刻都在PK，你不PK，就可能被人PK掉，你不PK，你就可能不再有自己的舞台。

当你走到人生的顶点，比如你功成名就，比如你红极一时，比如你应有尽有了，可是，你会觉得还要往前走，你还要PK，这次，你PK的人是你自己。

有人访问李嘉诚,问他这么成功还要超过谁? 他说,自己啊。

是啊,自己是永远难以超越的,奋斗才会有意义,人生没有PK,应该是多么苍白的人生啊。

不可能每一次都成功,就像那些超级女生,她们有的被PK掉了,流着眼泪笑着离开。她们说,我努力过了,唱过了,争取过了,了无遗憾,明年,我还会再来!

我喜欢那种从容和大气,我喜欢那种看得开放得下的人。

有一个好友,在爱情中和另一个女人竞争一个男人,结果被PK掉,于是她自卑,她认为自己一定是没有女人魅力,她认为自己太失败,所以,她郁郁寡欢,最后,她得了抑郁症。而同样的一个女友,在生意场上败得很惨,但是她笑着说,人生不过一场戏,唱坏了就要拉上大幕吗? 不,我可以擦干眼泪重新再来。几年之后,她开的淀粉厂成了远近闻名的龙头企业。有人向她取经,她说,人生从来不怕失败,但寻找幸福的脚步一定不会停下来。

多么美好的回答,寻找幸福谁也不会停下来。

你会拒绝幸福吗? 没有人会拒绝的。

如果觉得幸福你就拍拍手,所以,即使每天都在PK台上,只要感觉幸福就可以拍拍手,不可能每一次你都失败,要保证人生晋级成功,就要付出和汗水,而每一个时刻,都做好上PK台的准备,那才是人生的最高境界。

智慧锦囊

广告里有一句非常深刻的广告词:向前走,即便一小步也有新高度。往往最艰难时的步伐最具有意义,它直接决定将来。

人生首先是一场和自己赛跑的比赛,你的对手就是你自己,你只要在场,只要不停下来努力奔跑,就会赢得自己人生的冠军奖牌。

我赢了自己

◇林 夕

年终盘点,几位好友坐在一起,总结过去,畅谈未来。

快结束的时候,朋友也学着央视"实话实说"栏目主持人,让每个人用一句话,总结这一年最大的收获。

一位朋友说,他最大的收获是打败了竞争对手,荣获本年度销售冠军,公司奖励给他3万元钱,还有欧洲八国游。

另一位朋友说,他最大的收获是做了父亲,亲眼看到一个新生命的诞生,那种感觉很神奇,对生命充满敬畏。

最后,轮到我,我看看表,还有5分钟,2004年就将成为过去,我不禁十分感慨,我说:这一年最大的收获,是出版了我的长篇处女作《爱情不在服务区》,尽管它在这一年出版的众多图书中,是那么普通,那么平常,不可能打败任何人,但是我赢了自己。

朋友默然,稍后,为我鼓掌。

我是一个争强好胜的人,从小学到中学,我要求自己考试成绩必须在全年级排第一,如果考了第二名,我就一天一夜不吃饭,不睡觉,惩罚自己。

18岁,我以优异的成绩考入大学,我依然要求自己必须拿第一。可是,天外有天,人外有人,大学同学都是从各省、市中学以优异成绩考来的,因此,我不像在中学时那样出众了。但倔强好胜的我并没有因此退缩,为了拿到第一,我加倍努力,刻苦用功,终于在大四那年,以四科全优成绩名列年级第一,赢得了全系最高奖学金。

22岁,我大学毕业,踏入社会,走上工作岗位。我依然抱着拿第一的想法,可是社会是个大舞台,它太大,一眼望去,不见边界。它也太深,一脚下去,踩不到底。尽管我使出浑身解数,依然拿不到第一。我痛苦,茫然,最后终于病倒。

病好后,我像换了个人,变得有些宿命了。既然拿不到第一,一切努力都毫无意义,于是,我选择退出。像许多同学一样,结婚,生子,躲进婚姻的围城,这一躲就是5年。

那一年,我带着女儿回吉林老家过春节,儿时的伙伴知道我回来,都来看我。我们谈起小时候的事,还有小学班主任任老师,听说她新近搬家,就住在我父母家附近,于是,我们一起结伴去看她。任老师见到我,十分意外,我们已十几年没见面。而我更感意外,没想到年近五旬、已经做了祖母的她,正在家里复习功课,准备参加全国高等教育自学考试。看到她头顶花发、戴着一副老花镜伏着案头,对着一本高等数学苦思冥想,我感到十分不解,不明白她为什么要这样做。为了一张文凭吗?可再过一年她就退休了,文凭对她已经没用了呀。我很想劝她放弃,何必付这份辛苦,不如安享晚年,与儿孙共享天伦之乐。可一想到她是我的老师,话到嘴边又咽下去了。但心中暗想,只有中学毕业的她,并没学过高等数学,又这么大年纪了,能通过考试吗?

果然如我所料,那年春天,得知自学考试成绩已经下来了,我打电话给老师,询问考试情况。老师告诉我,高等数学没有通过,只考了56分。我正想找话安慰她,没想到她却不无自豪地说:虽然没有通过,但我依然很开心。你知道吗?

高等数学一直是让我最头疼的科目,在学校时没有学过,底子不好,而我的逻辑推理能力又比较差,我原先想这次能考过50分就行,结果考了56分,虽然不及格,但我认为我考的很好,所以我并没有输,因为我赢了自己。

听着老师的话,我握着话筒的手有些微微颤抖,一瞬间我明白了一个十分简单而又重要的道理:那就是冠军只有一个。这个世界上,更多的是像我一样默默无闻、跑到最后也没有拿到冠军奖牌的人,还有像老师这样只考了56分、没有通过考试的人,难道因此我们就可以不努力、停步不前了吗?当然不是!因为人生首先是一场和自己赛跑的比赛,你的对手就是你自己,你只要在场,只要不停下来努力奔跑,你就会比昨天的自己进步一点点,成熟一点点,就会赢得自己人生的冠军奖牌。

明白了这个道理,我又重返职场,踏入社会。那一年,我29岁。

我知道,以我的学历和资历,在当今竞争十分激烈的职场上,已经没有什么优势可言;我也同样知道,无论我多么努力,也无法拿到那曾经令我心神向往的第一名了。但是,我依然义无反顾,因为我已经不再做这样的梦了!我知道,我不可能成为伍尔夫,也不可能成为波伏娃,但我依然要写,我只要写出比昨天更好的文章就行了;即使像老师一样,最后只拿到56分,又有什么关系呢?

现在,几年过去了,我已经成了一位小有名气的作家,出版了5本散文集和一部长篇小说。我知道,我会这样一直写下去。尽管我不知道,最后到达终点时,我能拿到多少分。这对我已经不重要了,重要的是我在写,分数只是顺带的结果。在写的过程中,我已经得到了丰厚的回报。我很庆幸,自己当初选择了写作。它教会了我思考,使我成为一个精神独立的女人。它给了我一种生活方式,使我成为一个经济独立的女人。当然,我更庆幸的是,遇到了任老师。因为这一切,都是缘于她当初的那一句话:我赢了自己!

是的,虽然和那些功成名就、炙手可热的名家相比,我还是无名小辈,但是,又有什么关系呢?这个世界上注定要有人比你更强、更高、更好,这是不争的事实。但我们不能因此就放弃奔跑。跑,是一种人生姿态,是对生命本质的理解和尊重,是对生活最为真挚和深沉的爱。即使竭尽全力,也跑不过别人,但一定要跑过昨天的自己。

智慧锦囊

当人爬到了山的最顶峰,新的高度就是自己的头顶,这是最难跨越的高度,唯一的方法就是攀登更高的一座山,人就是在攀登中才不断进步的。

> 平淡和奇迹的道路也许是同一条路,奇迹者成功的最大秘密是:在崎岖而漫长的道路上,他幸运地得到了一次又一次的鼓励。

5 英 里

◇李雪峰

在非洲的一个原始丛林里,有一个著名的土著部落,他们拒绝汽车、拒绝电,拒绝服饰,拒绝一切现代文明,他们狩猎、刀耕火种,住草棚和山洞,依旧过着古朴原始的生活。

近年来,许多世界各地的游览者都慕名来到距那个部落不远的一个小城里,渴望能到那个部落去耳闻目睹一下那里的风光和生活,但从这个小城到那个部落,没有公路,不通汽车,要去,只有靠两条腿去一步一步丈量着跋涉。

在那个小城的启程点上,每一个旅行者问起小城距那个部落有多远时,人们便会友好地告诉你说:"哦,不远,只有5英里。"5英里不论对哪一位旅行者来说,都不是太远的路程,于是人们便高高兴兴地出发了,他们沿着一条草径穿过一片一片的丛林,在他们走得又累又渴时,便会看见第一个用树皮搭建的路边小店,于是,便会有人走上去问店主说:"请问,这里距那个部落还有多远?"

"哦,不太远了,可能还有不到4英里远。"店主笑笑回答说。于是旅行者们便又高高兴兴地上路了,但他们走啊走啊,又走得人困马乏时,还是没有看到那个部落的影子。于是,在他们濒临失望的时候,又马上会看到一个路边小店,有人便会又问店主说:"请问,这里距那个部落还有多远呢?"

店主笑眯眯地说:"已经不远了,再坚持走一会儿你们就可以走到了。"于是,旅行者们立刻又高高兴兴地往前赶去。

在经过几个这样的丛林路边小店后,旅行者们最终赶到了那个部落里,但很多来此旅行的人都很疑惑,不是说只有5英里的路吗,怎么走起来竟需要大半天?

其实,他们走的已远不是5英里,那个部落距离小城,最起码有50英里远。直到返程时,路边小店的人才会真实地微笑着告诉他们说:"其实,你们最少已走了50英里远。"

旅行者们立刻大吃一惊:50英里?这太不可思议了。他们觉得根本没有那么远,

50 英里,想想都叫人发怵。平常,很多人连 10 英里都走不了,怎么又能够跋涉 50 英里远呢? 所以,他们宁肯相信:小城距那个部落的路程,最多只有 5 英里。

其实,小城和那个部落的距离最少有 50 英里长。如果你诚实地告诉每一个旅行者:"这里距那个部落至少有 50 英里远。"那么,或许有很多旅行者会立刻却步的;但你告诉他们只有短短的 5 英里时,他们肯定是没有一个望而却步的,毕竟 5 英里对于一个旅行者来说,那并不是一个望而生畏的距离。

一个 70 多岁的法国旅行者在得知自己确实一步一步走了 50 多英里远时,他对自己的双腿顿时大为惊讶,他说:"要不是说只有 5 英里和路边小店里那些距离越来越近的回答,我是不可能走完 50 英里的,50 英里,对于我来说,简直是个奇迹了。"

也许是的,平淡和奇迹的道路也许是同一条路,奇迹者成功的最大秘密是:在崎岖而漫长的道路上,他幸运地得到了一次又一次的鼓励。

鼓励,是平淡的废铁成为韧钢的好炼炉!

智慧锦囊

人有许多的潜能隐藏着,在我们"不可能"的常规思维的支配下,我们放弃了许多"不可能的"尝试,对偶然尝试取得的成功却称之为奇迹。

当我们还在成功的大门外徘徊的时候,我们没有资格与理由去挑剔身边的任何一线机会,即使是最糟糕的。

别放过最糟的机遇

◇感 动

三十年前,一个叫刘福荣的农家孩子随父亲从大埔山来到了香港打拼生活,为了谋生,父亲开了一片冰点店,他只是偶尔为附近的片场送外卖,此时,电影在他稚嫩的心灵中还是一片空白。

后来,经过考试,他成为香港无线电视台第 10 届艺员训练班的学员。毕业后,他走进了演艺圈,没有任何演戏经验与资历的他,接到的只是一些跑龙套的角色，但由于他能吃苦头，所以给一些人留下了很深的印象。

1982年，香港著名电影监制夏梦突然邀请他主演许鞍华的影片《投奔怒海》。原来，制片方原本中意的男主角是周润发。但由于种种原因，此片拍成后在台湾地区不能公映，当时已经成名的影星周润发怕接拍此片会影响自己的台湾票房市场，所以放弃了，但他推荐这个能吃苦的年轻人。

年轻人得知内情后，便跑去找周润发说："谢谢你推荐我拍戏，但我若接拍了这部电影，我的台湾市场岂不也危险？"

周润发问他："你告诉我，你哪来的台湾市场？拍了，至少会有香港和内地市场；不拍，你什么市场也没有！"

年轻人如梦初醒，接下了《投奔怒海》，迈出了星路的第一步。

正是这部电影，使许多导演开始注意到这个年轻人，并开始邀请他拍电影。后来，他成为香港乃至全亚洲举足轻重的电影巨星。

这个人的名字我们都熟悉，他叫刘德华。

在我们的生活还是一片空白的时候，当我们还在成功的大门外徘徊的时候，我们没有资格与理由去挑剔身边的任何一线机会，即使是最糟糕的。有些时候，别人不愿走的险路我们咬紧牙关走下去，结果就走到了成功的彼岸。

智慧锦囊

世界上没有现成的机遇，我们所遇到的都只是半成品，甚至只是一个模糊的影子；当我们将它加工为成品或把它完整描绘出来时，它才可以称为完整的机遇。

没有人可以同时将双脚抵达南极和北极，只有懂得取舍的人，才可以将梦想走得更远。

比尔·盖茨为什么成为世界首富

◇澜　涛

一家报纸举办一个有奖问答活动，问题只有一个：比尔·盖茨为什么成为世界首富？应征答案雪片般飞来，可谓千奇百怪。最后获得大奖的是一个刚刚大学毕业参加工作不久的年轻人。

年轻人的答案很简单：比尔·盖茨的成功是因为他没做很多事情。年轻人为他的答案给出这样的理由："我的答案缘于我的一段经历。即将大学毕业时，因为我的学习成绩比较优异吧，很多公司都有意聘请我。其中有一家房地产公司给出的高薪让我不能不心动，毕竟我刚刚大学毕业，稳定而又富足的收入是我稳步生活和发展的必要；而一个朋友希望我能够和他共同创办一家软件开发公司的诱惑也让我非常向往，我在读大学时就梦想毕业后自己创业，以便可以更充分地发挥自己的想象力和创造力……我经过一番权衡和思考，最后做出一个决定，应聘到那家求贤若渴的房地产公司工作的同时，和朋友合力开办一家自己的软件公司。可当我兴奋地将自己的这个'一举两得'的决定说给老师时，老师却一脸严肃地告诉我：'以比尔·盖茨的实力，他可以买下纽约，可以去做房地产等等，但他始终专注在自己的操作系统和软件的研发，而不被市场中别的诱惑所吸引，所以，他才走到了所有人的前面。'老师的话让我明白了，没有人可以同时将双脚抵达南极和北极，只有懂得取舍的人，才可以将梦想走得更远。最终，我只选择了其中之一……"

不是每个人都可以成为比尔·盖茨，但每个人都可以拥有和比尔·盖茨一样的智慧：重要的不是做了什么，而是不做什么。

智慧锦囊

人的想法很多，但人的精力却有限，人不能同时去做不同方向的工作。任何一个行业，只要用心做，成为行业的领跑者，就一定可以享受成功，这就是专注的力量。

千万不要对身边平凡的一切漠不在乎，那里可能就蕴藏着巨大的财富。

在野草中发现金子

◇感 动

布须曼人是南非的少数民族，过着封闭的生活。他们是捕猎高手，能通过观察动物留在地上的痕迹，判断是什么动物及其性别、年龄、是否受伤、是否发情等。由于猎物愈来愈少，他们不能再靠打猎过日子了。于是，布须曼人像被上帝遗弃的孤儿，他们几乎都是文盲，没有工作，只能靠卖鸵鸟蛋挣钱。许多姑娘生了孩子还住在自己父母家，因为她们的男人无法养活她们。

南非某科研机构一个叫哈里的年轻人在这里考察时，看到了布须曼人的贫穷生活后，他决心要拯救这些世界上最穷苦的人。

在与布须曼人共同生活一段时间后，哈里发现，尽管他们没有粮食，却也没有人被饿死，因为贫穷的布须曼人被逼无奈，就去吃一种沙漠中生长的野草来果腹。

这种野草是一种多汁的仙人掌科植物，味甘苦，布须曼人称之奥迪亚，在广袤的红色沙漠上，到处生长着一簇簇的奥迪亚。布须曼人在沙漠上走得饿了，就随手揪一片奥迪亚放进嘴里咀嚼，空空的肚子就饱了。

正是这种布须曼人果腹的野草，引起了哈里的关注，他觉得这种能维系布须曼民族生存的野草不是一般的野草。哈里采了几片叶子，带回了开普敦。经过研究发现，这种叫做奥迪亚的野草里面，含有一种神奇的抗饥饿分子，这种分子正是全球科学家们寻找了几十年的治疗肥胖症药物的理想原料。

当哈里把这一发现公布出去后，英国和美国的一些医药公司纷纷来到南非，与布须曼人签订收购这种野草的合同。

现在，布须曼人从前赖以度过饥荒的野草成为抢手的比金子还昂贵的东西，他们也因此每年约有 640 万欧元的收入。

布须曼人没有想到的是，在祖祖辈辈生活的地方，一种看似普通的野草改变了他们的命运。

我们有时也同布须曼人一样，对身边珍贵的东西熟视无睹。千万不要对身边平凡的一切漠不在乎，那里可能就蕴藏着巨大的财富。

智慧锦囊

在人群里踏破铁鞋千百度寻访都没有要找的人的踪影，在蓦然回头的一刻才发现人就站在你的身后，这并不是说要你坐等，而是说别忽略离你最近的地方。

马三立没说过什么惊天动地的话，也没有太惊天动地的事，但是他朴素的性格和为人的谦逊足以成为相声界的泰斗。

人格的力量

◇雪小禅

一代相声大师马三立仙逝，有几个细节令人动容。以马三立在相声界的威望，人们以为会开隆重的追悼会以示纪念，但他去世仅 9 个小时，就完成了下葬仪式，甚至有些媒体还来不及赶到，马老已经入土为安。他生前立下遗嘱，一是葬事从简，二是不收任何人的礼金。一代宗师，以简朴的方式告别了人世，留下太多的叹息和不舍，令后人景仰。

而他生前说的最多的一句话是：不要麻烦别人。这句话成了他的口头禅，他的学生在回忆他说这句话时，泪流满面。其实是很朴素的一句话，却把马三立的性格刻画得淋漓尽致。他一生最怕给人麻烦，能自个解决的尽量自己解决。不要麻烦别人说起来容易做起来很难，马三立没说过什么惊天动地的话，也没有太惊天动地的事，但是他朴素的性格和为人的谦逊足以成为相声界的泰斗。

不要麻烦别人。多好的一句话，不仅独善其身，还避免给别人带去不必要的麻烦。因为有些人，一点点小事就闹得满城风雨鸡犬不宁，而马老在生命的最后还是愿意把欢乐带给别人。有人说在去世的前一天去探望他他还随口说的就是段子，把人逗得十分开心。他不仅是没有麻烦别人，还给别人带来了很多欢乐，所以，怀念马三立和他的相声是有理由的。

智慧锦囊

一个人受尊重，可能有很多的原因，但最核心的原因一定是他具有良好的品德，高尚的情操。如果没有它们，其他方面再怎么优秀也无法支撑起人们沉甸甸的尊重。

> 每一种改变都需要付出代价，你可以少付代价，但是不可能不付。如果你想不付一点儿代价，结果往往会付出更大的代价。

每种改变都要付出代价

◇林 夕

年初，在电脑公司做软件设计的朋友辞职出来，几个人合伙创办一个电脑网络公司，需要租一间办公室。去了几个地方，最后选中离市中心稍远但交通方便的一个写字楼。楼主是外地一位农民，干装修发家后买了这栋楼，一共8层，1层是大堂，2层和顶层他自己公司用，3至7层出租。朋友去的时候，4至7层已租满，3层空闲，朋友就选了3层一间60平方米的房间，签订了两年的租赁合同。交了房租，搬进去开始办公。

整个3楼只有朋友一家公司办公，每天出出进进，倒也方便。但是这种情况只持续了三个多月，五一节前，楼主在报上登出房屋租赁广告，广告一刊出，3楼就变得热闹起来，进进出出的人很多，都是来看房子的。朋友也并没在意，因为别人租房和他无关。接着，就到五一节了，朋友关了公司，外出度假去了。节后休假回来一上班，楼主就来找他，态度诚恳，和他商量："有一家公司想要租用一个整层楼，现在3层只有你们一家公司，4层正好倒出一个空房间，而且装修过，比3层好，所以想让你们搬到4层。你可以先去看看房间。"

朋友听了，感到有些突然，本没打算搬家，但是看到人家态度诚恳，又不好拒绝，就答应上楼看看房间再说。4层看上去比3层好，房间装修过，但是面积大，有100平方米。朋友心想："房间不错，不如就答应搬上来，把3层倒出来让他租给别人。这样大家都好。"

想不到朋友还没开口，楼主却先说了话："这个房间比你楼下的大，我派人从柱子那夹开，这样这个房间和你楼下的面积一样。"

朋友听了，很不高兴，心想："一样的面积，我为什么要搬？3层那间办公室本来已经租给我了，你无权再整层出租。"于是，朋友微微一笑，说："我决定不想搬。"说完，一扭头下楼了。

过了两天，楼主又下楼找朋友，态度更加诚恳："我知道，我们无权让你搬走。但是,你知道现在房子不好租,我们打了几期广告,好不容易才找到租户,而且要一整层。所以请你帮帮忙,就算我求你了,你搬上去,房间我也不夹开了,都给你用,多出的面积今年内不算租金,明年按面积增加。你看这样行不行?”

朋友摇摇头:“不行,我是按照我的预算租下这间办公室的,不想有改变,如果改变,那也一定是按照我的意愿,而不是别人强加给我的。”

一个星期后,楼主第三次下来,找到我的朋友。此时,他已经知道,仅有态度是不够的,忍痛做出最后让步:“如果你愿意,4层那个房间整个都给你用,两年内房租按原来的数目收缴,搬家的人力、费用由我们公司出。”

朋友听了,微笑着点点头,说:“我可以答应你,我知道,你已经为此付出了代价,但是如果我拒绝,你损失会更大。所以你看,每一种改变都要付出代价,从一开始,你就应该知道。那样,我们也不会拖到今天。”

接下来发生的事,不难预料:双方签订了一份补充合同,第二天,朋友就搬到4层办公。但是,接下来发生的事,却大大出乎意料,谁也没想到:原先想租用3层楼的那家公司,因为等不急,在朋友搬家的那天,选定了别处的一层写字楼。

每一种改变都需要付出代价,你可以少付代价,但是不可能不付。如果你想不付一点儿代价,结果往往会付出更大的代价。

智慧锦囊

对于选择而言,一个片刻的犹豫,造成的可能就是重大的损失。在涉及得失的选择中,在不能取得平衡的条件下,损失最少的选择就是最好的选择。

美丽与芬芳的主题,花儿已经表达得很不错了;只有快乐,花儿还没有学会。于是,那人便说,好吧,让我来替一朵花微笑。

替一朵花微笑

◇张丽钧

那日造访王叔,受到极高礼遇。老人家先是赏我品素有“黄金芽”之称的清明前西湖龙井,然后,就将自己近年得意的摄影作品悉数搬出来给我看。

作品中有许多风景是我熟悉的,但借着王叔的眼睛看世界,就看出了一种别样的美丽。我在看照片,感觉出王叔也在看我。我晓得,他渴盼着从我的脸上读到最新鲜的惊喜与赞赏。

后来,我看到一幅有趣的作品,画面是王叔和一朵盛开着的月季花。王叔满脸纵横交错的笑纹和月季千娇百媚的面庞相映成趣。最有意思的是作品的题目,居然是《替一朵花微笑》。

"这张照片是我自拍的,"王叔略带羞色地说,"阳台上有一棵月季,临近冬天的时候突然开出了这么漂亮的花。这是多么值得记下来的事!我寻思,要是这花知道它开放的时间是这么与众不同,它一定会笑的。可它是花,它没法笑,那我就替它笑呗!"

——"替一朵花微笑"?我的心一下子被一种极温软的情愫注满了。在这个佳句面前,不由得悄然自问:"我,可曾有过如许心情?"

少年时,可能想过替一朵花美丽。叛逆的眼光,带着不与四季共舞的傲慢,看山不是山,看水不是水。那时,狂野的心里定当有个不曾察觉的声音,那就是——让我替一朵花美丽!不懂得欣赏,更不懂得珍视。挑剔是每日必做的功课。以为花的美丽是欠缺的美丽,以为唯有自己才可以替花儿抹掉这份欠缺。

后来,少年远去,这颗心,开始奢望着替一朵花芬芳。越是美艳的花,就越容易遗忘了芳香。我站在蝶儿飞舞的光影里,将自己想象成一株朝向太阳打开了繁丽心思的植物。我渴盼着用蝶儿能够听懂的语言,召唤它,挽留它,让它因了一种难以拒斥的神秘气息而流连忘返。

我远没有学会说"替一朵花微笑"。

想想看,真正担当起一朵花的快乐,是不是比梦想着担当起一朵花的使命重要得多?

替一朵花微笑,是一种繁华落尽后的淡泊与清宁。冬天说来就来了——花的冬天,人的冬天;但是,在冬天到来之前,有一朵忽略了季节的月季,天真地哼着歌子,翩然降临在一个属于她的阳台上。赏花的人,通过花的镜子,照见了自己心灵的容颜。应该说,美丽与芬芳的主题,花儿已经表达得很不错了;只有快乐,花儿还没有学会。于是,那人便说,好吧,让我来替一朵花微笑。

——茶香袅袅。"黄金芽"的叶片,在清水中复活了它嫩绿的记忆。在这样一个寻常的午后,我相信自己已被点开了"天目"。我看见了自己虚妄的昨天和凡庸的今天,当然,我更看见了自己超拔的明天。明天,我定将步一个智者的后尘,在茫茫人世间智慧地采撷、顿悟,带着对精彩人生的最佳解说,带着让花儿释怀的美丽微笑,幸福地,约会春光。

生活中的有些道理,看似玄妙空灵,令人不着边际,但它们的源头都是人的内心。只要你保持一份平静而美好的真诚之心,人生的感悟就会像泉水一般涌出。

做人不真的也是这样吗?看着似乎很平常,其实每一个人都和每一束花一样,有轻有重,有散有聚,有高有低,有疏有密,有呼有应。

插花的艺术

◇乔 叶

一次,我去一位朋友家里玩儿,一进客厅,就看到电视机旁摆着一束漂亮的鲜花。这束鲜花不但开得好,而且插得也十分有味道。

"是我插的。"朋友说,"我最近刚刚研究了一点儿插花的学问。"

"最大的收获是什么?"

"最大的收获是,我发现插花的艺术和做人的道理有天然的相通之处。"

"给我讲讲好吗?"

"当然可以。"她颇有些得意地笑道," 就拿这一束花来说吧,基本规律也只有五条:一是上轻下重,这指的是花的色彩。色彩深的居下,色彩浅的居上,这样的插花作品具有稳定感。做人也是如此,一定要弄清楚哪些是浮华的东西,哪些是根底的东西,这样就不会轻易地失落自己。"

我点点头。

"二是上聚下散,这指的是大小花的位置分配。花朵小的,花瓣比较单薄的要插在外部和上部;花朵大的,花瓣比较丰厚的应当放在中部和下部。这样的插花作品具有均衡感。做人也是同样,一定要明白自己在生活中的位置,这样,才能够找到最适合自己的归属。"

"第三呢?"

"三是高低错落。这指的是花枝的安排。花枝一定要有长有短,有高有低,这样的插花作品才会显得生动活泼，具有流动感。做人也要知道自己该如何发挥长处和如何收敛短处，这样才能够尽自己最大的努力去做到最好。"

我微笑着看看她。她的话真的很令我意外。

"四是要有疏有密。这指的是花朵和花枝之间的距离要有大有小，大则疏，小则密，这样的插花作品才会虚实相宜，具有层次感。做人也应当这样有原则有分寸，才会做得圆润自然。"她笑道，"最后就是要仰俯呼应，这指的是整个花的动势要集中，要形散而神不散，这样的插花作品才会彼此关联，具有整体感。表现在做人方面，就是说自我的统一性。不过，这也只是一个基本框架，具体的情况还要因花而宜，因人而定。"

听完她的一番话，我不由细细地开始端详起这束花来。她说得多好啊。做人不真的也是这样吗？看着似乎很平常，其实每一个人都和每一束花一样，有轻有重，有散有聚，有高有低，有疏有密，有呼有应。每一幅作品都需要我们去用心经营，才能做到最真和最美。

智慧锦囊

"世事洞明皆学问，人情练达即文章。"生活的真谛就隐藏在生活的每一个细节，只有细心感悟才能理解，对每个人来说，这不仅仅是一种发现，还是一种境界。

作为一个社会人，如果你在一个领导人位置上，不管是在企业还是政府，你都无权爱好，你得把自己的爱好隐藏起来。因为，你的爱好，就是别人进攻你的缺口。

斯隆先生爱好什么

◇林　夕

斯隆先生曾任美国通用汽车公司总裁，也是美国历史上第一个真正专业的经理人。在此以前，美国的大企业一直是"老板"自己管理企业，而斯隆则建立了第一个由专业人士来管理的大企业，他领导下的通用，50年久盛不衰，成为美国乃至世界史上的企业巨人。也因此，他被西方管理学界誉为"现代化组织的天才"。

斯隆先生年轻时爱好交友、游玩，也曾是个交游广阔的人，有许多好友、死党，但是他担任通用总裁以后，却把自己孤立起来，不与同级主管亲近，对他们都以礼相待，保持同样距离。他在担任总裁50多年，没在公司结交一个朋友，和他经常一起出游的好友克莱斯勒曾是别克的总经理，他和斯隆的情谊是在他离开通用之后才建立起来的。

"没有人喜欢孤寂，我也喜欢交友，喜欢身边有个伴，可是公司给我高薪，不是让我来交朋友的，我的工作是评估公司里的人表现如何，从而做出正确的人事决策。假如我和我共事的人有交情，自然就会有好恶之分，会影响我做决定。因此，责任在身，我不得在工作场合建立私交。"

不仅如此，斯隆先生从不在公开场合谈自己的爱好、家人，在介绍他的书中，他坚持不让编辑加入两页介绍他的家庭、童年和早期生涯的文章，因此，人们看到的斯隆是一个标准的专业的经理人，是一个严厉刻板、专注工作、不讲感情、毫无情趣的人。而事实上，真正的斯隆是一个爱恨分明、兴趣广泛、喜欢交友，而且极其有情趣的人。他非常爱他的家人，和太太结婚50多年，一直恩爱如初。但是，斯隆认为，"专业人才"不应该透露自己的兴趣、信念和私人生活，这是他的私事，和"专业"无关，所以，他都隐去了。

也正因为如此，斯隆领导下的通用，形形色色的人都有。特别是他手下的35位高级主管，风格迥异，他们的个性、特质和喜好，大相径庭，各有特色，这也正是通用的活力所在。他们都有自己的想法，每个人都与别人不同，他们不知道上司喜欢什么，就不会因上司喜而喜，也不会为讨好上司的喜好，而隐藏真实的自己。那样的话，他们最多也只是个二等复制品，而失去了自己的真正价值。

写到这，我不仅想起最近从报上看到的一句话："制度、条例再严我也不怕，最怕的是领导干部没有爱好。"这句话出自涉案金额最大的厦门远华案主犯赖昌星之口，也是他多年商旅生涯总结出来的社交学。

每个人都有爱好，也有爱好的权利。作为一个自然人，你可以随意爱好什么，爱好就是你的快乐。可是，作为一个社会人，如果你在一个领导人位置上，不管是在企业还是政府，你都无权爱好，你得把自己的爱好隐藏起来。因为，你的爱好，就是别人进攻你的缺口。

智慧锦囊

为什么很多人并没有从爱好中得到乐趣，反而因为爱好使自己摔跟头，这里的原因是他们一心想得到爱好的乐趣，而没有把握好爱好的途径。

每个人都有酒窝

◇乔　叶

一位远房表嫂很爱笑，一次家族年会，我和她坐在了一起，聊了一会儿，便充分地享受了她最近距离的甜美笑容。我发现，她笑并不为什么原因，常常很平淡地说着说着就笑起来。她这么一笑不打紧，就把我们白开水一样的谈话笑成了一杯小酒，显得分外有滋味起来。

回去之后我总是忘不了她的笑容，就琢磨她为什么这么爱笑，想来想去似乎有些明白了：她笑起来颊上有两个小酒窝，这两个小酒窝的绽放使她整个容颜都妩媚起来，活泼起来，灵动起来，——也就是说，酒窝就是她表情中最灿烂最精华的地方，而只有笑才会有酒窝呈现，所以，她才那么爱笑。

酒窝就是她的美。她要把最美的那面让人知道。

我突然想，迄今为止对这个世界最有益的美容项目也许就是做酒窝了。因了酒窝，这个世界的微笑肯定多了很多。我甚至有些天真地又想：如果每个人都像表嫂一样如此殷勤地把迷人的笑靥呈现给这个世界，这个世界就真要醉了。

可那些没有酒窝的人就不微笑了么？

朋友的父亲年过七旬，一生最爱做的事情就是养昙花。昙花难养是众所周知的，但老人家还是孜孜不倦地养了40年。他有一本"昙花日历"，哪株苗长了几片叶，哪朵苞预计何时开，日日不爽。去年中秋那天，昙花一下子开了9朵，引得报社记者都来作报道，老人很是风光了一把，在报纸上看见他沧桑的脸上绽放的笑容，亦纯真得如一朵昙花。

他没有酒窝。昙花就是他的酒窝吧？

单位的保洁工初中都没毕业，是半个文盲，长得也粗糙，平常都是沉默寡言，灰沓沓的。一天，偶然听见同事们讨论哪家的酱肉好吃，居然走进来兴致勃勃地插话，说自己如何擅做酱肉。"用不了多少时间就能把猪头烧得喷香通透。"许是怕我们不当真，第二天就带来一些让我们尝，味道还真是好极了。

她没有酒窝。酱肉就是她的酒窝吧？

"你怎么能和那么多人成为好朋友？有的人和你差异太大了。"一次，我问一个人缘极好的文学前辈。他笑了笑说："我知道有人在背后议论说我交朋友没有诚意，没有原则，甚至据此断定我是世故玲珑的万金油。对此我没有任何愧疚。和平时代，人与人之间没有什么大苦深仇，彼此宽容一些，真诚一些，就会看到许多别人的好处，也就会发现许多人都是很可爱很可交的。这样循环往复，交朋友的胃口越来越好，朋友自然越来越多了。"

"别人的好处"，就是别人的酒窝吧？原来，每个人都有自己的酒窝，这酒窝可以是品格上的丝缕之彩，可以是性情上的点水之光，可以是手艺上的一技之长，也可以是深藏在内心的那些智慧，善良，幽默，同情，慈悲……

谁都喜欢用这酒窝去盛放美好的事物，谁都愿意让自己最中意最可心的地方成就生命的华美和绚丽。如果你能够敏锐地去发现这些酒窝，真诚地去欣赏这些酒窝，这些酒窝也都会为你打开，让你饮酒。喝了这些酒，你就会明白，原来，有太多太多的人都用特有的酒窝影射着对这个世界的热爱；原来，每一滴酒里都折射着人们对自己和对生活的眷恋。

包括你自己。

智慧锦囊

> 每个人都有自己独特的存在方式，总能找到属于自己的成就感，都有自己对快乐或者幸福的定义，因此每个人都有微笑的理由。

> 努力让自己做一张与众不同的纸，然后在上面画上最美丽的图案。

不要做一张白纸

◇雪小禅

那年我们大学毕业像一群蜂一样飞向了人才市场。当我们把那些自己精心包装出来的简历递上去之后，他们总是随意地翻翻，然后放在了一边，因为即使我们说得再天花乱坠，没有真本领也是不行的。但一连十几天的遭遇让我们自信心大伤，好像自己学的专业到了社会上全变成了没用的东西。

那些简历并没有给我们带来什么效果,有个单位同意接收我们,是一家中外合资的大公司,我们一共去了 5 个人,实习期是一个月。

我们 5 个人抱着特别得意的态度进了公司,一个月之后也许我们就成了这里的正式员工,因为那些在一线工人的学历只有中专,所以,我们应该有骄傲的资格。

一个月后,我们的主管把我们叫到他的办公室,给我们的不是聘用书,而是让我们离开的通知。

为什么?我们一脸的无辜。至少,我们比那些中专生强吧?

他笑了,不,你们没有自己的特点和长处。那些操作线上的工人,至少有一种踏实肯干的精神;而你们一直飘在空中,拿着自己的大本学历;而且,你们就像一张张白纸,根本分不出谁和谁有什么区别。

白纸?我们疑惑地看着他。

是的。他说,要想成功,就不能只做一张白纸,你们看。说完,他拿出一叠纸来,里面全是白纸,他让我们自己找一页,过了一会儿,又把秩序打乱。再找找看。他说。

我们当然没有找出来。

然后他把里面放上了一张红纸,然后对我们说,再找找看。

我们笑了,这不是把我们当成幼儿园的孩子了吧?

他说,要做就做那张出色的红纸,这样人家才能记住你,你才能有出人头地的机会。如果和其他纸一样混入平常的纸里,你永远不可能被发现。

我们如悟禅机。他又说,或者,你在纸上画些乱七八糟的东西都行,只要能证明那是你就行。当然,最出色的就是做一张画满了人生理想图案的彩纸,那样的话,你就会有十分满意的人生。

那次谈话让我一生都会难忘,因为从那时起我就记住了,努力让自己做一张与众不同的纸,然后在上面画上最美丽的图案。

智慧锦囊

人与人之间之所以能互相区别,是因为人都有自己的特点和性格。当你埋怨自己总得不到别人注意的时候,你或许不知道是因为你没好好经营自己的特长,才把你淹没在人群里。

> 一个学生将来有没有作为，并不完全取决于学习成绩的高低。

郭老中学成绩单的启示

◇蒋光宇

四川乐山郭沫若故居完好地保存着两张成绩单。

一张是嘉定府官立中学堂于宣统元年五月二十八日所发，郭沫若当时 16 岁，读完了中学二年级的课程。成绩单上的成绩是：修身 35，算术 100，经学 96，几何 85，国文 55，植物 78，英语 98，生物 98，历史 87，画图 35，地理 92，体操 85。

另一张是四川官立高等中学堂所发，郭沫若当时 18 岁，读完了三年级第一学期的课程。成绩单上的成绩是：试验 80，品行 73，作文 90，习字 69，国文 88，英语 98，地理 75，代数 92，植物 80，画图 67，体操 60。

如果从平均分数都是 79 分的两个成绩单来看，很难看出郭沫若是个出类拔萃、前途远大的优秀学生。如果从高中 69 分的习字成绩来看，很难看出郭沫若能成为杰出的书法家。如果从初中 55 分的国文成绩来看，从高中 88 分的国文成绩和 90 分的作文成绩来看，也很难看出郭沫若能成为杰出的作家、诗人、剧作家。如果以各科成绩的高低决定学生的发展方向，那郭沫若应该在分数领先的数学和英语方面发展，而不应该成为著名的社会活动家。

郭老的成绩单告诉我们：一个学生将来有没有作为，并不完全取决于学习成绩的高低；一个学生将来的发展方向，也并不完全取决于某些学科成绩的高低；一个学生的初中、高中阶段的学习成绩是相当重要的，但绝不是对一个学生盖棺论定的最终根据。人是可以发展和变化的，一个学生的可塑性更大，发展和变化也更大。"从小看到老"，是经验之谈，"后来居上"或"大器晚成"也是经验之谈。重视学习成绩，不唯学习成绩论，这不仅是郭老成绩单的启示，也是爱迪生、爱因斯坦等等许多科学巨匠成才之路给我们的启示，也是不少曾经优秀的学生放弃努力、半途而废给我们的启示。

年轻是资本，年轻是宝藏，年轻是黄金；资本要经营，宝藏要挖掘，黄金要熔炼。天下成才事，在乎人为之。不为易亦难，为之难亦易。虽非千里马，然有千里志。旦旦而为之，终能成骐骥。

人生没有彩排，每天都是现场直播，我们要用心地过好每一天；是苦，是累，是快乐，是忧愁这些都不是最重要的，重要的是我们是否用了心！

你提出一个想法，别人会说你傻；你实现了，大家就说你是天才。

傻 瓜 天 才

◇林　夕

那天，纽约各大报纸上同时登出一则广告：1美元出售豪华汽车。许多人都看了，看过就放下了，以为是愚人节，或者是笑话、小幽默。所有的人都认为：1美元卖一辆豪华轿车，是不可能的。除非傻瓜才会这么做。只有他例外，看了这则广告，就按着报纸上的地址找到刊登广告的人，一位中年女士接待了他，带他去看车，那是一辆很新的豪华型轿车，他看了有些不太相信地问："确实是1美元出售吗？"

"是，1美元。"

他交给她1美元，她把车钥匙交给他："先生，这车是你的了。"

他接过钥匙，兴奋至极，又实在忍不住，问："女士，我能知道这是为什么吗？"

"我丈夫去世了，他在遗嘱中把这辆车赠给他的情妇，但把转赠权交给我，所以我就以1美元出售它。"

原来是这样，但是没有关系，因为毕竟他用1美元买了一辆漂亮的车。回去的路上，朋友看到他开着一辆新车，问他多少钱买的。他说：1美元。朋友听了，后悔万分："我也看过那则广告，但以为是开玩笑，就没在意。"

看过广告因没在意而错过拥有一辆豪华汽车，远不只是他一个人吧！许多时候，我们错过了好机会，不是因为太傻，而是因为太聪明。

这个故事到此并没有结束。许多人听过就听过了，或者一笑，或者会想：如果有下一次，我们会好好把握。但是机会只有一次，其他都是你的邻居在敲门。

所以别人想怎么再花 1 美元,买个大便宜,而他却换个方式,想:制造一样什么东西,只卖 1 美元。他把想法一说,别人都笑他傻,1 美元能买什么? 现在物价这么高,连一支冰淇淋都要几美元,没有什么东西可以卖 1 美元还能赚到钱。可是他并不在意别人怎么说,做梦都在想,制造一样东西,只卖 1 美元。终于,机会来了,他在因特网上发布信息说:任何用户想得到娱乐,他将在一年 365 天中每天都向他发送一则谜语。消息发布之后,来订购的人不计其数,他一下就拥有了 25 万全年订户,并且每户都给他寄去了 1 美元的订费。

你提出一个想法,别人会说你傻;你实现了,大家就说你是天才。现在这位傻瓜天才在夏威夷,每天清晨起床后,想出一则谜语,用电子邮件发出,然后就可以去海滩娱乐了。

智慧锦囊

给自己机会,哪怕会输。做了有一半的机会,不做你什么机会也没有。连输的机会也没有。幸福只属于那些有胆有识,不畏劳苦,能及时抓住机遇勇于尝试的人!

在这个世界上,金钱一旦被作为某种筹码,就不会再买到任何东西。

悬　赏

◇刘燕敏

一位富翁家的狗在散步时跑丢了,于是就在当地电视台发了一则启事:有狗丢失,归还者,付酬金 1 万元。并有小狗的一张彩照布满大半个屏幕。

启事播出后,送狗者络绎不绝,但都不是富翁家的。富翁太太说,肯定是真正捡狗的人嫌给的钱少,那可是一只纯正的爱尔兰名犬。于是富翁就把电话打到电视台,把酬金改为 2 万元。

一位沿街流浪的乞丐看到这则启事,他立即跑回他住的一个窑洞,因为前天他在公园的躺椅上打盹时,拣到了一只狗,现在这只狗就在他住的那个窑洞里拴着。果然是富翁家的狗。乞丐第二天一大早就抱着狗出了门,准备去领 2 万元酬金。当他经过一家大百货公司的墙体屏幕时，又看到那则启事，不过赏金已变成3万元。乞丐看罢，折回他的窑洞，把狗重新拴在那儿。第四天，悬赏额果然又涨了。

在接下来的几天时间里，他一刻也没有离开过这只大屏幕，当酬金涨到使全城的市民都感到惊讶时，这位乞丐返回他的窑洞。可是那只狗已经死了，因为这只狗在富翁家吃的都是鲜牛奶和烧牛肉，对这位乞丐从垃圾筒里拣来的东西根本受不了。

在这个世界上，金钱一旦被作为某种筹码，就不会再买到任何东西。

智慧锦囊

人的欲望可以激励着人们克服一个又一个艰难险阻，驰向理想的彼岸；也可以引诱人们走向贪婪的深渊，错过终生的幸福。

第三辑

水到绝境是飞瀑

　　人生如牌。上帝发给每个人手中的牌，儿率是相同的，虽然你没有权利选择自己手中的牌、自己的出身和背景，但你有权利选择自己的出牌方式、人生之路的行走方式。牌没有好坏之别，关键就看你怎么去打；同样，你有什么样的态度，就决定你会有什么样的人生。

> 在沉浮荣辱的大关口，坚韧的人性之美最能折射出希望所在。

水到绝境是飞瀑

◇澜　涛

瀑布的壮观是在没有退路的时候形成的，繁星的璀璨是在黑夜到来后弥漫的。

曾有一位作家，在股票交易中损失惨重，一下跌进贫穷的深渊。从锦衣盛食到潦倒寒酸，他并没有泄气，他开始节衣缩食，勤奋写作，期望能依靠赚取的稿费偿还债务。他的朋友们为了帮助他渡过难关，组织募捐，许多人纷纷解囊，一些大公司、大财团更是不惜出巨资想雇用他终身写广告词……他一一拒绝着这些难得的机会，把自己关在书房里，一个月、两个月，一年、两年，日复一日，年复一年，他紧咬着一个信念，随着他一本接一本轰动一时的新书问世，他很快就偿还了所有债务，建设起自己的新生活。

这位作家的名字，享誉世界：马克·吐温。

曾经采访过这样的一个人，一场突然而至的灾难夺走了他的父母，百万家财也随着灾难化烟而散，昔日将家门喧闹的亲朋们都远远地避开了，他这个平日里依靠父母养尊处优的公子哥似乎只有潦倒落魄。然而，5 年后，他的名字叱咤当地商界，资产超过千万。我采访他的时候，他凝重异常地说过一句话：同一扇窗口向外看，有的人看到满地泥泞，有的人看到繁星璀璨。

从山巅到崖底是什么？从繁花到冷雪是什么？从平川到绝壁是什么？变幻人生将一些绝境横亘面前，也将品性推上验证的崖头。从古至今，由外到中，一个个传奇故事向我们揭示着一种情境：在沉浮荣辱的大关口，坚韧的人性之美最能折射出希望所在。

绝境处可以粉身碎骨，绝境处可以飞珠溅玉。

智慧锦囊

生活并没有所谓的绝境，所谓的濒临末路。只要鼓起勇气再前进一步，拐一个弯，你就会发现绝境背后的壮丽和辉煌。

盲人的股票

◇林　夕

报社新开了一个金融证券版,我的朋友调去做编辑。在近 5 年的工作中,她接触过很多股民,给她印象最深的,是一位盲人。

这位盲人和许多股民不同,他不听讲座,不看股评,也从不探听所谓的内幕消息。他唯一看的就是每天的开盘和收盘。他买卖股票的方法也很简单:跌时买进,涨时卖出。具体操作方法是:去其两端取其中庸,把大盘上走势强劲的龙头股和跌势凶猛的垃圾股去掉,在走势稍缓平稳的中间股中,选一支正在下跌的股票,根据自己的了解、分析和判断,在心里给它定一个底线,等到它跌到这个线时就买进,等它涨到原来的水平时再卖出。这样做的结果,他总是利多损少。几年的时间,投进股市的钱,已经翻了好几番。

“为什么选定以原来的水平为卖点呢?”朋友不解地问。

“因为,假设原来的水平是常态,那么跌和涨都是非常态,非常态肯定要会回到常态的,跌过之后肯定会回到原来的水平。这样,我买进的时候,就已经赚了。”

“那么,你可以等等再卖,通常情况下,当它回到常态时,还会顺着惯性往上冲一下的,那时候再卖,不是会赚的多一点儿吗?”

“你说的没错,那样是会赚的多一点儿。可是,人在利益面前是没有节制的,很多人就是贪求这‘多一点儿’,结果把原来赚的那一点儿也丢失了。所以我才给自己限定:只要这一点儿,那‘多一点儿’还是留给别人吧!”这位盲人笑着回答说。

我以前很少接触股票,总觉得股票这东西,太复杂,太高深,变幻莫测,难以捉摸。听了朋友讲了这位盲人和他的股票的故事,才对股票有了一些了解。原来不过如此:跌时买进,涨时卖出。事先给自己定一个底数:只要这一点儿,不要多一点儿。就可以保你利多损少。理论并不难,操作起来也应该很简单。

“可是为什么——”我不仅有些疑惑,问朋友,“依然有那么多的股民,前仆后继、一往无前地向前,要那‘多一点儿’,以至于损多利少,最后弄得血本无归呢？”

朋友听了,笑笑说:“可能这就是人的本性吧。人在利益面前,是不讲道理的。”

对名利钱财知足,才能保持快乐;对饮食有节制,才能获得健康;对工作尽力而为,才能坦然。这样的人生才会幸福!

这世界上没有失败,只有暂时的不成功,一个人不自信成功就无从谈起。

方丈的四句话

◇马国福

几年前,有个青年从一所重点大学毕业后被分配到某大城市的一家事业单位工作,可没过多久他被莫名其妙地二次分配到一家下属县级单位。在下属单位他只是从事一些简单的工作,刚开始他对工作充满了热情和信心,时间长了他发现自己从事的工作一个高中生就足以胜任。他总想干一些引人注目出大成绩的工作,无奈上级从不给他提供发挥自己特长的机会。他满腹牢骚慢慢地学会了敷衍了事,于是单位里那些不良的习惯像细菌一样传染到他身上。他懒懒散散,经常迟到、早退、工作拖拖拉拉、精力不集中,一年下来除了拿到一些在当地还算不菲的工资福利外,他一事无成。而那几个他从不放在眼里的高中生却通过自学考试拿到了大专文凭,他们工作纪律性强,工作井井有条成绩突出,受到了领导的好评。大学里的同学经常从大城市打来电话说他们得到上级赏识被委以重任,工作很愉快成绩也很明显,听到这些他心里很难过,感到命运捉弄了自己,总是抱怨自己怀才不遇壮志难酬。

空闲时间他养成了到小城郊区的那个名叫广福禅寺的庙宇里去散心的习惯。有一天不经意间他向老方丈诉说了自己的苦闷。方丈问他:"你觉得自己很有才华是吗?"他点头称是。方丈问他:"那你尽心了吗?"他说:"我的工作稍微有点儿文化的人都可以胜任,我在那个默默无闻的位置上简直是大材小用。"方丈微微一笑,拿出一件玲珑剔透的金色香炉说:"假定这是一块金子,你怎样才能使它发光?"他说:"这还不简单,拿到阳光下面不就发光了?是金子总会发光的,是玫瑰总会发香的!"方丈点点头又说:"你说的也对也不对。"他不解。方丈拿着香炉走到明媚的阳光下,阳光下香炉金光闪闪,很耀眼。他说:"我说的没错吧?是金子总会发光的。"方丈不语,径直走到一个见不到阳光的角落里,用手在酥土里挖了一个坑,把香炉埋了进去。方丈说:"现在金子发光了吗?"他说:"没有,被土埋没了怎么会发光呢?"方丈接着说:"不一定每块金子都能发光。我送你四句话。其一,无败者无成,心败则败;其二,变世者非他,心变则变;其三,山不转水转,心转则转;其四,尽力者尽心,心尽则尽。"方丈说完拂袖而去。

在日后的工作学习生活当中,那个青年一有空闲就体会方丈送他的几句话,他的积极性空前高涨,不到一年他的成绩在单位遥遥领先,领导也很喜欢他。由于业绩突出,他被上调到上级部门从事能发挥他特长的工作。几年后起初对方丈的四句话不求甚解的他逐渐悟出了其中的道理:这世界上没有失败,只有暂时的不成功,一个人不自信成功就无从谈起。改变世界之前,需要改变的是自己的心态。改变从决定开始,心态不改变付出多大的努力也是枉然。决定在行动之前,是决心,而不是环境在决定你的命运。设定了确切的目标,尽心尽力没有实现不了的目标。丹麦作家安徒生说过的另一句话:"如果你是天鹅蛋,即使生在养鸡场也没关系。"真的,如果不能拥有美好的人生就拥有美好的人生观;如果不能改变环境,就改变自己的态度和决心;如果不能发光,就扫除蒙蔽心灵的灰尘和云烟。找准位置,摆正心态或许明天你就能发光,关键的是你必须拥有打铁还需自身硬的功夫,心存真金不怕火炼的信念,以及不要因暂时的困惑阻挡发光的决心。

智慧锦囊

每个人都有一片自己的土地,播下希望的种子,然后用积极乐观的心情去浇灌,精心地培育,拔除消极心态的野草,捉尽懒惰的蛀虫,这样,才能开出幸福的花,结出成功的果实。

在很多时候,在学会进取的同时,也应该学会放弃。

放弃的快乐

◇雪小禅

那天,一家人在一起看王小丫的《开心辞典》,发现越来越喜欢这个节目,因为充满了智慧和人性化的美丽。

总有许多梦想会被实现，总有前面的陷阱在等待着你，王小丫的微笑却永远那么迷人。她总是问你，继续吗？如果继续就有两种结果，一个是成功，接着往前进；一个是失败，退回到你原来的起点。不进则退，不可能让你在原地呆着，还能保持住已经取得的成绩。

答对12道题的人并不多，往往是3道、6道或者9道题就淘汰出局了，但我看了很多选手，都是一直往前。有一个人，已经到了第9道题，但因为一次失误，又回到了从前的点数。

一种新玩法，非常刺激。

此时，我正在犹豫是否考研。就业压力大得让人喘不过气来，许多人都在考研考博，其实不过是找一个避风港而已，暂时让自己再回到象牙塔里，其实于我而言，这样的前进，似乎意义不大。

我知道自己更需要一份稳定的工作，或者再确切点儿说，我希望在社会上磨炼自己。

弟弟在读大二，那天他也在，他一直说："姐，考研吧，现在考研多热啊，将来大本还上哪儿混去啊？"

我知道他说得不对，那些CEO们好多连本科都不是，学历并不能证明一切，面对两难的选择，我真的在彷徨。

那个答题的人一直很幸运，一路到了第9道题。他怀孕的妻子就在台下，去掉个错误答案、打热线给朋友、求助现场观众，他都用过了，到了第9题，当他把自己所有设定的家庭梦想都实现后，王小丫问，继续吗？

不。他说，我放弃。

我一愣，王小丫也一愣。因为很少有人放弃，那是在全国电视观众面前，失败或成功都可以理解，本来就是一场智力加机遇的游戏。

但他放弃了。弟弟说："真不像个男人，要是我，一定会答。放弃干什么，太保守了，不就是答错了往回扣分吗，万一答对了呢？"

王小丫继续问他："真的放弃吗？"而且一连问了三次。

他连犹豫都没有，然后点头，真的放弃。

"不后悔？"王小丫问。

他笑："不后悔，因为应该得到的已经得到了。"

坐在电视前的我，心里一阵激动，多好的话啊，不后悔，因为应该得到的已经得到了。

最终，他只答了9道题，没有接着冲向完美的12道，但是他说，已经很满足了，因为人生有许多东西必须要放弃才会得到。

"必须要放弃才会得到！"多好的一句话啊。

另一个男主持人问他："如果将来你的孩子长大后问你，爸爸，那天在《开心辞典》你为什么放弃了你会怎么说？"

他说:"我会告诉他,人生并不一定非要走到最高点。"

主持人说:"那你的孩子如果问,那我以后考80分就满足了你怎么说?"

他笑着说:"如果他觉得高兴,如果他付出自己应该付出的努力,那么我认同。"

全场响起了热烈的掌声。

那是一种更豁达的人生态度吧。从来我们都以为要追求、永远追求,要一直向前,哪怕跌得头破血流。爬山时我们要达到山顶,在半山腰上停下的人会被看不起;跑步时我们要撞到红线,仿佛那才是唯一的目的。

但我也知道,也许半山腰的风景更美丽,因为空气浓厚所以生长着各式各样的植物和动物,也许山顶上可以一览众山小,可谁知道它是不是显得更加寂寞孤单? 跑步的人,如果停下来看看风景有什么不好? 为什么,非要去撞那条红线?

从来不知道,原来,放弃也可以是一种快乐,一种美丽。

因为放弃是另一种姿势,是我们准确地衡量自己把握自己做出的最现实的决定,它不是保守,不是退缩,而是为了得到最好的应该属于自己的一切。

弟弟一直在说着那个人的保守和老土,一点儿也不酷,但我笑了,我知道自己应该怎么做了。

过了几天,我告诉家人,我放弃了考研,到一家公司从秘书做起了。眼高手低,并不能找到一份好工作;而脚踏实地,寻找自己那块应该属于自己的天空,才是我真正要做的吧。

那天《开心辞典》对我的影响,是让我找到了一种新的生活态度,在很多时候,在学会进取的同时,也应该学会放弃。

因为在理智的放弃面前,放弃,是美丽的。

智慧锦囊

鲜花和掌声营造的是一种气氛,人很容易因此亢奋地提升自己原有的幸福高度,但再往前跨的时候却发现幸福和快乐的感觉没有了,剩下的可能就是失落了。

天地之间的散步

◇张丽钧

据说，上帝要教训一个浮躁的人，于是就让那人牵着一只蜗牛去散步。蜗牛行走得太慢了，那人急得连喊带叫，但是，蜗牛依然故我，背着它的小房子一点一点往前挪。那人眼望苍天，问上帝为什么用这样的法子来惩罚自己。上帝没有回答。那人于是放弃了蜗牛，听任它自己爬走。可是等等，看那蜗牛前去的地方，似乎是很不寻常的所在呢！那个人跟在蜗牛后面，顺着那敏感触角所指的方向看去，哇，竟是一片奇丽的花海！直到这时，那人才恍然明白，原来，煞费苦心的上帝是让蜗牛带他去散步啊！

鸟在天上散步，鱼在水里散步，风在梢头散步，人呢，在天地之间散步。

我必须承认，自己先前并不会散步。一上路，就要大步流星地往前赶。"你头顶的云彩有阵雨？"最要好的女友曾这样问我。我不清楚她是在用这样的话嘲笑我走得太快，却傻傻地反问她：你怎么知道？

后来，也许是被一只无形的蜗牛教化过了吧，我学会了散步。头顶一方青天，脚踏一片大地，我在天地之间从容行走。

这才明白，有许多景致是要慢下来方可嵌入心怀的。距离近了，端详得久了，大自然就有了丰富的表情。蕊在花中是羞涩的，叶在枝头是狂野的；草丛中的虫鸣因隐秘而放纵，大树上的蝉声随着你足音的强弱及时调整着声调的高低。一只蜻蜓飞来了，张狂地在你的眼前做飞行表演，你一伸手，指尖触到了那透明的翼，双方都吃了一惊，不待你反应过来，那精灵早飞到了天外。你高兴了，唱了一句歌儿，突然发现四周的虫鸣一齐熄灭了！你兀自笑起来。你不认为它们是被吓得缄了口，却模拟着虫们的口吻说：谁给你免费伴奏，哼，清唱去吧你！

在天地之间散步，其实是在天地之间散心。把心里的爱一路倾洒，让枝枝蔓蔓花花草草都沾一点儿爱液；也听清大自然的耳语，让她对孩子的纵宠不要白费不要落空。

生活永远做不成蜗牛，不会慢悠悠地带着我们行走。生活更像一条鞭子，奋力抽打着我们这些陀螺。我们用旋转释放生命，也用旋转打发生命。在这样的辛苦旋转中，别忘了创造一只蜗牛，让它偶尔带着你去散一回步。请你模仿着它的步态与它的心态，在天地之间从容行走，走进一片不该错过的奇丽花海……

智慧锦囊

生活的脚步再匆忙，也不要忘记用一点儿时间去仰望悠远的天空，享受别样的风景，时间将会把这种记忆变成无价之宝。

爸爸把这个故事讲给你听，是希望你能明白，一个穷人应该以怎样的风骨，在这个世界上站立。

一个父亲的箴言

◇马 德

孩子，有些话，在你长大的过程中，我要和你说说。

(1) 昨天，你回来哭哭啼啼地告我，说一个同学又和你闹别扭了，你说事情本来不怨你的，是同学做得太过分。爸爸笑了。

依爸爸的经验，一个人要赢得另一个人很容易，那就是要学着吃亏。孩子，这个世界上没有人喜欢爱占便宜的人，但所有人都喜欢爱吃亏的人。你想着吃亏的时候，就会赢得别人；那个懂得以更大的吃亏方式来回报你的人，是你赢得的朋友。

孩子，人生的每一次付出，就像你在空谷当中的喊话，你没有必要期望要谁听到，但那绵长悠远的回音，就是生活对你的最好回报。

(2) 你拿着一个高脚的玻璃杯，跳上跳下，你要注意，不要把杯子碰碎了。一个杯子，碎了以后，就永远也不能再弥合了；更重要的是，如果你把握不好，还会拉伤你的手指，让一些伤痛永久留在心里。

孩子，婚姻就像是这样一个精美的杯子。开始的时候，你不要被它外在的光怪陆离所迷惑，你要审慎地去遴选和把握。再后来，你对待它的态度就非常重要了，一个结实的杯子，是呵护出来的，你用爱去细细擦拭，它就会释放出永久的光泽。

(3) 有一次，让你出去买醋，本来给你一个硬币就够了，爸爸多给了你几个。爸爸发现，你在出门的时候，把多余的硬币悄悄地放在写字台的角上。那一刻，爸爸装作没看见，但你不知道，爸爸的内心是多么高兴。

孩子，人生的许多东西是多余的，比如钱，比如欲望，比如名声。更多的时候，得到你该要的该有的就够了，就像现在，拿走一个硬币，剩下的，在你心里淡淡地扔掉。

爸爸想说的是，因为你的舍弃，你豁然开阔的眼界里，将会发现人生中更多更美的风景。

(4) 爸爸在乡下教书的那一年，咱们家的日子过得很窘迫，爸爸没有钱给你买玩具，你找来许多塑料袋，在一个塑料袋里盛满水，用针扎破了，然后你看着细细的水流流向另一个袋子，然后，再换另一个袋子，你玩得很快乐。

或许，很小的时候，你就学会了在简单的生活中寻找快乐。不错的，孩子，生活中有些东西并不容易改变，但容易改变的，是人的心情。孩子，即便你一生中什么也没有抓住，但抓住了快乐，你依旧是天底下最富有的人。

(5) 爸爸为你讲一个故事。

你爷爷有一个朋友是做大买卖的人，有一年他把二十几个村庄的账敛起来，用纸包好了放在了咱家里，他说他要到别的村子里去，就一拍屁股走了。结果，一连多少年，再没有了他的消息。

爸爸上学的时候，你爷爷的肺病已经很厉害了，家里一贫如洗。好几次，你奶奶提到那个账包的事情，你奶奶的意思是挪用一下，缓一缓家里的紧张情况。你爷爷一瞪眼，说，人家凭什么敢把这么多的钱放在咱这里，说明咱的人比他的钱值钱！

孩子，你爷爷临死的时候，还是一个穷人。但他是一个响当当的穷人。爸爸把这个故事讲给你听，是希望你能明白，一个穷人应该以怎样的风骨，在这个世界上站立。

智慧锦囊

人们常说，人生像一本书，但是还有一句话需要补充：生活是一个图书馆，其中的哲理远不是一本书所能包容的。

> 有了梦想，再有了对梦想的执著努力，就可能是梦想成真。

"我有一个梦想"

◇澜　涛

他从小就有一个梦想，那就是长大后能成为一名编辑，将那些经过自己汗水洗润的文字发表到报刊上，让人们享受到富足的精神食粮。

大学毕业后，他开始一家家报社、杂志社去求职，但一次次地被拒绝着。但他固执地坚持着一定要做一名编辑。他的理由很简单，因为那是他的梦想。终于，在他的不懈努力中，他得到一份"微型印刷工作"，这种工作就是把各种报刊登载过的文章摘其精华，压缩成短文汇集成册，再度印刷出版。虽然这份工作距离他渴望的实际意义上的编辑工作有着一定距离，但他还是异常兴奋，十分珍惜。可是，他高兴了没有多久，就在他准备将几百种书籍的内容压缩成一本小册子，专供农民阅读的时候，战争的硝烟让他成为一名战士。在不知道生死的每一天里，他依然会时常想起自己那胎死腹中的小册子。他常常在战斗间隙对战友们讲述他的小册子以及小册子上的故事，和将来一定要把小册子印刷出来的梦想。战友们都很喜欢听他讲那些故事，但对他依然耿耿于怀没有将小册子印刷出来，都报之一笑，有人劝说他不要做天方夜谭的梦，他回答着对方："那是我的梦想，只要有机会，我就不会放过。"

一次战争中，他负了重伤，被送回到后方疗伤。很多伤员都痛不欲生，颓丧黯然，只有他，异常兴奋，见不到一点点伤感。一天，一名病友问他为什么没有悲伤，他告诉病友："参军前，我正要出版一本小册子，因为战争而夭折，现在受伤让我重新拥有了实现这个梦想的机会，我当然兴奋啊！"

他开始设想自己小册子的风格，经过一番策划他编辑出了第一期样本后，开始约见一个个出版商，但所有的出版商都拒绝为他出版。他并没有泄气，决定自己动手做。他和女朋友既当编辑又做出版商，通过邮局发出了数千份征订单，然后，他和女朋友去度蜜月了。蜜月结束回到家中后，信箱里1500多份订单让他欣喜若狂。他立刻和妻子投入到紧张的工作之中。1922年2月，他的第一本杂志问世了。今天，这本名为《读者文摘》的杂志已经成为世界上销量最多、覆盖面最大的杂志,拥有1亿多读者,他的名字也已家喻户晓:华莱士。

成功的种子是什么?梦想。

每个人都会有自己的梦想,但并不是每个人都能够抵达自己的梦想。能够让梦想的种子穿破土层、长成浓荫、结满果香的,除却勤奋汗水睿智等等,有一点是不可缺少的:执著。

有了梦想,再有了对梦想的执著努力,就可能是梦想成真。

坚持你的梦想,那是最好的飞翔翅膀。

智慧锦囊

梦,就像一枝绽放在无边无际雪原上的红梅,在冷厉中多保持着热烈,在严酷中散发着温情;就算在最彻骨的寒风中,也能让我们感受生活的温馨。

如果说,品质是从生命的个体上旁逸斜出的一条条绿色藤蔓的话,而不同的人生态度则是绽放在这些枝蔓上色彩各异的花朵。

态　度

◇马　德

一条蚯蚓,上食埃土,下饮黄泉,缘于它锲而不舍地挖掘;一只大鹏,纵跨五岳,横绝江河,缘于它始终不渝地飞翔。一线山路,尽管崎岖而又险恶,不畏艰险的人最终会直抵高山之巅;一条大道,尽管平坦而又宽阔,瞻前顾后的人也许会半途折戟沉沙。生活中,我们常常会看到成功的奇迹,往往也会看到平庸的失败,这一切,都源于态度。

端正学习态度,可以使一个学子在学业上柳暗花明;调整工作态度,可以让一个劳动者在工作中游刃有余;正确的人生态度,是用来成就人的。它可以使一个人懂得清醒地审视自己,理智地面对人生,不好高骛远,不随波逐流,不为名利所惑,不为困境所溺,乐观积极,昂扬向上,从而在浮躁的尘世面前从容不迫,在喧嚣的生活背后淡定自如。

人在一生中,总会为自己设定一个人生目标的,而态度则是对这个目标坚持的纯净度。一个拥有积极态度的人,往往专注并执著于自己的目标,为之殚精竭虑,为之废寝忘食,心无旁骛,义无反顾。他们的人生态度常常明媚、坚定、智慧、乐观,像漏过罅隙的阳光,像掠过江面的劲风,在灿烂中摇曳着生机,在刚劲中透露着力量,充满着无限的活力。消极的人生态度则不然。他们往往对自己所追求的目标热情不高,投入不够,慵懒,倦怠,左顾右盼,畏首畏尾,像秋日的落叶一般飘忽,像墙上的衰草一般枯败,阴翳,沉郁,没有活力,没有希望。

不同的人生态度,也是自我品质的一种反映。拥有乐观人生态度的,一定是一个坚强的人;拥有豁达人生态度的,一定是一个大度的人;拥有平实人生态度的,一定是一个谦逊的人;拥有淡泊人生态度的,一定是一个清心寡欲的人;拥有严谨的人生态度的,一定是一个一丝不苟的人;处处为他人着想的,一定是一个富有爱心的人;时时兼济苍生的,一定是一个心怀天下的人。如果说,品质是从生命的个体上旁逸斜出的一条条绿色藤蔓的话,而不同的人生态度则是绽放在这些枝蔓上色彩各异的花朵。这些花朵,在绚烂地绽放之后,最后为你结出最美的人生果实来。

一切外在的条件成熟了,没有正确的态度,本来可能成功的事情会流于失败;态度正确了,尽管外在条件并不完满,无望成功的事情最后成功了。所以,有时候,人生的成功就是态度的成功,而人生的失败只是态度的失败。

如果你在生活中活得困顿迷惑,在人生的路上走得并不顺心遂意,是不是试着去适当地调整一下自己的人生态度,或许,你会因此邂逅人生最美的风景。

智慧锦囊

与其坐着等老天爷降雨,还不如在没有渴死之前用尽全力去找水源,在任何时候,如果你还没有尽全力,就别轻易说没办法。

> 世界上奇绝的景色，有一两个探险家走近过目睹过，不也就行了吗？

荒岛上的公爵兰

◇刘燕敏

挪威有一位叫威廉姆斯的探险家，从 20 岁开始作环球旅行，40 年来，几乎走遍了世界上所有著名的荒漠、丛林和深山峡谷。

1982 年，在结束南非裂谷带的探险后，记者曾问他有何感想。他说，我始终有两大遗憾：一是为世人遗憾，地球上有那么多瑰丽的景色，世人竟不得一睹；二是为景色遗憾，它们那么壮观美丽，而不为世人所知。

1991 年，他到新西兰的斯奈尔斯岛，这次旅行彻底改变了他的这种心态。斯奈尔斯是新西兰南部的一个小岛，仅 6.7 平方公里，由于远离新西兰本土，终年人迹罕至。威廉姆斯踏上这座小岛，发现这里竟生长着成片的公爵兰。这种兰，花姿奇秀、香味馥郁，在挪威甚至整个欧洲被列为群芳之冠。看到这些兰花，他想，这些名贵珍稀的花卉如果在欧洲早就被呵护着去装点总统套房去了，可是在这儿它们却寂寞地生长着，几百年甚至上千年都无人知晓。

正当惋惜之情再一次从心底油然升起，不经意间，他发现在一个小山崖上有一窝野蜂，它们正忙碌着，把兰花上的花粉和蜜带回蜂窝。威廉姆斯看着眼前的一切，十几年的迷惑好像一下子被解开了。他在当天的旅行日记中这样写道：这一片公爵兰，有这一窝野蜂不就够了吗？有什么可遗憾的呢？世界上奇绝的景色，有一两个探险家走近过目睹过，不也就行了吗？

威廉姆斯的大部分时间是在野外度过的，他对大自然有许多超乎寻常的体悟。当我坐在书桌旁，合上他那本游记时，似乎觉得尘世中的一些迷惑也开始雾尽天朗：一些有才华的人默默无闻，这又有什么可遗憾的呢？威廉姆斯的发现告诉我们：一个人的才华没有必要在所有的人面前显露，在这个世界上，有一两个人赏识也就足够了。

人的一生并不是需要取得多大成就,拥有多少财富,最重要的是能找到适合自己的生活方式;就算生活得很简单,宁静平和也可以令我们享有发自心底的快乐。

所有的伟大发明、创造基本上都是从最初的虚拟荒唐逐渐走向清晰并最终变成现实的。

经 营 梦 想

◇林 夕

他生长在一个普通的农户家里,小时候家里很穷,他很小就跟着父亲下地种田。每次在田间休息的时候,他坐在田边望着远处出神。父亲问他想什么,他说,他将来长大了,不要种田,也不要上班,他想每天待在家里,有人给他往家里邮钱。父亲听了,笑着告诉他说:"荒唐,你别做梦了!我保证不会有人给你邮。"

后来他上学了,有一天,他从课本上知道了埃及金字塔的故事,他就对父亲说:"长大了我要去埃及看金字塔。"

父亲生气地拍一下他的头,说:"真荒唐!你别做梦了!我保证你不会去。"

十几年后,少年长成了青年,考上大学,毕业后做记者,写文章,写书,平均每年都出几本书,一本书就卖了几百万册。他每天坐在家里写作,出版社、报社给他往家邮钱。他用邮来的钱去埃及旅行,他站在金字塔下,抬头仰望,想起小时候爸爸说过的话,他在心里默默地对父亲说:"爸爸,人生没有什么能被保证!"

他——就是台湾最受欢迎的散文家林清玄。他那些在他父亲看来十分荒唐不可实现的梦想,在十几年后他把它们变成了现实。

我们每个人小时候都有一个美好梦想,有的想当作家,有的想当画家,有的想当科学家。正是这些梦想,为我们未来种下了一颗成功的种子。因为梦想就是希望,是一种直觉,是与你天性中的潜质最密切相关的。但是梦想又往往和现实有着太遥远的距离,所以需要经营。经营梦想就是通过自己不懈的努力把看似遥远甚至有些荒唐的梦想一步步变成现实。每个人最初的梦想,在别人看来都是不可行的,因为别人只能用已知的理论来判断梦想的价值,而世界上许多在当时被看做是虚拟荒唐不切合实际的梦想后来都一一变成了现实。所有的伟大发明、创造基本上都是从最初的虚拟荒唐逐渐走向清晰并最终变成现实的。林清玄是一个农家子弟,他想让别人给他邮钱,想上埃及看金字塔,看起来十分好笑,连父亲都嘲笑他,但是他为了实现自己的梦想,十几年如一日,每天早晨4点就起来看书写作,每天坚持写3000字,每年就是100多万字,终于成为台湾最优秀的散文家,实现了自己的梦想。

每一个成功者,最初的时候他们和我们一样,种下自己的梦想,但是不同的是:他们会经营梦想,把梦想当做自己生活的目标,每天为了这个目标而努力学习,勤奋工作,一点点缩短现实与梦想的距离,最终把梦想变成现实;而不是把梦想仅仅作为梦想,夜晚的时候在梦中想一想,白天的时候又放下,退回到现实生活中,不想,也不付诸行动。

记得有位哲人说过:世界上一切的成功、一切的财富都始于一个意念,始于我们心中的梦想。也就是说:成功其实很简单。你先有一个梦想,然后努力经营自己的梦想,不管别人说什么,你都永不放弃。你要坚信:世界上没有什么能被保证,只要我们能梦想的,我们就一定能实现!

智慧锦囊

面对失败,永远不要不假思索地将责任推到别人或者客观条件身上,应该首先从自己身上找原因。每个人都有梦想,为什么偏偏只有你没有实现?

衡量一份工作好不好,主要有三点:第一,自己是否快乐开心;第二,自己是否成长、提升;第三,收入是否满意。

一间自己的房子

◇林 夕

英国女作家维吉妮亚·伍尔夫说过:女人要想从事写作的话,一定要有私房钱以及自己的房间。也许时代不同了,我不是因为有了私房钱和自己的房间才从事写作,相反,是写作给了我私房钱和自己的房间。也因此,我可以真诚地说,我无限热爱写作。

喜欢写作,是很早以前的事了,而决定写作,仅仅是在三年前,我因为业余时间写了几篇还像样的稿子而获许参加一次笔会,编辑通知我的时候,我正在酒店和朋友们吃饭,她告诉我把身份证复印件传真给她,给我办护照和机票。我这才知道,现在的笔会已经开到国外去了。那次笔会回来,我就对自己的人生来了场革命,辞职回家,专事写作。

写作其实很简单,只要一台电脑和一个大脑,就可以开始了。如果说和过去有区别,无非是早晨不用被闹钟吵醒不用挤在路上不用看老板脸色,我面对的是两个不同的墙面,可以睡到自然醒,仍赖在床上不起来,望着天花板,从记忆里打捞过去岁月积累的生活和感受,构思好今天要写的文章框架,然后从床上爬起来。第一件事是打开音响,放一段摇滚或爵士乐,最喜欢、听的最多的是《挪威的森林》,常常忍不住跟着节拍跳,让自己兴奋起来,把感情世界的大门打开,然后一边喝咖啡,一边静思;然后打开电脑,对着屏幕敲键盘,写完后再读一遍,略做修改,一篇稿子就这样被生产出来了。

最初,我给自己制定了一张作息时间表,规定每天早晨7点钟起床,可是总也做不到。每天一睁眼就是在8、9点钟,就和自己生气。后来想一想也就算了。制度都是老板制定出来约束下属的,既然现在自己做老板,就不要再难为自己,而且写作是一个松散性极强的工作,不能按写字间的要求来做。所以我给自己换了一份弹性工作制,规定每天写一篇千字左右的文章,剩余时间随意,喜欢什么就做什么,阅读、聊天、泡吧,不喜欢可以什么也不做。反正对一个写作的人来说,站在窗前沉思也是工作。

工作是为了生活,但生活不是为了工作。大多数人在志趣和谋生之间,都存在很大的差别,我也一样。现在我找到了使这种差别缩到最小的方式,就是在家写作。并不是每个写作的人都和我一样,我很幸运,因为我喜欢和擅长写的既不是那种厚重深刻、阅读起来劳心费神的纯文学,也不是那种根本不需要阅读只是随手一翻的低俗文学,而是介于二者之间、短小精致、简练直白、目前最受报刊杂志读者欢迎的生活美文。也因此,我每个月的稿费抵的上一个白领丽人的月薪,而又不必承受她们那样的心理压力。

一位在猎头公司工作的朋友告诉我:衡量一份工作好不好,主要有三点:第一,自己是否快乐开心;第二,自己是否成长、提升;第三,收入是否满意。这三点我都具备,所以不打算改变。写作三年多,文章遍天下,出版5本散文集,一部长篇小说,我用稿费付了房款。写作,不仅给了我自己的房间,而且还给了我一间完全属于自己的房子。有人说,有三样东西女人不能自己买,钻石、汽车和房子。我一向素面朝天,钻石不需要;在家写作,汽车也显多余,唯一需要的就是房子。我曾经有过自己的房子,但那不是真正意义上的自己的房子,现在是了。女人自己买房子的最大好处是——你不必在男人的夹缝中生存,可以在轻松与随意之中,为自己而活。

只有生活的磨难才能引发人对人生更深层次的思考。但不管怎样理解,人都是要走完一生的路。自由的人生,无非就是过属于自己的生活,以印证属于自己的思想。

在穆尔授课期间,维特根斯坦是最令他头疼的学生。维特根斯坦总有问不完的疑问,一个接一个,总是没完没了。

人生的疑问

◇李雪峰

著名哲学家维特根斯坦在剑桥大学学习时,曾是大哲学家穆尔的学生。

在穆尔授课期间,维特根斯坦是最令他头疼的学生。维特根斯坦总有问不完的疑问,一个接一个,总是没完没了。常常一堂哲学课会被维特根斯坦的种种疑问搞成了维特根斯坦提出疑问,由穆尔一一解答的答辩课。甚至在休息时间,维特根斯坦也穷追不休,亦步亦趋地紧跟着老师穆尔。在剑桥大学,维特根斯坦是一个有名的"问题篓子"。

有一天,穆尔的朋友、著名哲学家罗素登门和穆尔闲聊,他问穆尔:"谁是你最出色的学生?"

穆尔毫不犹豫地回答说:"是维特根斯坦。"

罗素问:"为什么呢?"

"因为在我所有的学生中,只有维特根斯坦老是有一大堆学术上的疑问。"穆尔回答说。

十几年过去后,维特根斯坦在哲学界的名气不仅远远超过了自己的导师穆尔,而且也超过了大哲学家罗素,声名鼎沸,如日中天。这时,穆尔拜访罗素问:"知道和维特根斯坦比较起来,我们为什么落伍了吗?"

罗素听了,静静思忖了一会儿,回答说:"因为我们提不出疑问了,而维特根斯坦却还有一大堆的疑问。"

智慧锦囊

　　生活的质量来源于对生活的思考,思考迫使自己求变,让我们对未来永远保持强烈的好奇心,对生活保持积极向上的态度。

　　有怎样的心灵,就有怎样的世界;有怎样的心灵,就有怎样的人生。

胸 藏 阳 光

◇李雪峰

　　一个人带着他的两个孩子到撒哈拉沙漠去旅游。

　　见到无边无垠的大沙漠后,一个孩子不屑地说:"这么大的沙漠,这么多的沙子,真是个不毛之地啊!"而另一个孩子看到沙漠则兴奋地惊讶说:"这么大的沙漠,这么多的沙子,真是一笔巨大的财富啊!"

　　旅人问他的那个孩子说:"你为什么不喜欢这片大沙漠呢?"孩子说:"大沙漠除了这些没用的沙子,没有树、没有草、没有水,没有一点点的用途,谁喜爱沙漠谁准是世界上最大的傻瓜。"

　　另一个孩子听了哥哥的话,立刻纠正说:"不,一点儿都不是你说的那样,虽说这沙漠里没有树,没有草,也没有水,但它有金子。难道你没听说过沙里藏金这句话吗?这么大的沙漠,该藏着多少的金子啊!"

　　还有两个小女孩,她们两个一起到公园里玩耍。公园里盛开着许许多多的白玫瑰和红玫瑰,一朵朵娇妍欲滴,花香醉人。一个小女孩面对着漂亮的玫瑰惋惜地说:"多么漂亮的花朵,怎么长了那么多丑陋的尖刺。"而另一个小女孩则赞赏地说:"刺上竟开了这么多美丽的花朵,真是不可思议啊!"

　　几十年后,在沙漠里只看到满眼沙子的那个孩子在贫困中潦倒地死去了;在花园里惋惜玫瑰上生着刺的女孩在忧郁中积劳成疾也早早死去了;而在沙漠里看到黄金的孩子,他从一文不名的穷小子渐渐成了一个家产上亿的大富翁;

那个惊叹刺上绽开着玫瑰的小女孩虽然生活得很贫困,但她很乐观,她的一生温暖而幸福。

有怎样的心灵,就有怎样的世界;有怎样的心灵,就有怎样的人生。心布阴霾,命运将是黯淡的;胸藏阳光,生活将是明媚而幸福的。

智慧锦囊

无数人只把眼光盯住生活中的消极面,不断地在心中强化,终于把自己推进阴暗角落。而生活只给了科学家霍金几个能活动的指头,他却打开了一个庞大的数学世界。

大款去动物园找了个专家来家里,最后确认:这的确是一只狼!

心 中 的 狼

◇王国华

北京有一个大款,要花钱买个宠物来玩。他在狗市上转悠,有人便向他推荐了一只小狗崽。这只小狗崽长得骨架子很大,一打眼就知道是长大了以后极凶猛的那一种,于是他便掏钱把它买下。

回来之后,小狗顿顿吃肉,又有专人照料,长得很快。不久,一条剽悍、强健、虎虎有生气的大狗便站立在主人面前。大款十分高兴,逢人便向别人炫耀。但是后来随着时光的推移他发现这条狗的眼神有点儿不对劲,阴阴的,瞅人时透出一股瘆人的凶光。他心里一惊:这别是一只狼吧!于是他立即找人打制了一个铁笼子,把"狗"围了起来,"狗"在笼子里凶相毕露,不安地走来走去,并低声长吼。大款去动物园找了个专家来家里,最后确认:这的确是一只狼!

大款惊出了一身冷汗!

这只是个偶然事件,然而有一种名叫"欲望"的动物却会在我们心中生长,小的时候它生动可爱,可是待它一长大,你控制不了的时候,它就会成为你生活里的狼,咬伤别人和自己。这条心中的狼才是我们最应警惕的啊!

有人问酒鬼为什么要喝酒,酒鬼坦白道:"为了忘却我的羞愧。"别人接着问:"你羞愧什么呢?"酒鬼说:"我羞愧我喝酒。"人身上的不良秉性,其实并非都是与生俱来的。

我并不需要蜻蜓,我需要的是你们捉蜻蜓的乐趣。

富商的遗嘱

◇刘燕敏

一位富商,英年早逝。临终前,见窗外的市民广场上有一群孩子在捉蜻蜓,就对他四个未成年的儿子说,你们到那儿给我捉几只蜻蜓来吧,我有许多年没见过蜻蜓了。

四个孩子飞速下楼,来到了广场。

不一会儿,大儿子就带了一只蜻蜓上来。富商问,怎么这么快就捉了一只?大儿子说,我用你刚才送给我的那辆遥控赛车换的。富商点点头。又过了一会儿,二儿子也上来了,他带来了两只蜻蜓。富商问,这两只蜻蜓都是你捉的?二儿子说,不,我把你刚才送给我的那辆遥控赛车,租给了一位想玩赛车的小朋友,他给我3分钱,这两只是我用2分钱向另一位有蜻蜓的小朋友租来的。爸,你看这是那多出来的1分钱。富商微笑着点点头。

不久,老三也上来了,他带来了10只蜻蜓。富商问,你怎么捉这么多蜻蜓?三儿子说,我把你刚才送给我的那辆遥控赛车,在广场上举起来,问,谁愿玩赛车,愿玩的只需交一只蜻蜓就可以了。爸,要不是怕您急,我至少可以收18只蜻蜓。富商拍了拍三儿子的头。

最后来到的是老四。他满头大汗,两手空空,衣服上沾满尘土。富商问,孩子,你怎么搞的?四儿子说,我捉了半天,也没捉到一只,就在地上玩赛车。要不是见哥哥们都上来了,说不定我的赛车能撞上一只落在地上的蜻蜓呢。富商笑了,笑得满眼是泪,他摸着四儿子挂满汗珠的脸蛋,把他搂在了怀里。

第二天,富商死了,他的孩子在床头发现一张小纸条,上面写着:孩子,我并不需要蜻蜓,我需要的是你们捉蜻蜓的乐趣。

人生同旅行一样，美妙皆在过程中，那些所谓的目的地，不过是我们在开启下一段人生旅程前的歇脚处罢了。放慢脚步，细细品味人生的每段过程，我们才会找到生命的价值和意义。

> 只要我活着，生活的滋味和意思就在那永不消失的地平线上。

永不消失的地平线

◇林 夕

有两个地方最能让我感受活着：一个是妇产医院——人们来的地方，另一个是殡仪馆——人们要去的地方。我第一次去殡仪馆时的感受太深了，那年我24岁，去送别另一个24岁的人，我的高中同学。他大学毕业才两年，骑摩托车带女朋友翻车摔死了。他躺在那儿，我从来没有见过他如此安静，平时他连睡觉都不老实。我们向他告别后他就被推走了，等再出来时就变成了一盒灰。那一刻我才真正弄明白了什么是活着，我忍不住联想起自己，如果有一天来这儿的是我，我会是什么样？

我一连几天没上班，那几天我也不知道为什么又去了殡仪馆。我在那一排排整齐的方盒子前转来转去，从每个盒子上的照片来揣摩那些天国里的人们。他们嘴角含着一丝冷笑傲视着我，周围是那样的宁静，这种宁静能穿透我的骨髓，让我全身都有一种痛苦感。此刻我明白了体验痛苦也是生命的一种过程，生命就是从起点到终点的连线，起点和终点早已设定，我们能够做的并不是把这根生命线延长，而是让它变得更宽、更有色彩、更有光泽。就在这一瞬间我做出一个决定——24年来我唯一自己做出的重大决定：我辞职了。我把毕业证和档案什么的这些从前锁住我的东西统统放在一个黑盒子里，连同过去的我一同埋葬了。

最初的一年，我身后总有一只急追着的猎狗，我跑一阵停下来刚喘口气，那狗又要追上来了，我转身就跑。这一年的摸爬滚打，比十年的寒窗苦多了、累多了,但我学会了人生最重要的一课——生存。即使我口袋里分文皆无,我也能做到心底坦然。我不再惧怕什么。我终于理解了为什么说苦难是人生最好的老师,学校里老师教给我们的是些有形的知识,可在关键时刻能救我们的是一些无形的知识。

一年多来,我感觉最累的时候并不是最辛苦的时候,而是在刚开始起步看不到目标的时候。那时候每天早晨起来都有一种找不着北的感觉,不知往哪走,这是最累的,也是最痛苦的。有一天正好是我 25 岁生日,我约好和一位大老板去谈一个项目,为了这个项目我准备了近一个月。我比约好的时间提前半小时到达,可是等了一个多小时,那老板才领着一个小姐来。我耐着性子等他们坐好,打开文件夹,开始谈我精心策划的方案。然而谈话不断地被那个小姐打断,我没理她,我真不明白这些只能做花瓶的女人怎么这么有市场。可能是我的态度惹恼了她,她站起来要走。老板也无心听我谈了,应付了几句就起身告退,把我一个人扔在华丽的大酒店,而我口袋里的钱加起来还不够吃早茶的。我仍然挺胸昂头好像很风光地走出酒店,在一家食品店买了 6 瓶啤酒,拎着就去了海边,一个人坐在沙滩上就着海风喝酒,两行热泪顺着脸颊无声地流下来。也不知是几点了,反正夜已经深了,路上早就没车了,我一想回去的路还那么远,就迈不动步。可是晚上越来越冷,呆在这儿,没准会冻死,我可不想就这样让我的生命终结,我强迫自己往前。借着月光我看见远方有一处比前面的路都亮,我就告诉自己走到亮处去,等我走到了才发现什么也没有,可是抬头往前看,远方又有一处比眼前的路亮,我又向前走。我就这样朝着亮处走,终于走到了家,并不觉得特别累,要在平时,那段通往海边丘陵地带的路乘车我都嫌远,更别说步行。回头看看走过的路,我才发现:在这片丘陵地带,路总是高低起伏,但只要你站在高处往前看,总会看到一条地平线。你向着它走去,就一定会走到目的地。

那天晚上,不,已是新的一天了,我在日记本上写下了我的计划:从 25 岁到65 岁,每 5 年我要达到一个新的目标,要超越一个旧的自我;到 30 岁时我一定要完成不少于 50 万元的营业额,完成原始资本积累 15 万元,踏过生存关,迈上求发展的新台阶。

5 年过去了,我没有让自己失望,我做到了,我开始实施第二个五年计划了。现在我不再说"没劲"、"没意思"之类的话了,而且永不再说。只要我活着,生活的滋味和意思就在那永不消失的地平线上。

智慧锦囊

生活没有给我们太多的时间抱怨,反而我们总是在抱怨的时候没有去理会机会的敲门声。机会过后,我们后悔莫及,然后又开始埋怨,不懂珍惜,我们就等着时间把我们埋葬。

还有什么比生命更珍贵的？为这仅此一次的生命，难道不该活得漂漂亮亮！

生命的华衣

◇栖　云

开会的时候，遇到一位老太太，又美丽又丑陋的老太太。

她气宇轩昂地坐在椅子里，仿佛倨傲高贵的女王。女友说，瞧，核桃皮似的，还打扮得艳如桃花，语气中的蔑视和不屑无遮无拦。

我还发现老人扶在椅子把手上的左臂不停抖动，从袖口伸出的则是一只干燥树皮样的手。

但，无法否认，她打扮得极其精致：梳得纹丝不乱的发髻，两只银光闪动的大耳环，朱红色光滑如水的裙子；连指甲都精心修剪过，涂着淡紫色的油彩。我微微笑了笑，算招呼。您？目光落在她发抖的手臂上。

涂了口红的嘴唇咧开，她表情愉悦，虽然丑，却亲善。"我患了帕金森氏综合征，已经两年了。"她更柔和地凝视我，"你觉得我很可怜是不是？"

我诚恳地摇头。这样的打扮一定专门有人伺候，绝不该属于可怜的人。

"我很丑是不是，不该这样卖弄？"

我无法表态。相貌的丑陋似乎跟装扮的美丽不搭界，但是，假如有一天，我变丑、变老、变得身残体弱，会不会自暴自弃？她不再解释，浅浅笑，风轻云淡。

传说蜗牛从前是没有壳的。软绵绵的身体上伸出丑陋的触须，很多动物都对它嗤之以鼻。蜗牛爬到上苍那里去，祈求上苍赐给它一副壳。

为什么一定要装副美丽的壳呢？虚伪还是自欺欺人？

蜗牛沉思片刻，郑重回答：为了仅此一次的生命。

很久以后，我想起那个已经淡忘了容颜的老太太，突然肃然起敬。

还有什么比生命更珍贵的？为这仅此一次的生命，难道不该活得漂漂亮亮！

智慧锦囊

当我们学会快乐每一天，珍惜每一天时，就会发现生命如此美好，上天真的很偏爱自己，全世界也都对着自己微笑！

> 商场上的竞争无处不在，最终的胜者，不一定需要具备多高的智谋。

报童的一次价值不菲的演讲

◇崔修建

那一年，由于激烈残酷的市场竞争，大名鼎鼎的凯利公司也遭遇了有史以来最为严峻的生存考验。公司的销售额急剧下降，公司财务陷入了艰难的窘境之中，一大批高级员工陆续地离开了公司，剩下的许多员工也深感公司前景岌岌可危，纷纷准备选择自己的退路。一时间，公司上下笼罩着浓浓的消极悲观的氛围，似乎公司已到了濒临崩溃的边缘。

面对棘手的困境，公司总裁艾弗森别出心裁地召集员工聆听了一场极为生动的演讲。大大出乎众人意料之外的是，在这急需激励众人斗志的关键时刻，被邀请来的演讲者不是商界叱咤风云的成功者，而竟然是只有 10 岁的报童约翰。

那场演讲的方式也极为特别，似乎不过是公司总裁艾弗森与报童约翰两人在台上进行的一番旁若无人的平淡无奇的对话，但对话的内容却颇耐人寻味。

艾弗森开门见山："约翰，你送报纸多长时间了？"

约翰骄傲地说："三年了，从我 7 岁那年就开始了。"

艾弗森："送一份报纸平均能赚多少钱？"

约翰微笑着："现在是每份报纸赚 10 美分，不包括偶尔有的小费。"

艾弗森："看你整天乐呵呵的，赚钱的路走得一帆风顺吧？"

约翰依然微笑着："我每天都很快乐，这是真的，但赚钱的路并不大顺畅。刚开始送报的时候，送一份报还赚不上 2 美分，而且非常辛苦，因为在那个街区送报的人太多了，许多孩子比我大，还有一些成年人，他们做得早，也比我有经验。"

艾弗森饶有兴致地问道："那后来你是怎样击败竞争对手的？"

约翰不无得意地告诉洗耳恭听的艾弗森："不是我击败了竞争对手，是他们自己击败了自己。看到送报赚钱难，他们都悲观地认为送报纸肯定赚不到多少钱了，再怎么努力也没什么前景可言了，一个个便都改行去做别的了。而我却满怀希望地一直坚持下来了，并且把这份工作干得越来越好、越来越赚钱了。"

艾弗森："约翰，你从没有想过要换一样赚钱的工作吗？"

约翰坚定地说："没有，因为我做律师的祖父告诉过我——成功最大的秘诀就是坚持到底，即使在我每周只赚 3 美元的那些日子里，我也没想过要换一份工作，我一直坚信自己能够赚到我希望多的钱。果然，现在我实现了自己的愿望，除了自己亲自送报，还雇了五个帮手，把送报的区间和客户扩大了许多。目前，我正筹备成立一个送报公司，准备尝尝当老板的滋味呢。"

艾弗森面带赞赏地追问："那些当年和你一起送报的那些人当中，现在有比你赚钱更多的吗？"

约翰骄傲而果断地回答："没有，他们中倒是有好几个人很后悔当初没有像我那样坚持下来，其中有两个现在已成了我的得力帮手。"

这时，艾弗森总裁激动地站了起来："谢谢你，约翰，你今天给我们做了一次极为精彩的演讲。"说着，递过一张 1000 美元的支票。

约翰有些惊讶地说："您付给的报酬多了，我只不过随便说说我的真实的经历而已。"

艾弗森总裁赞赏地抚摸约翰的头："孩子，我相信，你今天的这番演讲的价值，要超过我所支付报酬的一万倍。"

艾弗森总裁转过身来，面对全体员工，情绪激昂道："小约翰用自己鲜活的经历告诉我们——商场上的竞争无处不在，最终的胜者，不一定需要具备多高的智谋，有时，只需要保持一份良好的心态，保持一份坚持到底的坚定信念……现在，我希望大家能够像约翰当年那样，抬起头来，我们团结一心，微笑着跨过眼前这道难关。"

此后，深受激励的员工们焕发出极大的工作热忱，以超乎寻常的团结进取的积极心态，使凯利公司很快便摆脱了困境，迎来了新的辉煌。

谁都不会想到，当年 10 岁的报童约翰的一次极为简单的演讲，竟如一粒火种点燃了许多一度消沉的心灵，让凯利公司一步步壮大成为世界上赫赫有名的跨国集团，约翰本人后来也成为英国的"报界大亨"。

"那是一次价值巨大得难以估量的演讲。"后来有人特别撰文评述艾弗森在非常时刻所做出的智慧的选择。

智慧锦囊

大部分时间，我们惊叹别人一鸣惊人的成功，却不知为了这个成功，他们经历了多少挫折，不知道他们百折不回地做了多少努力。没有专注的铺垫就没有成功的高度。

第四辑　**每个人都是自己的明星**

我们每个人注定都是自己这部人生戏剧的主角，站在各自的舞台上，以各自不同的方式，演绎着自己与众不同的故事。如此，谁都不应该有什么自卑、抱怨、牢骚，只需把自己的人生台词精心地推敲，只需努力让自己这个角色光彩夺目。

> 依靠外力美丽你的外貌,这并不虚妄。但它不是一朝一夕的事,需要长期的积累和努力。

为自己的相貌负责

◇王国华

　　和朋友们谈起来,大家都有过这样的感受:小时候看电影,常常是一看开头,就能够分辨出里面谁是"好人"谁是"坏人"。这一切只是缘于里面的人物太"脸谱化",凡是那贼眉鼠眼、猴头巴相的,一定是心怀鬼胎的坏蛋;而气宇轩昂、嗓音洪亮的,一定是顶天立地的英雄。这种电影适合小孩子看,因为爱憎分明,界限明显,所以看着不累。但是随着年龄的增大,就觉得这种东西越来越不过瘾——它缺少惊心动魄的心理较量,无法满足我们逐渐增长的求知欲。试想,一个英俊潇洒的阴谋家就藏在我们这些善良的人群中,他把自己装扮得很像一个好人,但最后终于被揭露出来,那该多刺激,多爽!

　　而且,现在的导演们确实按照我们要求的去做了,他们开始精心把各色人等安插在熙熙攘攘的人海里,让我们不断猜谜。他们故意把好人设计成一个看上去很委琐的家伙,或者让一个狼子野心的人西装革履,脑门倍儿亮! 而事实上,这仍然走入了一个误区。因为,从一个人的面相上,确实是能够看到一个人的内心世界的。美国总统林肯曾经说过:"一个成年人应该为自己的相貌负责。"为什么这么说呢? 原来,一个人的际遇如何,最后总能反映到他(她)的脸上。如果不信,可以观察一下你的周围,你看那脸色灰暗、年纪轻轻就满脸皱纹的,心灵上一定是被生活挤压得创伤累累;一脸无所谓、眼神迷离的人,自然是心浮气躁,事业上也非一帆风顺;态度平和、皮肤明亮的,则是把握住了人生的方向,他们的自信已经明显地表露在了脸上。

　　有句话说,"性格即命运"。其实,从某种意义上讲,一个人的相貌亦即命运。只不过,外貌还可以反作用于生活。因此,每个人都应该在现有条件下,让自己的外貌更加整洁、端庄。当然,并不是要我们都去化妆乃至整容。外貌并非表象,而是一种气质,由内而外散发出来的气质。

　　如何打扮自己的相貌,方法很多,但其中最重要的两条,便是读书和交游。先贤有曰:"三日不读书,则面目可憎。"想来这句话并非信手拈来,肯定是出自于切身体验。读书首先使人平静,有一颗平静的心,才能处变不惊,举止不俗。其次,书籍可以为我们提供足够的精神营养,"腹中有诗书气自华",这是我们赖以成长的根。有了这个根,一个人的外貌才能不断更新。久而久之,新的面貌产生了。

朋友亦然。有些人常常夸耀自己交游怎么广阔,其实朋友不在多,而在乎其质量。和几个衣衫整洁、谈吐文雅的人耳鬓厮磨,天长日久,自然会被同化,品位不断得到提升。朋友和书一样,他们营造的是一种氛围,让你时刻浸润其中。水滴石穿,他们在一起悄悄地雕刻着你的脸庞。因此可以说,一个人的品貌是他的朋友群落的映照。

依靠外力美丽你的外貌,这并不虚妄。但它不是一朝一夕的事,需要长期的积累和努力。也许你没有刻意去改变它,可时光是公正的,也是残忍的,它把每个人的命运都写在他(她)的脸上。一些人的落魄已经毫不掩饰地摧残了他们的面容。如果有一天,你突然发现自己端庄了许多,那么,我要祝福你——你的心灵正在向幸福的岸边靠拢。

智慧锦囊

快乐地迎接每一个早晨,友善地向周围的亲人和同事粲然地微笑,无论遇到多大的误解和不公,只要保持心中的高贵,那么即使我们满头白发、一脸菊花,也依然美丽年轻。

我不想让大家觉得我的付出是多么的高贵,付出,只是我生活的一个组成部分;或许,对我而言,它已成了我生命中的一种习惯。

坚守生命中美好的习惯

◇马　德

檐角挂着一个蜘蛛网,结在短墙和檩条之间。

是新织出的,纵横的经纬之间,纤尘未染,光亮亮的,在风中轻荡着。那些日子,他总觉得在单位受到了不公平的待遇,做了很多,得到的很少,于是一生气，干脆赋闲在家。那天，他遛弯至此，看到了这张蜘蛛网。百无聊赖之际，他一挥手，偌大的一张网，瞬息之间，便断裂成一条一条的短线，摇摆在风中了。

第二天傍晚，当他再经过这里的时候，他发现，又一张完整的网织在了檐角上，在夕照的光辉中，格外鲜亮。他一挥手，这张网也断裂了。

后来几天，他重复着这样一个百无聊赖的动作。每次他都暗想，也许，明天就再也不会看到这张网了。毕竟，不会有哪一只蜘蛛在一个地方辛辛苦苦半天，一无所获，还能不计成败地坚持下去的。

然而，第二天，他总能看到一张完整的新网，威风八面地挂在檐角上。

这天，暮色已经很浓了，他还待在檐角的地方没有走。因为，他终于看到了这张网背后的蜘蛛了，一个黑黑的家伙，正上上下下地忙碌着。他认真地端详着这只蜘蛛的一举一动，他想弄明白，究竟是什么原因，能让它这样锲而不舍地坚持下来。然而，一直到华灯初上，除了蜘蛛不停地奔波和忙碌外，他什么也没看到。

后来，他出了一趟远门，那是一座偏僻的小城，然而，他郁闷的心绪并未因为这样的一次远足而消减。凑巧的是，就在他计划要返程的时候，在小城的礼堂里，他听了一场劳模报告会。那个劳模的故事很感人，而劳模说过的一句话，尤其让他不能忘怀：我不想让大家觉得我的付出是多么的高贵，付出，只是我生活的一个组成部分，或许，对我而言，它已成了我生命中的一种习惯。

当他回去之后，再经过那个檐角的时候，便一下子懂了那只蜘蛛。是啊，它锲而不舍的结网，不计成败的付出，也许，就是它生命的一种习惯。它在做这些事情的时候，并不奢望生活一定给它带来什么；在遭遇挫折或者失败后，也从来不曾动摇过内心中的这种习惯。它知道该平静而从容地接受生活所给予的一切。

而实际上，就是这只屡屡遭受不幸的蜘蛛，在他走后，在短墙和檩条间，又结了一张更大的网，那张网上，已经粘结住了许许多多的飞虫。

人生也一样，如果你拥有了这样的一种美好的习惯，就要不计成败不问回报地坚守它。若干年之后，当你蓦然回首时候，你发现，人生的枝头上，这种习惯已经为你结出了累累的硕果。

智慧锦囊

播种行为，收获习惯；播种习惯，收获性格；播种性格，收获命运。坚持良好的习惯，才能做自己的主人！

> 每个人都有自己的明星，而我的父亲说，每个人也是自己的明星。

每个人都是自己的明星

◇雪小禅

前些天我去开笔会，大家相互恭维着，说久仰久仰，说你的名字早就如雷贯耳。的确是，小圈子里，谁不认识谁呢，主持人介绍到我是——中国著名作家。我很受用，虽然说有点儿夸张，但是谁不爱听奉承话呢？

何况在当地的确是有很多人认识我，我开的多是这种笔会，一到了大家都说，作家来了。

我以为，很多人是认识我的。但我有一次去一个老先生家，他正在给人编一本诗词，在我们这个城市极其有名，我觉得所有人都认识他，就像自我感觉自己也被所有人认识一样。

但他不认识我，他说，不要觉得许多人应该认识你，那些和你无关的职业人不会知道你是谁，比如那些出租车司机，比如那些摆摊卖水果的人，他们怎么可能知道你是作家？他们只认识自己那个圈子的人，那个圈子的明星。

是啊，那些走街串巷的人怎么可能认识我？即使巴金又如何？那是与他们的生活无关的一个人啊。

而给我印象更深的一件事是，《同一首歌》要来我们这座城市，我费了很大力气搞了几张票，据说有很多明星，宋祖英、那英和王菲、齐秦什么的都要来，说好了我要带着奶奶一起去的，我要让奶奶感受时尚！

但奶奶说，宋祖英是谁啊？王菲是谁啊？我不认识她们，我要在家听京戏，你知道梅兰芳比他们可强多了。

在我看来的天皇巨星在奶奶那里却没有任何意义。

就如同我的小舅喜欢看赵本山的小品，他只承认中国有一个明星是赵本山。我的弟弟喜欢迈克尔·乔丹，他总用不屑的口气跟我说，中国那些明星也叫明星？

每个人都有自己的明星，而我的父亲说，每个人也是自己的明星。因为总会有几个人那么喜欢你，你的父母，你的朋友……他们喜欢你甚至崇拜你，把你当做手心里的宝贝，关心你，牵挂你，你的一举一动比所有人都让他们动心。

不是吗？当姐姐家的小孩子在屋里跳舞时，所有人什么都不去看了，哪管电视上正演着什么明星的戏，大家关注的只有这个 5 岁的小孩子，她唱着跳着，感觉自己被目光包围，爷爷奶奶的夸奖，叔叔姑姑的表扬让她看起来更神气。

当乡下二姨在全村人面前扮上相唱评剧时，她说自己感觉比皇后还神气呢，他们村里的人都只认她，如果说谁比她唱得好，那村子里的人准跟你急，他们会说：你们懂艺术吗？他们用的是"艺术"这个词。

我觉得我二姨其实唱得很一般，但在那个村子里的地位简直是无人能替代，估计毛阿敏去了也会感觉郁闷。

这还不算更离奇的，有一次我去徽州旅行，在那个偏僻的小村子里，有人竟然不知道布什和萨达姆是谁！他们听着黄梅戏，坐着藤椅懒懒地晒太阳，好像这个世界与他们无关一样，凭什么要知道布什和萨达姆！

如果你非认为你自己必须让所有人都知道，那你是自找没趣。朱时茂开车闯了红灯，警察让他停下，他说的话是："我是朱时茂，你不认识吗？"警察给他的回答是："我是警察，只负责自己的工作。"

所以，我懂得了谦逊，知道自己不过是一个小小的领域里有了一点点成绩，大多数的人不认识我，即使圈子里的人，也有很多人不认识我，这很正常。但我知道自己是妈妈的宝贝，是父母的骄傲，是爱人疼爱的人，是朋友喜欢的人，这就够了。

智慧锦囊

"不想当将军的士兵不是好士兵"，但假如你知道自己只能做一个好士兵，那么你就在士兵的岗位上尽职尽责，你同样能体会到人生的乐趣。

> 玫瑰花意味着一种芬芳的情谊，玫瑰刺意味着一种坚定的保护。

种在墙头的玫瑰

◇乔 叶

一次，去一位朋友家玩。她住的居民区都是清一色的独门小院。院墙低矮。我们惊奇地发现：朋友的左右邻居墙头都密密地插着一圈玻璃瓶碴，在阳光下泛着凛凛的寒光；唯独朋友的院墙上很诗意地种着一排纤细的绿草，在风中微微颤动着。

　　"我花了好大的工夫才种成的，"朋友不无得意地说，"先是在墙头堵土，然后是精选草籽，撒上草籽后又天天浇水，才把'高处不胜寒'改为'高处不胜碧'的。"

　　"玻璃瓶碴充满了敌意，又难看得很，固然没有你的绿草高明。可是，你的墙头草在梁上君子眼里未免柔有余而力不足，太好欺负了。"有人说。

　　"那你说我该怎么办？"

　　"种玫瑰。"我笑道。

　　大家一起笑起来。墙头种玫瑰显然不太可能，因为根扎不了那么深。不过，这可不可以成为一种美好的比喻让我们应用到处世的态度中去呢？玫瑰花意味着一种芬芳的情谊，玫瑰刺意味着一种坚定的保护。和平的时候，我们是花；战斗的时候，我们是刺。我们可以既善良又顽强；既大方又有原则。既勇敢又有风度；既欣赏鲜花的香艳，又暗筑起一道防范的篱笆。接纳友爱的胸襟，不一定非要毫无城府；拿起武器的方式，也不一定非得激烈和尖锐。也许，某些时候，二者恰恰可以颠倒过来。

　　这是一个不完美的世界，但是我们却可以尽力修炼出一种完美的生活态度。没有什么是绝对矛盾的，只要我们用心智去和谐地面对和改变它们。

　　智慧锦囊

　　善意是一种人性中最美最高贵的品质，它预示着生命的热情、真诚和希望。佛说要放得下和走出去：放得下是解脱，蛹化为蝶即是解脱；走出去是豁达，心怀善意，有容乃大。

　　先机非常重要，但先机并不决定一切。

先机并不决定一切

◇澜　涛

　　中国有句老话，"先下手为强"，抢占先机宛如踏上了通往成功的快车道。但先机可以让我们领先，却并不能决定一切。

　　2004年夏，欧锦赛在葡萄牙拉开帷幕，球场上激烈拼杀的同时，球场下，商家们围绕着球迷手中挥舞的小国旗也展开了一场销售厮杀。崇尚先下手为强的中国商人早早就制作了参赛各国的小国旗,加之每个小国旗1欧元的低廉批发价格,中国商人制作的小国旗迅速抢占了葡萄牙市场。同样盯着欧锦赛小国旗市场的印度商人赶到时,市场已经饱和。但印度商人并未放弃,经过缜密的调查后,印度商人全面收购了中国商人手中的小国旗。当葡萄牙队进入半决赛,狂热的球迷疯狂地抢购、挥舞着小国旗,而这些由中国商人制作、印度商人出售给他们的小国旗,每个售价10欧元。

大约半个世纪前,发生过一个类似的事件——

1957年,在芝加哥举行了一个全美博览会,57岁的罐头食品公司经理汉斯发现,组织者分给他的展览会场在偏僻的阁楼上。博览会开幕后,尽管参观的人络绎不绝,但能够摸到阁楼的人却寥寥无几。汉斯紧急制作了一些很小的铜牌,铜牌上刻着一句话:拾到铜牌的人可以到阁楼上的汉斯食品陈列处换取一件纪念品。第三天开始,参观的人们常常能从地上拾到汉斯丢下的铜牌,汉斯那个小小的阁楼开始挤得水泄不通。即便后来铜牌绝迹,盛况仍一如当初。那次展会,汉斯得到的利润共计50万美元。

相隔半个世纪左右的两个事例,鲜活地告诉我们,任何时候,任何时代,先机非常重要,但先机并不决定一切。

人生难以步步抢得先机,错失先机并不可怕,只要能够将信心、勇气和智慧制作成心灵的铜牌,丢到脚下,即便迟人一步,一样可以引来成功。

智慧锦囊

你坐着哭诉刚失去的一个绝好机会时,另一个机会也正随着你的眼泪流走,因为机会永远不会为谁做停留。

我们对自己的孩子大声嚷嚷,我们对父母也曾加大过嗓门,我们对朋友同事也曾高声叫喊。唯独,我们面对危害我们的坏人,却能保持沉默。

大声地生活

◇林 夕

那天,我领女儿上街,在一个书摊前选了两本书,手伸到兜里掏钱,突然碰到一只手,我吓了一跳,禁不住"哎"了一声,就见一个男人"嗖"地一下转身离开了,留给我一个穿黑色皮夹衣的背影。女儿在旁边连忙问:"妈妈,怎么了?"

我小声说:"有小偷。"

女儿大声说:"在哪?快抓住他!"

我用手指了指那个背影,小声说:"就是他,不过没偷着,别吱声。"

想不到女儿冲着那个背影大声地喊道:"坏蛋,小偷,谁让你偷我妈妈?我给你告警察!"

我吓得用手猛拉女儿两下:"别喊了,你爸爸不在这儿,小心他来打我们!"

"他敢!有警察呢。妈妈,快把电话拿出来,打110。"女儿理直气壮地大声说。

我有些害怕地看看那个背影,生怕他回转身来打我们母女二人。可是,他没有,他走得更快了,走到街角拐弯处,急忙钻进胡同里,看不见了。我这才松口气。这时女儿拉拉我的手,生气地说:"妈妈,你为什么不报警察?你看你让他跑了,他又去偷别人了。"让她这么一说,我有些脸红,周围的人都看着我,我心里有些别扭,就冲她说:"你大声嚷嚷什么?"

"我就大声嚷嚷,好让坏人怕我们,你那么小声,好像我们是坏人似的!"

我望着才8岁的女儿,哑口无言。想了一会儿,只好说:"算了,算了,我们买了书走吧!"我又从兜里掏钱。想不到女儿拦住我,又冲那卖书人大声说:"我看见你刚才用那样的眼光看我妈妈,你肯定是看见小偷掏我妈妈的兜,可你为什么不说?你帮助坏人,我们不买你的书了!"说完,拉着我就走。我这才想起来,刚才小偷在我旁边,我和小偷正对着书摊,卖书人看着我往外掏钱,一定也看见了小偷正在掏我的钱。我不满地看看他,他也看看我,把头扭到一边去,什么也没说。我牵起女儿的手,大声地说:"走,我们不买了!"

我领着女儿上了公共汽车,女儿瞪着一双眼睛,东瞧瞧,西望望,好像在找什么。我拉了她一下,小声问她:"你干什么呢?"

"我看有没有小偷。"声音洪亮,传遍整个车厢。周围的人愣了一下,接着哄笑起来。

旁边一个小伙子逗她说:"就你这嗓门,有小偷也早让你吓跑了!"另一位中年妇女好心地说:"要是你真看见小偷,可别这么喊,他会打你的。"

女儿扬起脸,冲着他们说:"我就要大声喊,让那些坏人怕我们,让他们不敢再做坏事!"

我张了张嘴想说她却没有说出口。周围突然变得安静起来,人们都闭紧嘴巴不再说话了。车停了,我领着女儿下了车,走了两步才想起来忘了给女儿买票,回过身来看见那个平时总是凶猛地盯着小孩查票的女售票员冲我们友好地笑了笑,车就开走了。

我领着女儿在人群之中穿行,女儿还是那样,看见什么新鲜好奇的事就大声地说:"妈妈,你看前边那个叔叔梳着小辫儿!""妈妈,你看那个阿姨抱着小狗在亲它!""妈妈……"她就是这样爱大声说话。平常,她一开口,我这心就提到嗓子眼，因为不知道什么时候就冒出一句让你啼笑皆非的话来，而且越是有人的时候，越是人多的地方，她越说个不停，真是烦死我了！弄得每次领她出门前，我总要警告她："不许说话！有话小声说，别让别人听见！"要是从前，像她这样大声嚷嚷，我早就警告她甚至威胁她了，可那天，我什么也没说，让她大声地说个够。

女儿赶上了中国第一代独生子女这班车，我这个独生子女的家长，既无参照、又无经验，也不知为什么她长成这个样子。去年，我送她回老家住了一个月，临走，我母亲对我说："我把你从小养活到大，都没有带她一个月累！这孩子，太不听大人话了！"不听大人话，也许是所有孩子的共性，但从来没有像这一代独生子女们这样突出。在他或她面前，我们不再像我们的家长们那样任意挥舞权力的大棒，他们会举起他们的大棒来反驳我们，有时，甚至会打得我们一愣一愣的。这时候，我就想：也许我们大人的话，不一定就一定是对的，至少我们在使用声音这个问题上，就不如小孩：我们对自己的孩子大声嚷嚷，我们对父母也曾加大过嗓门，我们对朋友同事也曾高声叫喊。唯独，我们面对危害我们的坏人，却能保持沉默。

智慧锦囊

我们所谓的成熟，就是在我们适应生活环境的过程中，一步一步地牺牲与生俱来的美好品性，换得世故自保技能，最后成熟的我们却在单纯的孩子面前惭愧。

> 春天带给每个人的都不多，一样的春风、种子和土地。

把球一次次投向篮筐

◇澜 涛

他是一个黑人孩子，因为肤色以及家境贫窘，他的童年和少年都承担了很多额外的压力。没有小伙伴肯陪伴他的时候，他常常抱着心爱的篮球在球场上一次次地练习带球、上篮……他喜欢和篮球对话，他感觉自己的生命只有在面对篮球的时候才可以释放出所有的激情和能量。

　　一天,他和一个好朋友路过街旁一家凌志专卖店时,专卖店内一辆银色的凌志陆地巡洋舰吸引了他,尤其是车旁漂亮的售车小姐更是让他心旌摇动。他忍不住对那个漂亮的售车小姐挥了挥手,心里暗想,如果有一天自己能够买一辆银色的凌志陆地巡洋舰,并且娶那位小姐为妻该是多么幸福的事情。可是,他除了所喜爱的篮球,几乎一贫如洗。两个人来到朋友家,他的思绪还停留在那个售车小姐和凌志陆地巡洋舰上。朋友看出了他的异样,开玩笑地问他是不是喜欢上那个漂亮的售车小姐了。他摇摇头,无奈地说道:"我一无所有,他们距离我太遥远了。"一旁的朋友的祖父了解了他们谈论的话题后,对他说道:"我年轻的时候也是一无所有的穷小子,但我拥有我的热爱,我相信只要追逐自己的热爱,就可以创造奇迹。于是,我一直鼓励自己不停地进取努力。你看看我现在……"朋友的祖父是一名热爱服装设计的人,他的名字在服装设计业从三十几年前就家喻户晓。他听懂了朋友祖父的话,回到家中,他写了一个字条,贴在自己卧室的墙壁上,每天清晨都要读上一遍,激励自己:"只要追逐自己的热爱,就可以创造奇迹。"

　　虽然他仍旧皮肤黝黑,虽然他仍旧一无所有,但他开始鼓励自己积极地生活,努力地进取。他手里只有篮球,他更多时间的跳跃在篮球场上,一次次将篮球投向篮筐。今天,他已经拥有了自己的银色凌志陆地巡洋舰,而那位漂亮的售车小姐也早已经成为了他的妻子。他就是现效力于休斯敦火箭队、连续两届NBA 得分王,姚明的队友——麦迪。

　　春天带给每个人的都不多,一样的春风、种子和土地。没有人天生拥有一切,起点多么低窘都不可怕,哪怕只拥有一个热爱的篮球,拥有一次次将篮球投向篮筐的执著,就可能拥有花香满园、果实满枝的奇迹。

智慧锦囊

生 命 之 翼

◇张丽钧

生物课堂上，老师问了同学们一个有趣的问题："在某个经常刮暴风的小岛上生活着两种昆虫，一种昆虫的翅膀阔大，另一种昆虫的翅膀窄小，问哪一种昆虫更适于在小岛上生存？"有同学说："应该是翅膀阔大的更适于在小岛上生存吧？因为岛上的风那么大，翅膀太小怎么能飞起来呢？"老师笑了，说："翅膀越大，海风对它的作用不就越大吗？大翅的昆虫在逆风飞行时会十分吃力，它很可能因了翅膀的阔大为自己招来杀身之祸——被暴烈的海风掀翻，摔死在坚硬的礁石上。相比之下，小翅膀的昆虫却可以迎着海风惬意地飞，就像在海底穿梭的梭子鱼，轻捷，有力。可不要小瞧那窄小的翼翅，那才是聪明的昆虫战胜暴风的最得力武器呢！"

仔细想想，人又何尝不是如此呢？

曾经艳羡过"其翼若垂天之云""水击三千里"的大鹏鸟，以为唯有那样的飞行才堪称真正的飞行。我们不知道，在锻造生命的飞行之翼的时候，我们不经意地往里面添加了许多阻遏自己飞行的材料——自负，贪婪，脆弱，虚荣……

美国科学家史奈特曾做过一项实验，证明人类"心灵的翼翅"多大才最容易获得成功。他先将被实验者分成三组，各组的奖励办法均不相同，但所答题目却完全一致。第一组：答完问题就了事，没有任何奖励。第二组：答对了奖励100元奖金。第三组：如答题速度能刷新记录，即奖励2000元奖金。实验结果证明，第二组被实验者成绩最佳。由此可见，过于强大的动机与没有动机一样，会给成绩带来反面影响。

在地球这个宇宙中的小岛上，风暴不断袭来。如果我们不练就一副窄小善飞的翼翅，如果我们一看到高额的诱惑就神不守舍，如果我们总是奢望用垂天之翼瞬时飞越成功之巅，那么，我们很可能会像那翅膀阔大的昆虫一样，被狂风掀翻，成为礁石的祭品。

修炼你的生命之翼，让它带着你轻捷地飞翔。

生活的追求其实就像是穿鞋,不管材料怎么好,款式怎么漂亮,如果不合码对我们也没有任何意义。我们首先是需要穿上去舒服,其次才是材料和款式。

卑微的生命可以随着身躯倒下而终结,坚守的伟岸仍可以在生命化烟后生动。

守住心灵的火种

◇澜 涛

胜败千钧一刻时,最能欣赏一个人的风骨;
荣辱悬于一念时,最能检验一个人的品质;
生死系于一险时,最能透彻一个人的灵魂。

一

登临绝顶一览众山小的成功是运动场上每个追逐者的目标,然而,在2005年4月14日的蒙特卡洛网球大师赛第三轮中,世界排名第一的费德勒却上演了另一种追求与坚持。

这是此次大赛的第三轮比赛,费德勒与冈萨雷斯苦战了一个多小时后,费德勒终于迎来赛点。这个赛点来得太艰难了,两个在网球赛场上同样身经百战的网坛名将对这次比赛都做了充分准备,都是怀抱着冠军的渴望踏上赛场的。作为本次赛事的头号种子选手的费德勒在以6比2拿下首盘后,第二盘以6比5领先,接下来的这一局是冈萨雷斯的发球局,接好对手的球本来就很难,偏偏在一些好机会出现时,费德勒竟然失误了,他懊悔得直用手捶头。终于,费德勒将比分追成了40平,只要再赢一球,他就可以顺利进入下一轮,就可以逼近渴望的冠军奖杯。

一球牵扯两人的胜败,赛场一片寂静,似乎所有人都屏住了呼吸。

冈萨雷斯发球,费德勒将球回到对方的反手,冈萨雷斯将球回击过来,随着球落地,裁判的喊声响了起来:球出界!球场内喜爱费德勒的球迷兴奋地鼓掌向他表示着祝贺。费德勒却表情淡然地走向裁判，示意裁判刚才的那个球没有出界。

裁判惊讶，观众惊讶。费德勒却坚持着自己的观点，他认为他距离那个球最近，他看得最清楚。裁判最终对这有争议的一球做出重新比的判决。比赛继续进行，被从淘汰悬崖边拉回来的冈萨雷斯异常神勇，赢得了这一局的胜利，比赛被拖入决胜局。

又一个小时左右的比赛后，费德勒最终取得胜利。全场观众起立，掌声经久不息。掌声中有对他取得胜利的祝贺，也有对他"纠错"那一个可以早早结束比赛一球的敬佩。

在后来的电视慢镜头回放中，那个争议的球仅有一点点压在了线上。

渴望胜利，渴望倚剑绝顶的振臂长啸；然而，更在意的是，那生命底处，那一根根抓牢土壤、给养生命的关于诚实、正直、明媚等等根须。追逐胜利，追逐一骑绝尘的江湖啸傲；但更懂得，支撑起人生的不只是血肉，更是心灵和精神。

只有守住心灵的火种，人生才可能燎原。

懂得了对风骨的坚守，柔润的水滴一样可以穿石；懂得了对信仰的坚守，寒冬里的种子一样可以将世界红娇绿翠。

美国人兰斯·阿姆斯特朗堪称运动天才，他虽然因为身患癌症切除了一侧睾丸，但并没有影响他在世界自行车运动上创造统治地位。

2001 年环法自行车大赛上，阿姆斯特朗和最具威胁的竞争对手乌尔里奇在一个艰苦的爬坡赛段突出大部队，紧咬着冲向最后的山峰。突然，骑在后面的乌尔里奇连人带车冲到路边的山沟里。骑在前面的阿姆斯特朗发觉后，没有绝尘而去，而是停了下来，等待乌尔里奇赶上来后，两个人手拉着手并肩骑行了一段后，在确定乌尔里奇没有受伤后，两个人才开始发力竞技。

春流秋转，2003 年的环法自行车赛进入最后一个赛段，乌尔里奇已经将他和阿姆斯特朗的之间的距离缩短到 15 秒，多年渴望的胜利就在眼前，他紧紧追赶着阿姆斯特朗。突然，意外发生了，阿姆斯特朗被路边观众手中的袋子刮倒。观众惊呼、叹息。这时候，骑在前面的乌尔里奇慢下了速度，一直等到阿姆斯特朗爬起、赶上来，两个人才再次发力冲刺。

绝唱，从环法自行车赛道上嘹亮到世界的每个角落。

拼搏、冲刺，在追逐胜利的同时坚守住境界与风度，那么，输赢之外，都一样可以俯仰天地。真正的胜利不是战胜对手，而是在种种诱惑中守住生命本源里的美丽。

三

溯岁月长河逆流而上，一路蜿蜒，将涛澜声停在公元前4世纪的意大利。

年轻的皮斯阿司背井离乡到罗马城为国王修建城堡。每天十四五个小时的挥汗如雨让他和伙伴们越来越体力不支，当国王因为工程进展缓慢而暴怒工匠们偷懒时，他据理力争。一国之君的权威怎能被侵犯，国王震怒，下令将皮斯阿司处以绞刑。死亡的突然临头让皮斯阿司想起家中的老母亲，就这样死去，老母亲会等待到泪干，作为儿子的他失孝失道，死难瞑目。皮斯阿司试探着恳请国王，让他回家见母亲最后一面。国王左右为难。答应了，皮斯阿司就可以就此脱逃，作为国王的他将被遗留笑柄；不答应，民众就可能攻击他是一个没有人性人情的君主。国王权衡左右后表示可以答应皮斯阿司的请求，但必须有人替皮斯阿司坐牢；如果皮斯阿司不能按约定时间回来，替他坐牢的人就要替他死。

没有人不热爱生命，谁会冒着被杀头的危险替别人坐牢？谁会用自由换取死亡的绳套？这时候，皮斯阿司的一个名叫达蒙的朋友走到国王面前："国王，让皮斯阿司去看望他的母亲吧，我替他坐牢。"平淡的一句话，山风不动，河水不鸣。国王诧异地看着达蒙，问道："皮斯阿司如果不在规定的7天内回来，你就要代替他上绞刑架，你想好了吗？""我相信他一定能回来。"

一字一词落地铿锵。

挥一挥衣袖，皮斯阿司奔离绞架奔向城墙外的辽阔；挟一阵清风，皮斯阿司消失进茫茫暮色之中。没有人知道皮斯阿司这一去奔向哪里，没有人相信脱离死神的他会再回到绞刑架上。人们都在嘲笑着达蒙的愚笨，都在等待着行刑的追魂炮炸破谎言。

7天很快就过去了，行刑日到了，皮斯阿司仍旧杳无音信，达蒙被押赴刑场。

凄雨哀舞，冷风悲咽。人们聚集在路旁哀叹达蒙的愚笨和轻信，咒骂着皮斯阿司的狡诈歹毒。国王问达蒙："你后悔了吧？"达蒙淡然一笑："山高路远，风雨飘摇，我相信皮斯阿司正在向这里奔跑……"达蒙的至死不知醒悟，让人们将同情化为嘲笑，人们等待着这个将生命交由朋友和信任的人遭受绞索的惩罚。

追魂炮点燃了，绞索挂上了达蒙的脖子。有人高声喊问达蒙是否还相信皮斯阿司，达蒙凛然一句："我相信他一定会回来的。"唏嘘声一片，咒骂声一片。就在唏嘘和咒骂声尚未停歇，一个声音穿透雨幕传来，嘹亮而铿锵："我回来了！我回来了！"在淋漓的雨中，皮斯阿司蹒跚跑来，衣衫褴褛、浑身泥水、气喘吁吁。人群闪向两旁，皮斯阿司在人群组成的夹道中跑向绞刑架。

高山流水。阿尔卑斯山动容，地中海狂啸。

国王被震撼，问皮斯阿司："你不知道生命的珍贵吗？"

"我知道。"

"那你为什么还回来，你不怕死吗？"

"我怕死。但我一定要回来，因为我不回来，达蒙就要替我死。"

茫茫荒野，他怀抱对母亲的养育恩情不停地奔跑着，他知道，稍稍的迟怠都可能导致诺言的崩溃；寂寂长夜，他挟一身霜雨冷月，以野草充饥雨水解渴不停地奔跑着，他知道，稍稍的犹疑都可能导致友人悬命信任的坍塌。从死亡的绳套中，他奔向对母亲的最后尽孝，从旷野的天高云淡中他奔跑回死亡的绞刑架。一个普通的工匠，用至情至信睥睨死亡；一个渺小的身影，用铮铮铁骨将对生命的理解定格成千古绝唱。

国王亲自为达蒙解去绳套，并赦免了皮斯阿司的罪行。

千年风尘，国王和绞架都已尘烟难寻，而皮斯阿司和达蒙所演绎的千古绝唱却流传难失。玉可碎不可损其白，竹可破不可毁其节。卑微的生命可以随着身躯倒下而终结，坚守的伟岸仍可以在生命化烟后生动。

智慧锦囊

我们常常为生活中美好的遗失而叹息，但与此同时，我们自己却没有去挽留，反而把自己的那一份真情也收得紧紧的。

心灵的美丽，可以让自己生活得更美丽，美丽在心，生活在手，很多事情全在自己的掌握之中。

美 丽 心 灵

◇雪小禅

我有一个朋友，是盲人。不是先天盲，23 岁那年，一场大病让他永远地生活在黑暗中了。虽然命是保住了，但却永远地失去了眼睛，我总以为这种失明比那种先天的盲人更痛苦，因为曾感受过这个世界的五彩缤纷，知道那种阳光刺眼的滋味。

但是几乎没有听到他抱怨过。失明后他的眼睛和以前一样明亮，不知道他是盲人的几乎看不出来，因为他的眼睛非常的明亮，根本不像一个盲人的眼睛。我们去吃饭,有人扶着他进饭店,服务生说,怎么喝成这样还来喝?以为他是醉了的酒鬼。他总是笑着,一脸的得意,并不觉得悲哀。人活到这个份上,算是心清心明了。和他喝酒,他总是专注地看着你,仿佛比有眼睛的人还动情,而在他眼皮底下,我们一点儿小动作也不能有,因为他全知道,那双眼睛,真挚得让人心疼。

他是小城中的盲人作家,他的写作比正常人要困难一千倍。先用一张塑料板打成空格,然后压在一张厚些的纸上,一个字一个字地写,只靠感觉,开始的时候是字摞着字,后来渐渐地好了。他坚持不使用盲文,因为总觉得自己和正常人一样的快乐。有一天他让我猜一个脑筋急转弯,他说,有一天他灵感来临,半夜就起来写稿子,等天亮时他写了厚厚的一叠,他很兴奋,因为这篇文章在心中酝酿好久,好像是十月怀胎,今天终于写完了。他打电话让他朋友过来整理誊抄。他的朋友过来说,抄什么?他说,我写的稿子啊。朋友说,稿子在哪里?他说纸上啊。朋友说,纸上什么也没有啊。然后他问我,你说纸上为什么什么也没有?我想了想,没想出来。他说,真笨啊,因为钢笔根本就没水。

我的眼泪一下就流了下来。他看不见我的眼泪,还笑着说,我还傻瓜一样对着白纸抒情呢,就像一个人对着一个聋子说我爱你一样,真是好玩。我擦了一把眼泪。说,是挺好玩。

他就是那样,把什么都看开了。他说过,人生最大的生与死都经历了,剩下的都是些细枝末节,如果还不欢乐地活着,真的对不起自己挣来的命。我从不问他是否感到无聊这样的问题,因为这个问题本身就很无聊,在他的小书房中,我每次去听到的几乎都是笑声,他经常开玩笑地说,多亏我眼睛看不见了,否则我要迷倒多少美丽的少女呀。

有一天他说,眼睛失明了还不要紧,关键的是心不要失明,心要是失了明,一切就完了。这句话我始终记着,他还说,怎么样都是要过一天,不如快乐地过吧,想想自己,只不过是眼睛失明了,比起那些从来没有看到过颜色的人,我是多么幸福啊,最起码,那些美丽的色彩可以让我充满了怀念的味道。

所以,我也经常地告诉自己,心灵的美丽,可以让自己生活得更美丽,美丽在心,生活在手,很多事情全在自己的掌握之中。

智慧锦囊

亚里士多德说,生命的本质在于追求快乐。使得生命快乐的途径有两条:第一,发现使你快乐的时光,增加它;第二,发现使你不快乐的时光,减少它。

比明天年轻

◇乔　叶

常常听到有人叹息着说："我比昨天又衰老了一天。"我想，他为什么不说自己还比明天年轻了一天呢？

和许多人一样，小时候我一直想的是明天会比今天更接近长大，这多么好。现在我已经长大了，才知道长大并不仅仅是长大，同时也意味着衰老。然而知道了这个又有什么用呢？即使让我从小时候重新来过，我一样也得长大和衰老。但这一定就是一种无奈和不幸么？我想，今天在比昨天衰老的时候，难道不是也比明天年轻么？

今天，真的比明天年轻。

每当我做了一件糟糕的事情，我就对自己说：不要紧，吸取教训。如果明天遇到了相同的状况，你一定会做得好一些，因为，今天的你毕竟比明天年轻。每当我看到镜子里又憔悴了一分的容颜，我就对自己说：别失望，也别忧伤，用明天的镜子照一照，你就会知晓今天的美丽。因为，今天的你毕竟比明天年轻。每当我逼迫自己迅速去行使一个反复动摇的决心时，我就对自己说：去做吧，无须犹豫。因为，今天的你毕竟要比昨天年轻。

其实，有时候我也想悲哀。可是我不敢。我怕在这无用的悲哀里，明天便变成了今天，我又浪费了一天的年轻。也常常听人说"明天会更好"而我只是觉得空洞和可笑。我想，只有今天才有所谓的好，会好，更好，甚至最好，明天的好只是一种虚幻的想象。因为今天的人，心，时间甚至空气都实实在在地比明天年轻，明天怎么能说一定就好呢？如果说好，那也得等到明天变成今天的时候再说吧。

我也清楚地知道，在自己之外，永远有比自己年轻的人潮在涌动。这不过是一种客观现象。我想。我并不觉得任何比我年龄小的人都是年轻的。——当然，我也不敢认为任何比我年龄大的人都比我衰老。有无数的人没有意味到自己的年轻，没有珍视自己的年轻，没有赋予年轻任何宝贵的意义。所以，我一向觉得年轻无须与身外之人相比。我要比的年轻，只是自己。——在每度过一天的时候，我的收获都应当比昨天成熟而不是衰老，而每迎接新的一天的时候，我的状态都要比明天年轻而不是幼稚。

今天的麦苗是鲜绿的,明天就会变成金黄。今天的麦穗是饱满的,明天就躺进了打麦场。今天的玫瑰是含苞的,明天就会娇艳绽放。今天的花蕊是芬芳的,明天就融进了泥土的温床。生命存在于今天,每一个细节都有深情。而我只是希望,我在今天的每一丝微笑都比明天要灿烂,我的每一滴泪水都比明天要沉重,即使是我的痛楚,也比明天要尖锐和富于激情。

比明天年轻,让我从不有意让自己懈怠。比明天年轻,让我在满面皱纹时依然有葱茏的内心生机。比明天年轻,这是我继续努力的一个坚强理由。比明天年轻,这是我能够弹跳的一块坚实基石。比明天年轻,让我由衷地热爱着头顶的每一颗星星。比明天年轻,让我认真地耕种着脚下的每一寸土地。

我的今天,真的比明天年轻。这让我感觉幸福。

是的,我知道,如果今天里我会死,我的今天和明天将再也无从比较。那我同样感觉幸福。因为命运的休止符永远阻止了我明天的衰老,在那一个今天里,我抵达了最后的年轻。

智慧锦囊

任何事物都是相对的,有好的一面也有坏的一面,只要我们拥有阳光心态,就能从好的事物中去抓住机遇,奋发向上,也能从坏的事物中找到光明,从而积极地应对。

即使生活中有一点点微酸,只要是自己的、自然的,那么,一定就是幸福的。

花开本无痕

◇雪小禅

最近一个人的时候我喜欢发呆。什么都不做,搬一把椅子到阳台上,围上块披肩,慢慢地看着太阳一点点落下去,那个时候,心里面充满了欢喜和禅意。

因为大多数时候甚至连发呆的时间都没有。做不完的工作写不完的稿子挣不完的钱,房子交了首期当然要努力赚钱,你不努力别人就升职了,同学聚会一比总不能落下吧？营营役役的生活中，犹如一只热锅上的蚂蚁，斤斤计较中，失去了多少温情？

不记得上次去旅行是什么时候了？没钱的时候是那样轻松快乐着，坐着硬座背着简易的照相器材就走了，曾经一个人搭车去过西藏，在云南的热带雨林中被好心的少数民族救起过。如今再也没有那样的激情，买不到机票就再也不会出门，家里一万多块钱的专业摄影器材几乎没用过几次……当然，还有最喜欢的逛街与购物。最热衷的时候每天约上女友小妖去夜市上淘东西，花钱不多总能买到最有特色的奇装异服，伊斯兰的面纱、苏格兰的裙子、蜡染布的围巾，如今，如今我再也不去那些地方，揣了卡就奔专卖店，指着价格不菲的衣服很优雅地说，请给我包起来，眼也不眨一下，这样卖弄着自己的优雅，为的是和公司里那些白领丽人们拼一拼，谁还穿 1000 块以下的衣服？内心的虚荣心让我离真实越来越远，直到我有一天被老总毙了创意在地铁里遇到小妖。

她穿着我们一起淘来的格子衬衣和肥大的牛仔裤捧着一本杨二车娜姆的书在读，她说要做这样自由而浪漫的女子。在对看的一刹那，我终于知道我应该要一种什么生活了，而我身上那几千块的衣服真的把我得裹得太紧了。

我终于又怀揣着 200 块钱和小妖上街了，不停地和小贩们讨价还价，甚至有点儿死皮赖脸。我们举着糖葫芦和打了一折的衣服满街乱转，眼睛里嘴唇上全是灰扑扑的土，小妖说，你终于又沾了地气了。不食人间烟火的生活有什么意思啊。

是啊，花开本无痕，我喜欢的是这种柴米日子，声情并茂活色生香，而不是争分夺秒地和生活赛跑的日子。喜欢了就和朋友去吃一次麻辣火锅，开着有点儿过分的玩笑；烦了就背着包一个人旅行，走到哪里就是哪里，不再为一张博士文凭奔忙，不再为了升职而学会曲意逢迎勾心斗角；甚至，我喜欢听人说我怎么越来越没上进心这样的话。

不是我不上进，而是我学会怎么样让幸福的生活淹没我，不再裹着躯壳过生活，亦不再戴着一个面具天天说假话，就像我越来越喜欢一个人穿着旧衣和拖鞋素面朝天在屋里听老歌，与怀旧无关，与心境有关。

从前不理解张爱玲到了暮年为什么四壁皆空全是素白，所穿衣服也素净单薄，年轻时那么张狂的人忽然收敛了双翅心甘情愿让寂寞飞扬跋扈，如今终于明白了，那是真正的心清心明，她要一种自由自在的生活，只为自己活一次，自私而自在。

有的时候，些许的自私是可爱的。就像那贪婪的孩子想要糖，想要两块糖的孩子是为了甜蜜可以更久一些，这样一想也就原谅他的贪婪，甜蜜是谁都想要的啊。就像我们希望自己被幸福包围，即使生活中有一点点微酸，只要是自己的、自然的，那么，一定就是幸福的。

如同花开的过程吧，那灿烂的一瞬对于整个过程来说显得不再重要，在努力开花的过程中,只要心里充满了对生命的爱和尊敬,那么即使只开一朵朵并不美丽的小花,又有什么关系呢?

智慧锦囊

我们的努力不是为别人的希望而存在的,幸福应该只是自己想要的幸福,没有其他任何杂质。留住心底的美好,给自己一个大大的拥抱,勇敢地走下去吧。

世界上没有什么不可以改变,美好、快乐的事情会改变,痛苦、烦恼的事情也会改变。

没有什么不可以改变

◇林 夕

整理旧物,偶然翻出几本过去的日记,就翻开看。里面的纸张有些发黄了,字迹透着年少时的稚嫩,我随手拿起一本翻看。

"今天,老师公布了期末成绩,我万万没有想到,我竟然考了第五名。这是我入学以来第一次没有考第一,我难过地哭了,晚饭也没有吃,我要惩罚自己,永远记住这一天,这是我一生最大的失败和痛苦。"

看到这,我自己忍不住笑了。我已经记不得当时的情景了。也难怪,自离开学校后这十几年所经历的失败与痛苦,哪一个不比当年没有考第一更重呢?

翻过这一页,再继续往下看。

"今天,我非常难过。我不知道妈妈为什么那样做,她究竟是不是我的亲妈妈?我真想离开她,离开这个家。过几天就要填报高考志愿了,我要全都报考外省的大学,离家远远的,我走了以后再不回这个家!"

看到这,我不禁有些惊讶,努力回忆当年,妈妈做了什么事让自己那么伤心难过,但是怎么想也想不出来。又翻了几页,都是些现在看来根本不算什么事可是在当时却感到"非常难过"、"非常痛苦"或是"非常快乐"、"非常难忘"的事。看了不觉有些好笑,我放下又拿起另一本,翻开,只见扉页上写道:献给我最爱的人 你的爱,将伴我一生!我的爱,永远不会改变!

看了这一句,我的眼前模模糊糊浮现出那个同桌的他,曾经以为他就是我全部的生命,可是离开校门以后,我们就没有再见面,我不知道他现在在哪,在做什么。我只知道他的爱没有伴我一生,我的爱,也早已经改变。经历了许多的人,许多的事,到现在才明白:这个世界上,没有什么不可以改变。

曾经以为自己不会读低俗的武侠小说,现在才知道,武侠自有武侠的好,我的枕边每天都放着金庸和古龙。

曾经以为只要好好爱一个人,就不会分手,现在才知道,你对他好,他也一样会爱上别人。

曾经以为自己不会再爱上第二个人了,可是现在,我正经历着一生中的第三次爱情,和第一次一样甜美,一样折磨人,一样沉迷,一样刻骨。

曾经以为自己这一生不会去等别人永远是别人等我,可是现在,我每天都在等他的电话,而且心甘情愿,尽管那种滋味很不好受。

所以你看,世界上没有什么不可以改变,美好、快乐的事情会改变,痛苦、烦恼的事情也会改变,曾经以为不可改变的事,许多年后,你就会发现,其实很多事情都改变了。而改变最多的,竟是自己。

不变的,也只是小孩子美好天真的愿望罢了!

智慧锦囊

人不能一次跨过同一条河,成长难免会有一些失落。但生活总是要向前的,就让这种失落,埋在春的泥土里,滋养我们的人生记忆,开出下一个靠自己打拼的花季。

在快坚持不住的时候,在委屈万分的时候,何妨一哭?哭够了再说吧,哪有过不去的山迈不过的水?

哭够了再说

◇雪小禅

一个女人,从少女开始就经历不幸,先是高考落榜,再是遇人不淑,打工路上被骗失身,然后初恋失败,嫁人后没几年就离了婚。

似乎所有的不幸全让她赶上了。于是她不想活了,她想用一种极端的方式来告别这个世界,她觉得,这个世界是不公平的。

最后一个电话,她打到了一个心理咨询热线,她质问,为什么,所有的幸福与我无关?

主持人是个美丽善良的女人,她说,能把你的故事告诉我吗?

那时她觉得她是在这个世界上最后的告别了,于是她从最初的苦难开始说,一边说一边哭,最后泣不成声,再也没有力气说下去。

电话那边一直静静地听着。

她终于不哭了,问主持人,为什么你没有和别人一样劝我?

那个女人说,劝,会让你更感觉自己的无能和无力,你心中的郁闷不是一句劝两句劝能解开的,也许你没有痛快地流过眼泪,所以,我记得有位哲人说过,哭够了再说,没有什么过不去的。

她听了,又放肆地哭起来,似乎要把这些年的苦全哭出来一样。漫长的几个小时,她一直在哭,一边哭一边说,到最后,她似乎忘记今天晚上是要去自杀的,而主持人告诉她,没什么大不了的,遇到最难过的坎,咱就哭够了再说。

那句话救了她,几年之后,遇到找她哭诉的女人,她总是拍拍她的肩:别着急,哭够了再说,眼泪中有好多东西,可以杀掉那些生活中那些绝望和悲哀。

我的小侄女,三年级的小学生,小测验没考好,坐在地上哇哇大哭,哭过了,继续去跳绳子,好像不记得自己才考了70多分。

而我的从前,一直压抑着自己,不肯轻易流眼泪,甚至觉得那是无能的表现,最无能的人才会哭吧?所以,遇到任何事情都那么微笑和坚强,结果是差点儿得了抑郁症。直到有一次,我被人骗得好惨,那个同学搞传销,把借我的几万块钱全打了水漂不算,还骂我是笨猪,我一个人气得骑车满城乱逛,直到眼泪哗哗地流出来,一边骑一边哭,哭累了,我倒在一块草地上,看着那么好的阳光,我想,日子还是要过下去的,不是吗?难道没了这几万块钱我就不活了?就当是白手起家好了。

那是第一次,我哭得那么痛快,哭过之后,天高云淡,好像自己过了一关。后来我问我的朋友,知道"哭够了再说"这句话出自哪位伟大的人之嘴吗?真是好。我的朋友说,它来自于我们的红尘生活,不一定是谁说的,但是,却让人感觉那么痛快淋漓,每一个面临红尘重压的男女,都可以在快崩溃的时候哭够了再说。是啊,在快坚持不住的时候,在委屈万分的时候,何妨一哭?哭够了再说吧,哪有过不去的山迈不过的水?

于是我在遇到困难和委屈的时候再也不装什么英雄,哭够了再说,反正明天太阳还是要出来的。不是吗?

人生的道路上，我们会经历各种磨难，只要我们豁达地对待这一切，振作过后重新再来，丰富的经历将变成一种幸福的洗礼，成为人生的一笔财富。

> 不是因为有些事情难以做到，我们才失去自信；而是因为我们失去了自信，有些事情才显得难以做到。

自信的价值

◇刘燕敏

2001 年 5 月 20 日，美国一位名叫乔治·赫伯特的推销员，成功地把一把斧子推销给了小什布总统。布鲁金斯学会得知这一消息，把刻有"最伟大推销员"的一只金靴子赠予了他。这是自 1975 年以来，该学会的一名学员成功地把一台微型录音机卖给尼克松后，又一学员登上过如此高的门槛。

布鲁金斯学会创建于 1927 年，以培养世界上最杰出的推销员著称于世。它有一个传统，在每期学员毕业时，设计一道最能体现推销员能力的实习题，让学生去完成。克林顿当政期间，他们出了这么一个题目：请把一条三角裤推销给现任总统。8 年间，有无数个学员为此绞尽脑汁，可是，最后都无功而返。克林顿谢任后，布鲁金斯学会把题目换成：请把一把斧子推销给小什布总统。

鉴于前 8 年的失败与教训，许多学员知难而退。个别学员甚至认为，这道毕业实习题会和克林顿当政期间一样毫无结果，因为现在的总统什么都不缺少；再说即使缺少，也要不着他们亲自购买；再退一步说，即使他们亲自购买，也不一定正赶上你去推销的时候。

然而，乔治·赫伯特却做到了，并且没有花多少工夫。一位记者在采访他的时候，他是这样说的：我认为，把一把斧子推销给小什布总统是完全可能的，因为布什总统在得克萨斯州有一农场，里面长着许多树。于是我给他写了一封信，说：有一次，我有幸参观您的农场，发现里面长着许多矢菊树，有些已经死掉，木质已变得松软。我想，您一定需要一把小斧头，但是从您现在的体质来看，这种小斧头显然太轻，因此您仍然需要一把不甚锋利的老斧头。现在我这儿正好有一把这样的斧头，它是我祖父留给我的，很适合砍伐枯树。假若您有兴趣的话，请按这封信所留的信箱，给予回复……最后他就给我汇来了15美元。

乔治·赫伯特成功后。布鲁金斯学会在表彰他的时候说，金靴子奖已空置了26年，26年间，布鲁金斯学会培养了数以万计的推销员，造就了数以百计的百万富翁，这只金靴子之所以没有授予他们，是因为我们一直想寻找这么一个人，这个人从不因有人说某一目标不能实现而放弃，从不因某件事情难以办到而失去自信。

乔治·赫伯特的故事在世界各大网站公布之后，一些读者纷纷搜索布鲁金斯学会，他们发现在该学会的网页上贴着这么一句格言：不是因为有些事情难以做到，我们才失去自信；而是因为我们失去了自信，有些事情才显得难以做到。

智慧锦囊

给自己一个梦想，然后逐步地去实现它，相信自己，就一定可以做到。任何时候都别低估自己无穷的潜力，拥有对自己的信心与不减的热情，就能创造属于自己的生命奇迹。

每个人都是重要的角色，无论你在哪个位置上，只是你该如何演好你自己的角色，那是一件更重要的事情。

最重要的角色

◇雪小禅

我邻居家的孩子一直在央求他妈妈给她买新衣服，上衣是白衬衣，下面是黑色的短裤，他的妈妈说，老师怎么会这样啊？

我说怎么了？她说他们学校要拔河比赛，要求统一着装，男孩儿一律都要穿白衬衣黑短裤，但我的孩子不用啊，因为他长得瘦小，没有选上参加拔河比赛，但他还是要一套这样的新衣服。

她是不想买的。因为孩子有很多旧衣服，她的家境也不是太好，我想这小孩子虚荣心也太强了，看见别人穿新衣服自己也要。当然，孩子的天性吧，我也能理解。

孩子就哭了，一边哭一边说，虽然我没有被选上参加拔河比赛，但老师说我是最重要的角色，没有我的鼓励，他们会没有力气的。

我一下感动了。这个老师是多么聪明而善良的一个老师啊，既没有打击孩子的自信，还让他认为自己是很重要的角色，我相信这句话对这个孩子的一生都影响甚大。

其实，每个人都是很重要的角色啊。我有一个朋友，后来不幸失明，一直觉得人生再也没有意思，自杀过好几次，后来，是父亲的一句话让他终于放弃了这个念头，他不再以为自己是个废人，是个对社会没用的人。父亲说，无论你变成什么样子，在我心中，你始终是我最好最棒最重要的儿子。

还有我们。有时觉得自己是个可有可无的人，有时对生活慢慢地厌倦，但是，我们有一天终于明白，我们是生活中很重要的角色。我们忙碌着、创造着，是父母最疼爱的女儿，是丈夫相濡以沫的妻，是同事的合作者，是朋友的倾诉者和倾听者……甚至我们是无意给陌生人一个微笑的过客，我们不重要吗？当然不。也许因为我们的一个微笑，这个忧伤的陌生人会觉得生活充满了希望啊。

每个人都是重要的角色，无论你在哪个位置上，只是你该如何演好你自己的角色，那是一件更重要的事情。

智慧锦囊

每个人都是主角，在自己的人生舞台上上演着自己的节目，每一个环节我们都要演得很投入，因为重要的不是引人注目，而是体会演的过程。

许多不幸，都是从看不起自己、不相信自己开始的。

自 信

◇蒋光宇

这里有两个故事，很能说明自信对于胜败的重要作用。

一个是尼克松败于自信的故事。

尼克松是我们极为熟悉的美国总统，在他的任期内打开了中美关系的大门，他有许多的不俗业绩，是个优秀的政治家。但这样一位大人物，却因为一个缺乏自信的小错误而毁掉了自己的政治前程。

1972年，尼克松竞选连任。由于他在第一任期内政绩斐然，很得民心，而他对手的阅历和声望都难以与他相提并论，所以大多数政治评论家都预测尼克松将以绝对的优势获得胜利。

然而，尼克松本人却很不自信。他走不出过去几次失败的心理阴影，极度担心再次出现失败。在这种潜意识的驱使下，他鬼使神差地干出了后悔终生的蠢事。

他指派手下的人潜入了竞选对手总部的水门饭店，在对手的办公室里安装了窃听器。事发之后，他又连连阻止调查，推卸责任，在选举胜利后不久便被迫辞职。本来稳操胜券的尼克松，因缺乏自信而导致惨败。

另一个是小泽征尔胜于自信的故事。

小泽征尔是世界著名的交响乐指挥家。在一次世界优秀指挥家决赛的大赛中，他按照评委会给的乐谱指挥演奏，敏锐地发现了不和谐的声音。起初，他以为是乐队演奏出了错误，就停下来重新演奏，但还是不对。他觉得是乐谱有问题。这时，在场的作曲家和评委会的权威人士坚持说：乐谱绝对没有问题，是他错了。面对一大批音乐大师和权威人士，他思考再三，斩钉截铁地大声说："不！一定是乐谱错了！"话音刚落，评委席上的评委们立即站起来，报以热烈的掌声，祝贺他大赛夺魁。

原来，这是评委们精心设计的圈套，以此来检验指挥家在发现乐谱错误并遭到权威人士"否定"的情况下，能否坚持自己的正确主张。前两位参加决赛的指挥家虽然也发现了错误，但终因随声附和权威们的意见而被淘汰。小泽征尔却因充满自信而摘取了世界指挥家大赛的桂冠。

尼克松败于自信的故事和小泽征尔胜于自信的故事，都是很有启示作用的。不错，信心的基础是实力，但发挥得如何，主要取决于有无良好的心态。许多不幸，都是从看不起自己、不相信自己开始的。莎士比亚说得对："自信是走向成功的第一步，缺乏自信乃是失败的原因。"

智慧锦囊

人们有权利按照自己的眼光来评价我们。不管我们认为自己有多少价值，也不要期望别人把我们看得比这更高。

最年轻的一天

◇张丽钧

　　母亲总鼓励我穿红戴绿。她曾饶有兴味地指着一件让我看看都觉得怪不好意思的衣服鼓动我说:"买下来吧! 你穿上准好看!"她的声音是那么大,手指坚定不移地指向那件衣服。一时间,我觉得整个商场的人都把怪讶的目光投向了我们。我怀着比在大庭广众之下穿上了那件极不适合我的艳服还要羞辱的心,拖着母亲快速离开,然后有些气恼地对她说:"我都多大了! 那么艳的衣服,我怎么能穿得出去?"可是母亲却不以为然。她高声教训我道:"今天,就是你从今往后最年轻的一天。你再也过不着昨天了。明天的你就比今天老了,后天呢,你又比明天老了,你还不赶紧趁着最年轻的一天穿点儿漂亮衣裳!"

　　从今往后最年轻的一天? 好奇怪的说法啊! 但仔细想想,可不是嘛,每个人都在过着他(她)从今往后最年轻的一天。昨天比今天光鲜,只是昨天已然逝去。那些花一般的笑影,跌进时光汤汤的河里,永远不肯再回来照耀我们此时黯淡的心境。昨天的美丽羁绊着我们的手脚。恍惚中,竟以为可以等,以为在明天的某一方光影里可以镶嵌进一轮迷失于昨天的太阳……其实,怎么可能呢? 开弓的箭永不可能回头。而那呼啸着向前的,正是箭一般的光阴啊。

　　想起那个名叫胡达·克鲁斯的老太婆。在 70 岁的生日宴会上,她突然发现了自己正在享受着余生中最年轻的一天。她问自己:究竟,我还可以再去做点儿什么呢? 在这样的自问中,她惶恐地发现自己的人生有一个很大的空白——她居然未曾尝试过冒险登山! 她于是毅然拖着自己在别人看来已是老朽的身体去亲近高山险峰。此后的 25 年间,她一直在拼死填补着自己的人生空白,终于,在95 岁那年,她登上了日本的富士山,打破了攀登富士山的最高年龄记录。

　　我有点儿怕。怕自己笨拙的手抓不牢从今往后最年轻的一天。

　　在这最年轻的一天里,我希望自己微笑着面对镜子里的那个影像,欣赏她,悦纳她,不挑剔她眉宇间岁月的印痕;我希望自己在可以表达爱的日子里,细腻温婉地向所爱的人传达爱的信息,语言动听,动作轻柔;我希望自己永不熄灭攀

人生锦囊全集

登灵魂巅峰的热望，见贤思齐，见不贤而内自省，学习根须，静默但热烈地去拥抱地心那轮看不见的太阳；我希望自己保持孩童般神圣的好奇心，将大自然引为爱侣，永不减损端详一朵花时内心的无比悸动与无限怜惜；我希望自己保持敏感：对善意，对真情，对文字，对艺术，不因阅尽了人间春色就无视春色，爱着，感动着，朝前走。

母亲，感谢你提醒我今天是我最年轻的一天。我下定决心在这最年轻的一天里穿起艳丽的衣裳，当然，更要以艳丽的心情去做事、去生活。我，要捧给带我来到这世界的人一个艳丽的人生。

智慧锦囊

人生应该像一棵耸立在峰顶的松树，经受漫长冬季里风摇冰压的磨砺，还能用自己的断枝作笔，在大自然的扉页上写上充满激情和灵感的生命之诗。

在这个世界上，烦扰你的事情越小，越微不足道，越证明你正生活在幸福之中。

你是否是个幸福的人

◇刘燕敏

幸福是一种非常奇妙的东西。当你远离它时，你可能无时不感到它的存在；可是当你身处其中时，又不知它为何物。

2004年3月17日，美国情报部门截获两份电子邮件，一份是伊拉克前总统萨达姆的女儿拉娜发给她的密友阿伊莎的，另一封是阿伊莎的回信。这两封信对美国的军事行动虽然毫无用途，但对人们认识幸福却产生了不可低估的作用。前不久，英国《太阳报》刊登了这两封信。

阿伊莎：

阿布杜拉国王总算正式收留了我们，居住条件也有了改善，热水已正常供应。虽然我们还不能自由活动，但至少安全有了保障。昨天，红十字会的官员带来一封信，说，父亲的精神并不像外面传言的那样糟糕。感谢真主！能让我听到这样的好消息。现在我正在考虑写一封既能通过检查，又能给父亲安慰的信。他太需要我了。另外，军管处已允许我们其中的一人回伊拉克与律师接触，这真是一件令人高兴的事。一切都在好转，感谢您的支持！

阿伊莎是谁？美国情报部门没有公布，但从她给萨达姆女儿的信可以看出，她是阿拉伯世界的一位公主。她的信是这么写的：

拉娜：

我烦透了，所有的仆人都在跟我作对。我要的是凉咖啡，端上来的却冒着热气；我最讨厌带奶油的芝麻点心，而他们送来的偏偏就是这种东西。我的卡罗里也堕落得让我伤心，昨天，它竟从外面叼了一只仆人的鞋子回来。今天，班斯玩水果刀划破了手，服侍他的六个仆人已被我全部辞退，他们是一群我所能见到的最无责任心的家伙。明天我准备到班加西去，如果日子再这样下去，我非发疯不可。祝你好运，真主保佑你。

《太阳报》之所以刊登这两封信，据说纯粹是挖别人的隐私。然而，美国《基督教科学箴言报》却发现了衡量幸福的标准，它在转载《太阳报》上的这两封信时，加了这么一段评述：衡量一个人是否幸福，我们不应看他拥有多少高兴的事，而应看他是否正为一些小事烦恼着。如果他正在为小孩玩耍时划破了手发牢骚，正在为自己的狗叼来了仆人的鞋闹情绪，说明他正居住在天堂里，他的心正处于安逸、舒适的状态。因为只有幸福的人，才会把不着痛痒的事挂在心上，才会对鸡毛蒜皮的小事有感觉；那些正经历着大灾大难的人，是无暇顾及这些小事的。

在这个世界上，烦扰你的事情越小，越微不足道，越证明你正生活在幸福之中。

智慧锦囊

这个世界是丰富多彩的，到处都充满着阳光的味道，关键是，只有自己丰富才能感知世界的丰富，只有自己善良才能感知世间的美好。

不加锁的幸福

第 五 辑

我们恐惧,也许是因为我们不再单纯;我们不快乐,也许是我们经历的太多。日益增大的压力、无止境的欲望,常常使人感到窒息;紧绷的神经、疲惫的心,将人折磨得不堪重负。不要只知道在人生的道路上狂奔,而错过一个又一个欣赏两旁美丽花朵的机会。解除利欲的枷锁,幸福将在简单平淡的生活中涌现。

老铁匠与紫砂壶

◇刘燕敏

老街上有一铁匠铺，铺里住着一位老铁匠。由于没人再需要打制铁器，现在他改卖铁锅、斧头和拴小狗的链子。

他的经营方式非常古老和传统。人坐在门内，货物摆在门外，不吆喝，不还价，晚上也不收摊。你无论什么时候从这儿经过，都会看到他在竹椅上躺着，手里是一只半导体，身旁是一把紫砂壶。他的生意也没有好坏之说，每天的收入正够他喝茶和吃饭。他老了，已不再需要多余的东西，因此他非常满足。

一天，一个文物商人从老街上经过，偶然看到老铁匠身旁的那把紫砂壶，因为那把壶古朴雅致，紫黑如墨，有清代制壶名家戴振公的风格。他走过去，顺手端起那把壶。

壶嘴内有一记印章，果然是戴振公的。商人惊喜不已。因为戴振公在世界上有捏泥成金的美名，据说他的作品现在仅存三件，一件在美国纽约州立博物馆里；一件在台湾故宫博物院；还有一件在泰国某位华侨手里，是他 1993 年在伦敦拍卖市场上，以 16 万美元的拍卖价买下的。商人端着那把壶，想以 10 万元的价格买下它，当他说出这个数字时，老铁匠先是一惊，后又拒绝了，因为这把壶是他爷爷留下的，他们祖孙三代打铁时都喝这把壶里的水，他们的汗也都来自这把壶。壶虽没卖，但商人走后，老铁匠有生以来第一次失眠了。这把壶他用了近六十年，并且一直以为是把普普通通的壶，现在竟有人要以 10 万元的价钱买下它，他转不过神来。

过去他躺在椅子上喝水，都是闭着眼睛把壶放在小桌上，现在他总要坐起来再看一眼，这让他非常不舒服。特别让他不能容忍的是，当人们知道他有一把价值连城的茶壶后，总是拥破门，有的问还有没有其他的宝贝，有的甚至开始向他借钱。更有甚者，晚上推他的门。他的生活被彻底打乱了，他不知该怎样处置这把壶。当那位商人带着 20 万现金，第二次登门的时候，老铁匠再也坐不住了。他招来左右店铺的人和前后邻居，拿起一把斧头，当众把那把紫砂砸了个粉碎。

现在,老铁匠还在卖铁锅、斧头和拴小狗的链子,据说他今年已经102岁了。

整日地劳心劳力的我,坐在晓薇简朴的小屋里,心中拂过缕缕温馨,心情陡然轻松了许多。

不加锁的幸福

◇崔修建

那天,我去一个偏远的林区小镇看大学同窗晓薇。

车了在崎岖的山路上颠簸了四五个小时,才把我带到那个晓薇在信中描述得无限美丽的小镇。到了她的学校,她正在上课,而且是连续的4节课。晓薇就让我先到她家去休息一下。我正疲惫着,听明白了她指示的去她家的路,便向她要钥匙。

她莞尔道:"去吧,我家没锁门。"

"没锁门? 那你家里有人?"我惊讶道。

"没人啊,你放心地去吧。"上课铃声响了,晓薇赶紧走了。

晓薇怎么搞的? 家里没人也不锁门,不怕……我疑惑不解地朝她家走去,沿路上又问了两个热心人,在他们的指点下,我顺利地找到了晓薇的家。

轻轻一推,外边那扇黑色的大铁门"吱呀"一声开了,往里走,内屋的门也没上锁。

无需上锁,难道这儿已达到了"路不拾遗"的文明程度? 我心里嘀咕着,打量起晓薇整洁、简朴的小屋,屋里除了两个惹人注目的大书柜,两张硬木书桌外,唯一的电器就是一台14英寸的电视了。

晓薇上班不锁门,难道仅仅是因为她的清贫? 她是我们那届同学中分配到最基层的一个,日子怎么也不该是最苦的了……

晓薇回来时,笑着问我:"光临寒舍有何感受?"

"是有点儿'寒舍'的味道。晓薇,你丈夫在县委宣传部上班,你文笔那么好,调到县城该是没多大问题吧?再说,总这样两地分居也不是办法啊。"我关切地问道。

"我和爱人倒是都觉得这样挺好的。"晓薇一脸的幸福。

正说着话,左邻右舍听说晓薇来了同学,纷纷送来吃的——鲇鱼、香肠、咸鸭蛋……还有一捆生菜、一碗鸡蛋酱。笑迎那一张张亲切的脸、那一句句暖暖的话,我感受着这里的人们对晓薇的尊敬和关心,感受着人与人之间那浓郁的亲情。我不无羡慕道:"晓薇,你人缘真好,摊上这么好的邻居。"

"这回你该明白我为何不上锁了吧?"晓薇麻利地拾掇着饭菜。

"家里没人,还是锁上门好。"我想起自己在省城的家,那厚厚的防盗门,左一道保险、右一道机关地锁得紧紧的,还经常担忧呢。

"不能锁的,家里常来人。"晓薇轻松道。

"常来人?你不在家时,家里还来人?"我更惊讶了。

"对呀,你看,我家有一口宝井呢。"晓薇指着厨房的一口压水井自豪道。

"怎么,你们这里还没吃上自来水?"我真有些恍如隔世的感觉了。

"快了,明年这个时候就能接上了,我家这口井打得早、打得深,水好喝,现在邻居们都来我这里打水。你说,我能锁门吗?"

"你可以规定一个打水的时间嘛,要不你的家不成了随来随往的供水站了?"

"对啊,我就是要建一个全天候的供水站啊。"晓薇爽快地说。

"你放心地让邻居来打水,难道不怕有坏人趁机闯进来拿东西。"我不放心道。

"不用怕,我这屋里随时都有熟人来往,前屋后院的老人都会帮着我照看着呢;再说了,即使有小偷进来,你看看,我这儿有啥值得拿的……"晓薇露出一副很开心的神态。

很快,巧手的晓薇便用邻居送来的东西,做出一大桌子色香味俱全的菜肴。一边吃着可口的饭菜,一边品味着晓薇跟我讲述的一件件浸润着浓浓亲情的故事,我竟生出了无限的羡慕。

整日地劳心劳力的我,坐在晓薇简朴的小屋里,心中拂过缕缕温馨,心情陡然轻松了许多。

回去的路上,我的眼前老是晃动着晓薇那甜甜的笑容,她那不上锁的大门,她那引以为自豪的压水井……那些生动的景象,像一股久违的情思,不停地叩击着我那被物欲日夜缠绕的心扉——原来,真正的幸福,不在于是否拥有豪宅大院,不在于拥有多少财物,哪怕仅有一口蕴藏清澈、甘甜的井,只要有一颗时时敞开的、无需上锁的心灵,即便是清贫的日子,也会散发出至真至醇的芬芳……

现在人们对快乐和幸福的定义，常常使我们感到力不从心，因为其中加入了太多的物质标准。随着温情的流逝，到我们达到标准的一天，我们已忘记什么叫快乐什么叫幸福。

所以，亲爱的朋友，有些事情，真的请不要让我知道。

有些事情，我不想知道

◇乔　叶

我承认我是一个好奇的人，但是，有些事情我不想知道。

是的，有些事情我不想知道。

如果我在无意中冒犯了谁，从而使得他不喜欢我，诽谤我，造谣我，用莫须有的流言中伤我，若你是希望我平静安宁的朋友，那么，就请不要让我知道。我自信我对他的伤害是源于草尖的微芒而不是源于荆棘的初衷。清者自清，浊者自浊，天长日久他自会看出我的本真，那时的他必定能停止对我的误会。我不想因为别人的传话而让我对他有避讳，有成见，也不想因为心有所隐失去那份与他相见时的坦然和从容。很多事情，会因为知道得过多和过早才变得更加复杂，对此，最简单的处理办法就是什么也不知道。

如果谁因为各种世俗的利益对我有了主观的敌意，从而暗暗地排斥我，压迫我，打击我，若你是希望我坚强淡泊的朋友，那么，就请不要让我知道。我相信他对我的伤害不是因为深根的恶劣，在这个世界上，每个人都是如此渺小，谁都不敢保证自己不会踏上认识的歧途。该过去的终会过去，生命之烛的长度有限，说不定哪天我的火焰就会被风吹灭，我不想去寻照那些没有意义的黑洞，也不想为岔出的篱笆浪费呼吸和歌唱。对他的所为，我只有原谅。若已知道他是谁，是具体的原谅，反之，是博大的原谅。二者之间，请让我选择境界更高的后者吧。

如果谁把我看做了某种领域的对手，从而整天悄悄地琢磨我，算计我，分析我，若你是希望我秋波无痕的朋友，那么，请不要让我知道。如果谁有五花八门的小道消息，如上下之势，高低权争，男女绯闻，金帛多寡，若你是希望我素心如玉的朋友，那么，请不要让我知道。如果谁想要让我吃亏，如果谁想要让我烦乱，如果谁想要我痛苦，如果谁想要我叹息……若你知道了这些，若你是我真正的朋友，那么，请不要让我知道。

"有些事情，还是不知道的好。"这是我常常听到的话。但还是有太多的话我从朋友那里知道了。当然，朋友也是善意的，他一定是觉得这些事情对我有用。但其实，那只是他的觉得而已。"凡是幸福的东西，才是有用的东西。"我信奉罗丹的这个标准。而有太多太多已经知道的事情，让我这个愚笨的人在知道之后，既无能为力，也没有感觉到幸福。

所有的较量都是一时的，所有的仇怨都不会太久。若是在与他人斗和在自己斗之间选择，我一定会选择后者。如果有可能，我愿意把所有与他人斗的事情都转化成与自己斗。据说医学上有一个众人罕知的秘密：大多数病都可以不治而愈。我想，人间的许多事情其实也是这样。如果那些不快乐的障碍能在我懵懂不觉与自己斗时一一过去，我只有感谢命运对我的关怀和恩赐。

碗里的水多了，米就少了。眼里的草多了，花就少了。心灵里的腥气多了，芬芳就少了。耳朵里的噪音多了，仙乐就少了。一些知道占得多了，另一些珍贵的知道就没地方落脚了。

所以，亲爱的朋友，有些事情，真的请不要让我知道。

有些事情，我不想知道。

智慧锦囊

生活中的消极因素本来不在我们的心中，它们是被人丢弃在路边的心灵垃圾，我们却把它们当宝贝一样捡回家，它们的数量多了，我们心中的美好就被挤掉了。

其实幸福距你很近，只要你的心灵不复杂；其实得到幸福很容易，只需要你有一颗简单的心。

简单的心

◇李雪峰

哲人把一个小孩、一个物理学家、一个数学家同时请到一个密闭的房间里，在黑暗的房间里，哲人吩咐他们说："请你们分别用最廉价又能使自己快乐的方法,看谁能最快地把这个房间装满东西。"

哲人吩咐后,物理学家就马上伏在桌上开始画这个房间的结构图,然后埋头分析这个季节里哪里是光射最佳的方位, 在哪堵墙哪个位置开一扇窗最合适,草图画了一大堆,绞尽脑汁的物理学家还是为不能确定在哪堵墙上开一扇窗而深深苦恼着。而数学家在听到吩咐后,立即找来了卷尺开始丈量墙的长度和高度,然后伏案计算这间房的体积,又在苦苦思索能用什么最廉价的东西恰到好处地把这个房间迅速填满。

只有那个小孩不慌不忙,他找来一根蜡烛,然后从口袋里掏出一根火柴,哧地燃亮了蜡烛,昏暗的房间一下子就亮了。在物理学家和数学家还迟迟皱着眉头设计着自己的种种方案时,小孩已经欢快地在屋子里围着摇曳的烛光幸福地跳舞和歌唱了。

物理学家和数学家看着盛满烛光的小屋,看着那个不费吹灰之力就简简单单获胜的小男孩不禁面面相觑。

哲人问物理学家和数学家说:"你们难道没听说过用烛光盛屋这个古老的民间故事吗?"数学家和物理学家说:"我们知道这个故事,可我们是数学家和物理学家,怎么会用这么简单获胜和获取幸福的方法呢。"

哲学家叹口气说:"假若你们还是孩子,你们也一定会用这个方法的。但因为你们成了大名鼎鼎的数学家和物理学家,简单就能马上获取的快乐和幸福却被你们套上了一堆堆的图纸和公式,简单的心一旦复杂起来,欢乐和幸福就离你们越来越远了。"

是啊,许多幸福原本就是很简单的,譬如在口渴的时候遇到了一潭泉水,譬如在寒冷的时候找到了一缕温暖的阳光,但如果我们的心灵不再简单,你要计算找到泉水需要多远, 你要细算等到阳光需要多久……而幸福距你就越来越远了。

其实幸福距你很近,只要你的心灵不复杂。

其实得到幸福很容易,只需要你有一颗简单的心。

智慧锦囊

幸福是个单纯的动作,只是年复一年,日复一日,我们让自己变得复杂,到最后幸福来临,我们却并不是在享受,而是怀疑它的真实性。

> 如果失去了宁静，而只剩下一座诺贝尔奖杯，请原谅，我只能选择放弃。

什么比诺贝尔奖更重要

◇澜　涛

万众瞩目的 2004 年诺贝尔文学奖终于揭晓，评委们将这一至高无上的荣誉给了奥地利女作家艾尔芙蕾德·耶利内克。

耶利内克是自 1966 年内利·扎克斯获得诺贝尔文学奖后，第一位凭借德语写作而获得诺贝尔文学奖的女作家。瑞典皇家科学院颁奖委员会公布她获奖的理由是"耶利内克利用她创作的小说和戏剧中所具有的非常鲜明的语言表现力，以一种富于音乐节奏感的韵律描述了社会现实中的荒谬现象及向其屈服的力量"。

就在人们期待着耶利内克领奖时会说些什么美妙的话语时，耶利内克却于当天，在维也纳召开记者发布会，正式宣布："我不会去斯德哥尔摩接受该项大奖。因为获得诺贝尔奖会使自己成为一个万众瞩目的名人，这是我不想追求的后果。"

世人震惊，纷纷猜测：是什么让耶利内克放弃这一至高荣誉？是什么比诺贝尔奖还重要？

耶利内克解释道："我在得知自己获奖之后的第一个想法就是告诉自己：'你终于获得这一奖项，这太棒了！'但我转念一想：'这有可能会给我的生活带来巨大的影响。'至少在未来的一段时间之内，原本拥有的生活会被打乱。而我并不想成为公众瞩目的焦点。

"我知道，因为有了宁静，我才得以垂心文学创作；因为有了宁静，我才得以思绪轻盈飞翔；因为有了宁静，我才得以奖冠近身鲜花入怀……如果失去了宁静，而只剩下一座诺贝尔奖杯，请原谅，我只能选择放弃，因为，我不能丢失自己。"

没有人不喜欢荣誉、掌声和鲜花，因为那是价值的体现。但当这一切的代价是失去宁静的时候，耶利内克选择了放弃。当心灵可以宁静到喧嚣之外，当精神可以淡泊在名利之外，也许，会丧失很多人艳羡的花香，但绝不会丢失掉心灵深处月色的轻柔，不会丢失掉祥和灿烂的笑容。

人生,关键的不是得到什么,而是不要丢失掉什么。

智慧锦囊

　　生活本来就是一种旅程,不管你选择什么样的道路,选择什么方向,沿途都会有不同的风景,在选择的旅途中要让自己始终保持一份轻松与自由的心情,这才是生活的目的。

　　可是我始终认为它是真的,因为在我的心目中,这位淘金者是一个真正淘到金子的人。

两个淘金者

◇刘燕敏

　　两个墨西哥人沿密西西比河淘金,他们从下游一路上行,到一个河汊时分了手,因为一个认为入阿肯色河可以淘到更多的金子,一个认为去俄亥俄河发财的机会更大。这两条河都是密西西比河的支流,一条在东一条在西。

　　十年后,入俄亥俄河的人果然发了财,在那儿他不仅找到了大量的金沙,而且建了码头,修了公路,还使他落脚的地方成了一个大集镇。现在俄亥俄河岸边的匹兹堡市商业繁荣、工业发达,无不起因于他的拓荒和早期开发。

　　进入阿肯色河的人似乎没有那么幸运,自分手后就没了音信。有的说已葬身鱼腹,有的说已回了墨西哥。直到 50 年后,一个重 2.7 公斤的自然金块在匹兹堡引起轰动,人们才知道了他的一些情况。当时,匹兹堡《新闻周刊》的一位记者曾对这块金子进行过追踪,他写道:这颗全美最大的自然金块来自于阿肯色,是一位年轻人在他屋后的鱼塘里捡到的,从他祖父留下的日记看,这块金子是他祖父扔进去的。

　　随后,《新闻周刊》刊登了那位祖父的日记,其中一篇是这样的:昨天,在溪水里又发现一块金子,比去年淘到的那块更大。进城卖掉它吗?那就会有成百上千的人拥向这儿,我和妻子亲手用一根根圆木搭建的棚屋,我们挥洒汗水开垦的菜园和屋后的池塘,还有傍晚的火堆,忠诚的猎狗,美味的炖肉,山雀,树木,天空,草原,大自然赠给我们的珍贵的静谧和自由都将不复存在。我宁愿看到它

第五辑 不加锁的幸福

119

被扔进鱼塘时荡起的水花,也不愿眼睁睁地望着这一切从我眼前消失。

18世纪60年代正是美国开始创造百万富翁的年代,全国上下每一个人都在疯狂地追求金钱和财富。可是,这位淘金者却把淘到的金子扔掉了。有很多人认为这是天方夜谭,据说,直到今天还有人怀疑它的真实性。可是我始终认为它是真的,因为在我的心目中,这位淘金者是一个真正淘到金子的人。

智慧锦囊

生活的真谛就是和亲人一起快乐平静地享受生命的春光,我们一直为这个目标努力着,但很多时候我们的努力追求恰好使我们离它越来越远。

复杂的不是问题,而是看问题的眼睛。

是谁赢得巨额奖金

◇澜 涛

英国一家报纸举办一项高额奖金的有奖征答活动。题目是:在一个充气不足的热气球上,载着三位关系人类兴亡的科学家,热气球即将坠毁,必须丢出一个人减轻载重。

三个人中,一位是环保专家,他的研究可拯救无数因环境污染而身陷死亡噩运的生命;一位是原子专家,他有能力防止全球性的原子战争,使地球免遭毁灭;另一位是粮食专家,他能够使不毛之地植生谷物,让数以亿计的人们脱离饥难。

奖金丰厚,应答信件众说不一。巨额奖金的得主却是一个小男孩,小男孩的答案是——把最胖的科学家丢出去。

有时,复杂的不是问题,而是看问题的眼睛。

智慧锦囊

生活其实很简单,是我们把它搞复杂了;生活其实很复杂,我们把它搞简单了。当然人们过得不快乐大部分是因为前者。

> 当我的脑袋猛然之间与另一个乘客的脑袋撞在一起的时候，我的第一反应是愤怒，第二反应是想打谁一顿。

在 汽 车 上

◇王国华

这一路公共汽车里的人特别多，车厢前半部分是成年人，后半部分则挤着十几个小学生，听他们的议论，大概是要到郊区去旅游。小孩子们都很兴奋，唧唧喳喳又说又笑，闹作一团。孩子们的喜悦并没有传染给这些心事重重的成年人，他们有的眼望窗外，有的面无表情，有的甚至用厌恶的眼神斜视着这些沉浸在欢乐里的孩子。

汽车平稳地向前行驶着，没有一点儿出现意外的迹象。但就在这时，司机忽然一个急刹车，"嘎"的一声，把这些毫无防备的乘客着实晃了一下，你的前胸撞着了我的后背，他的胳膊肘又撞到了你的左脸，有的乘客甚至一屁股坐到了地上。沉闷的车厢一下子沸腾起来。车厢前半部的人在愤怒地指责司机。司机解释说刚才出现了紧急情况，有个骑自行车的行人横穿马路，自己是为了避开那个行人才忽然刹车的。但一些乘客并不原谅他，说自己摔伤了，要到医院去看病，司机必须为自己支付医疗费，司机当然对这种提议嗤之以鼻，于是双方爆发了更大程度的争吵。这时也有的开始把矛头指向那个行人，说应该下去揍这小子一顿，让他记住这次教训。大家你一嘴我一嘴，吵作一团，骂作一团。

当时我就在这辆车上。当我的脑袋猛然之间与另一个乘客的脑袋撞在一起的时候，我的第一反应是愤怒，第二反应是想打谁一顿。可是无意之中我发现了车厢后半部分的孩子们，他们从惊恐中恢复过来之后马上哈哈大笑起来，仿佛被一件极可笑的事击中。这个说，哈，你刚才差点儿没有摔倒，你可真笨！那个说，小明趴到你身上，把鼻涕都蹭到你肩膀上了。这场意外给孩子们带来更多的话题，整个车厢后半部更热闹了。

我忽然为自己感到羞愧。我发现，我们这些成年人在遭遇意外时，马上就会把自己设计成受害者的角色，即使对方是无意的。这就是为什么总会有那么多因误会而生的仇视大量地出现在成人中间。而孩子们则不然，他们把很多事情

（只要不是危及生命的）只是当成生活中的一个小插曲。从这方面讲，孩子们是我们当之无愧的老师。

智慧锦囊

在纯真的世界里，美好永远是生命的主旋律，纯真让我们的心灵少一些冷漠麻木，多一些善良宽容，其中有所谓的成熟无法带来的温馨和快乐。

在这个世界上，简洁而执著的人常有充实的生命，把生活复杂化的人常使生命落空。

篱笆边的桃树

◇刘燕敏

路旁有两棵桃树，一棵在篱笆内，一棵在篱笆外。篱笆内的受到保护，枝繁叶茂；篱笆外的常被人攀折，疏枝横斜。春天，它们都开粉红色的花，秋天都结黄红色的果。不同的是，外面的年年硕果累累，里面的总是稀疏的几枚。

我天天走这条路，对这种现象不免困惑。直到有一年去一处果园参观，才知道果实的多寡与枝的疏密有关。枝疏者果众，枝密者果少。

大自然的许多奥妙与人生的某些现象常有相似之处。我有两位朋友，都是搞绘画的，一个在社会上流浪写生，一个在国画院做专职画家。流浪写生的，从城市到乡村，从山野到海滨、新疆、西藏、云南一路画去；食取果腹，衣取避寒；没有学术会议，没有国内国外的参展，心无旁骛，专心作画。做专职画家的人有17个头衔，理事、会长、评委、顾问、指导老师，应有尽有；每年的工作也丰富多彩，作画、开会、剪彩、辅导、义卖、参展、评奖，不一而足。

1998年，两汉文化艺术节上，他们的画共同在文化宫展出，来自国外和港澳台的人士参观后，花高价买走了流浪画家的所有作品，专职画家的画一幅都没卖出。他很是伤心，来我家找先生喝酒。先生不知如何劝他，只说，他们有眼不识金香玉，我看你的画就不错。我知道这是先生的鬼话。其实，谁心里都明白，他如果能把身边的事减少到用手指数清的程度，是不致如此的。

在这个世界上，简洁而执著的人常有充实的生命，把生活复杂化的人常使生命落空。这样的道理不是每一个人都能明白，尤其是那些在世俗的道路上走得太远的人。

智慧锦囊

人生的路上，我们常常这样：努力向前奔跑，但又忍不住追逐擦身而过的蝴蝶，结果到头来却忘记了自己的方向。

名声是一件太重的行李，太早得到了，一定背不动，反而把自己压倒，跌入人生的谷底。

名声是一件太重的行李

◇林 夕

朋友的女儿自幼爱画画，颇有几分天赋。于是，朋友便送她去拜师学艺，学了几年，技艺大长，作品被送去参展并一举获奖。于是媒体蜂拥而来，接下来一个月，父女俩几乎什么也不做，整天接待记者，谈话，录音，吃饭，已经接待了50多家媒体，从中央到地方，有些报纸连名字都没听说过。

按说，小小年纪便出手不凡，让媒体宣传一下也无妨，现在是信息时代，酒香也怕巷子深，那么多酒家，你不说谁知道好不好。可是凡事有度，如果整天陷于记者包围之中，不仅影响正常工作，甚至会产生自满、自我膨胀等负面作用，特别是对一个14岁的孩子，心理尚不太成熟，每天采访、上电视、签名售书，成人都会飘飘然，一个孩子怎保不会自我膨胀？

我把想法跟朋友说了，他听了很不以为然，反问我："你知道为什么媒体一窝蜂地来采访吗？就是因为她14岁，如果是24岁获奖就不算新闻了，恐怕找他们来都不来。所以我要抓住时机，充分借助媒体的力量，让她一举成名。张爱玲不是说过，成名要趁早嘛。"

我叹了口气，不再说什么。

张爱玲的文章，不用说自然是好，但她说过的一些名言，却要商榷。别的不说，一句"成名要趁早"，不知误导多少天下人。我们知道，张爱玲年纪轻轻就成为上海滩走红的作家,她一生最好的作品都是在 25 岁以前写成的,对她来说,"成名要趁早"倒是一句实言。但是,如果进一步探究就会发现,张爱玲的 25 岁不同于普通人的 25 岁,她的心理年龄怕是 50 岁不止。

了解张爱玲的人都知道,她是清末著名"清流派"代表张佩伦的孙女,前清大臣李鸿章的重外孙女。如此显赫身世,并未给她的童年带来多少欢乐。纨绔子弟的父亲和深受西洋文化影响的母亲性格多年不和,终于在张爱玲 10 岁那年分道扬镳。生性执拗的张不讨继母喜欢,有一次被继母陷害而遭父亲毒打,被独自关在地下室十几日,小小年纪便尝尽世态炎凉,所以也就不难理解,她竟如此早熟——4 岁就以怀疑的目光看世界,8 岁读《红楼梦》、《三国演义》,13 岁发表第一篇散文,20 岁出头便走红文坛。表面看她确实早早成名,但抛开表层往深里看,就会发现,张爱玲其实从未年轻过! 她年轻的身体里跳动的是一颗已经看过红尘的老人的心! 也正因为此,她才能不为盛名所累,在闹世中辟一静地,安身立命,独自行走在自己的幽静小路上。

古今中外,能像张爱玲这样不为名声所累的人真是太少了。绝大多数少年有成的才子才女们都没有她那样的定力,不能好好把持自己,或轻狂自傲,或贪图享受,让名声毁了自己。

名声是一件太重的行李,太早得到了,一定背不动,反而把自己压倒,跌入人生的谷底。就算能爬出来,也是伤痕累累,大失元气。所以,还是把心放平,尊重自然吧。人生有如四季,少年奔放如春,青年火热似夏,中年成熟如秋,晚年清冷似冬。每个季节有每个季节的使命,每个季节有每个季节的景色。如果想求速成,省略一个季节,那样的人生即使不是灾难,也是一场悲剧。

智慧锦囊

没有老气横秋,也没有年少戾气,拥有丰富的知识、深沉的人生经验,经受一次次挫折的历练,沧桑过后的成功才是饱满的。

> 上帝是爱我们的。是我们不懂得怎么接受他的爱，也不懂得怎么爱自己。

上帝每时每刻都在给我们礼物

◇乔 叶

两个妇人都信奉上帝。一个凡事都去给上帝汇报，向上帝乞福，求上帝护佑；而另一个妇人无论遇到了什么事情都是默默无语，自顾自地做着自己的事情。

"你怎么不向上帝说说呢？"爱倾诉的妇人说。

"我不想在任何事情上都依靠上帝，他太忙了。"沉默的妇人说，"我心疼上帝，不想让他为我的小事操心。我知道上帝也会心疼我，不会让我白白地付出努力。"

是的，忙碌的上帝是值得心疼的。我想。而我们心疼他的最好做法只有一个：努力做好自己的事。只要做到了这一点，上帝就一定会眷顾我们。

其实，在很久以前，他就通过《圣经》告诉我们说："你行走，脚步必不至狭窄；你奔跑，也不至跌倒。诸般勤劳都有益处，嘴上多言乃至穷乏。"

据说，一次某地爆发洪水，一名基督徒虔诚地等待着上帝来拯救自己，于是，救生艇来，他不走，直升机来，他也不走。后来，他被洪水卷起，在水里漂浮，有人扔给他一根木头，他仍然拒绝了。他终于上了天堂，见到了上帝，他怨艾道："亲爱的上帝，我是那么相信你，你为什么不来拯救我呢？"上帝道："我救了你三次，你都不要。"

有时候，人是多么愚蠢啊。

爱上帝就要相信上帝，相信上帝就要相信他博大的善，他宽容的心和他深沉的美。相信他会伴随着我们身边无数的事物，在每个角落都出现在我们的视线里。

我一直相信，上帝每时每刻都在给我们礼物。春天，他给我们每一片绿叶的微笑；严冬，他给我们每一朵雪花的舞蹈。雨中，他给我们以沁人肺腑的清凉；雷鸣，他给我们以震耳欲聋的交响。愤怒的时候，他给我们以勇气和激情；冷静的时候，他给我们以理性和智慧。幸福的时候，他给我们以甜美的亲吻；悲伤的时候,他给我们以无垠的思绪;苦难的时候,他给我们以坚强的历练。我想,甚至在我们卑鄙的时候,他都在赐予我们一种机会,让我们通过自身的黑暗来了解灵魂前行的艰辛和泥泞。

我们常常祈求上帝给我们这样那样的施与:快乐、喜悦、安宁、吉祥……其实,上帝真的都已经给了我们。他在我们身边播下了无数的种子,这些种子裹在泥土里,悄悄地萌发出清新的嫩芽。——但是,我们往往把它们看成了杂草。于是,我们在埋怨上帝的同时,两手空空。

上帝是爱我们的。是我们不懂得怎么接受他的爱,也不懂得怎么爱自己。

智慧锦囊

每个人站着的地方,本来都是平等的。你若站在那里乘风凉,看着别人爬得满头大汗,等别人爬上去之后,再说这世界不平等,不公平,那才是真正的不公平。

一位诗人说得好——每一种生活都可以是芬芳的,只要发自内心地喜欢。

每一种生活都可以是芬芳的

◇崔修建

品学兼优的梭罗从哈佛大学毕业后,没有像其他同学那样投身商海发大财,也没有跻身政界去求得一个显赫的官职,而是毅然地选择了静静的瓦登湖。在那远离尘嚣、远离现代文明的湖畔,搭建了一栋简陋的小木屋,屋后栽树,屋前种菜,自己开荒种粮食,过起了近乎原始的简朴生活。

当然,更多的时候,他只是久久地坐在瓦登湖畔,静静地看书、思索、写作,尽管他写的书,出版商并不赏识,他的手稿在当时的许多人眼里不过是一堆废纸,但他仍不改初衷,依然坚持每日静思、写作。他44岁因肺病死于康科德,一生中没有一个女人爱过他,他生前做什么似乎都不成功,似乎他的整个人生都糟糕透顶了。直到多年以后,人们才惊讶地发现他的那些睿智的思想,足以跨越时空营养人类。

梭罗博物馆曾在网站上做过这样一个调查——你认为梭罗的一生很糟糕吗？结果超出 92% 的 431439 位世界各国身份、职业、信仰等均大不相同的被调查者，不约而同地点击了答案——否。梭罗博物馆进一步追问大家为什么认为梭罗的生活是幸福的，被调查者的解释虽然千口千词，但有一点却惊人地一致——因为梭罗选择了自己喜欢的生活。

那么，是不是选择了自己喜欢的生活，就一定会拥抱幸福呢？显然，问题绝非有人想象的那样简单，无论是曾经满怀欣喜地投入了自己喜欢的生活，还是被迫地选择了后来的生活，很多人在回首人生时，常常会流露出太多的不如意——一位曾在官场中呼风唤雨的大人物退休后，连连感慨："原来觉得自己最适合当官了，几十年随波逐流地沉浮于宦海，身心疲惫了大半辈子，到老了，方知晓那绝对不是自己心中想要的生活。"还有一位身价千万的知名企业家，在接受记者采访时，无限惋惜地说："自己年轻时最喜欢的是音乐，原本想要挣点儿钱，以便更好地投资自己的兴趣的，结果成了商人，音乐只是从前的梦想了。"还有很多人，在回首人生的某些阶段，经常会不无遗憾地发现：他们原本有过理想的人生追求，但在生活的巨大漩涡的裹挟下，自觉或不自觉地抛却了最初的想法，拥有了一份自己未必喜欢的生活，尽管其中不乏成功的喜悦，但总是缺少自己想象的那种幸福的感觉。

前不久，时逢当年的大学同窗林凡从偏远的林区小镇来省城买书，几位如今在省城里都混得有点儿模样的同学借机小聚。酒酣之际，每个人都袒露了心怀：在报社当记者的，不住地抱怨自己写稿子要看很多人眼色，该写的稿子不能写，不愿意写的却要硬着头皮地写；搞房地产的，连连感慨这年头的人事关系实在太复杂了，伤神累脑地忙了半天，不知哪个小差错，就导致前功尽弃了；在银行当个小官的，更是一脸苦相地后悔当初不该短视，选择了现在三天两头要裁员的行业……感慨、牢骚都发过了，不约而同地，大家都将羡慕的目光投向了始终微笑着、不发一言的林凡，都说还是林凡活得幸福——虽然一辈子在偏远的林区小镇教书育人，但那是在干自己喜欢的工作。

林凡笑了："当初，也没有人逼着你们做那样的选择啊。其实，我的生活，也并非你们想象的那样幸福无边，我也有许多的烦恼，我也曾羡慕过你们的生活，只是后来我知道了——每个人无论选择了怎样的生活，无论情愿的还是不情愿的选择，只要身在其中，就要学会喜欢，学会从中品味幸福。"

听了林凡的话，大家释然了许多——是啊，不管是自己选择的，还是命运安排的，哪一种生活里面都包含着无数的苦辣酸甜，幸福或糟糕，都是经营的结果。只有自己学会热爱眼前的生活，学会从中创造快乐，学会从中享受快乐，才会拥有幸福的人生。

一位诗人说得好——每一种生活都可以是芬芳的，只要发自内心地喜欢。

耕耘时用不着期待收获，只要你看到那些被你犁平了的土地，被你铲除了的乱石和莠草，你就会觉得汗并不是白流的，你就会觉得有种说不出的满足。

不要轻易放弃上帝给你的任何一个机会，那一次偶然的机会，也许可以改写你的人生。

人生的偶然

◇雪小禅

人生是有许多偶然的，所以，也就多了很多的机会。

16岁的时候，她只是个很平常的女生，学习下等，和一些已经在社会上打工的女孩子混在一起玩，那时她上初二，不知道自己的明天在哪里。

一次期中考试前，她的好友悄悄把她拉过来说："告诉你个好消息，我有了这次考试的卷子了。"

原来，另一个学校已经考过，而有人告诉她，他们这次考试就是这张卷子。

那是张数学卷子，她几乎把它背了下来，如果按她的真实水平，她只能考30多分吧，但她那次考了一个全班第一；她的朋友只背过其中一部分，考了70多分。让她没想到的事还在后边，所有人都怀疑她作弊了，但就是作弊也不可能考98分啊。只有老师表扬了她并鼓励了她，说她进步很快，以后肯定还会考出好成绩，那一刻，她差点儿流了泪，她没想到老师相信她，况且同学们对她的羡慕让她体会到了一种从来没有过的喜悦和兴奋，原来，学习好了可以如此自豪？

从那以后，为了证明自己没有作弊，为了对得起老师那句话，她像发了疯一样开始学习，并从中体会到了学习的乐趣。不久，她的学习成绩果然跃到全班第一；一年后，她考上重点高中；三年以后，她考上了北大。

而那次偶然偷来的试卷改变了她一生的命运，她本来也是和那些农村的女孩子一样打算毕业以后去外地打工的，因为那个考了70多分的女生终于去了一个饭店端盘子了，而几年之后，她去美国留学了。

是那次偶然改变了一切,她抓住了那个机会,而那个女孩子,却没有抓住,于是一切变得如此不同。十几年后她回母校做报告,说了自己的故事,而已经白发苍苍的数学老师对她说了真相:孩子,当时我就知道你是作弊了,因为以你的能力不可能考98分,但我想,也许你从此能发奋,所以,我给了你鼓励和信任。

那一刻,她的泪水流了下来,在人生的最关键的时候,那个最明白她的人,没有把她当贼一样揪出来,而是给了她鼓励,让她的人生从此与众不同。

还有一件让人感动的偶然。

一个德性不好的人,好吃懒做不算,还有偷偷摸摸的习惯,所有人都很讨厌他,因为他借了别人钱总是不还不算,还总是拿去赌博,所以,周围的人几乎没人再借给他钱,即使想做个小买卖他都没有钱,于是他跑到一家远房亲戚家借钱,那是他第一次和她张口,况且,他以为她不知道他的底细。

很顺利地他拿到了钱,在转过身要走的一刹那,她叫住了他:"他们曾有人打电话告诉我说你不会还钱,让我不要借给你,但我相信你不是那样的人,也许他们对你有误解。"

在听到这句话之前,他是准备拿这1000块钱去赌博的,赢了就吃喝玩乐,输了再找人借,但这句话给了他很大的震动,他没有说话,关上门走了,然后他离开了家乡,去了深圳。

半年以后,他的亲戚收到了他从深圳寄来的1000块钱;三年以后,他开着自己的私家车从深圳回来,把从前欠的钱全部还清了。

是从那次借钱开始,他知道自己应该有另一场人生,他要让人家对他信任,他再也不能做骗子了,因为是那个亲戚的信任让他从此翻开了人生的另一页。

其实人生有很多偶然,有很多重新开始的机会,不要轻易放弃上帝给你的任何一个机会,那一次偶然的机会,也许可以改写你的人生。

智慧锦囊

生活从来就没有放弃过谁,只有人自己放弃自己。即便是你抛弃了自己,生活还会一次次将遗失的你送回,直到你重新振作。

抬头望去,满眼都是郁郁葱葱的松柏,一阵风吹过,刷刷地,让人感到浑身从外往里发冷。

终极追问

◇王国华

那一天,妻子过生日,向来不会做饭的丈夫决定给妻子炒一个菜。菜炒到一半的时候,3岁的儿子跑过来捣乱,妻子赶紧追上去抱孩子,孩子拼命挣扎,大家都手忙脚乱,结果把锅从煤油炉上碰下来,孩子的下巴上溅了一些滚烫的油,落下一个触目惊心的伤疤。

若干年后,孩子上了小学和中学,在学校里常常受到其他同伴的嘲笑;再后来,孩子上了大学,追了很多女朋友,人家都嫌他脸上有一个伤疤。这让他心里很不是滋味。接着,孩子大学毕业了,但一直没有找到工作。他的专业是英语,可是与外国人打交道,形象很重要,他无法埋怨接收单位,于是把责任追到父母身上。如果父母当年精心一些,哪里有自己后来遭遇的这一连串不公平待遇。他越想越生气,甚至不愿意再见到自己的父母。大学毕业后的两年时间里,他都不回家,连电话也不肯打,就那么一个人在外面孤独地漂着。

其实,父亲比他更难过。几次与儿子联系也没有结果,只好去求助一位心理医生。

心理医生听父亲介绍了情况后,决定帮这位父亲一个忙。他费了很大的劲,才找到那个小伙子。医生说,这个世界上,没有一个父母会有意去伤害自己的孩子,事出偶然,儿子应该理解他们……但是,一个下午的时间,小伙子始终听不进医生的话。两个人边走边聊,来到郊外一个墓地。

抬头望去,满眼都是郁郁葱葱的松柏,一阵风吹过,刷刷地,让人感到浑身从外往里发冷。一个又一个坟茔,呆呆地站立着,更增添了一丝肃穆和悲凉,静得可怕。医生忽然想到了什么,他问小伙子:"你真的不能原谅你的父母吗?"小伙子点点头。医生说:"如果有一天,你的父母离开了你,你是否愿意他们带着愧疚和遗憾来到这里?"小伙子愣了一下。医生接着说:"即使那时你原谅了父母,那么,那时的原谅还有什么意义呢?……"

当面临终极追问的时候,所有恩恩怨怨都豁然而解了。泪水盈满了小伙子的双眼。他疯狂地跑回宿舍,拨通了家里的电话号码……我的同龄上司,今天给我讲起他自己的这件故事,依然是情绪难平:"我庆幸,在我的亲人还健在的时候,自己学会了珍惜。"

智慧锦囊

世间机会的流失和遗憾都是相似的,在第一个机会失去时,我们忙于后悔,于是才失去后面的机会;在小的遗憾产生后,我们盯着不放,结果造成更大的遗憾。

有时,分厘弃让,是在弃让如山权利、心质和品性。

成败只差1角钱

◇澜　涛

第一次求职是到一家外资制衣公司应聘总经理助理,和优越待遇相对应的是苛刻的招聘条件。尽管如此,区区一个名额竟吸引来几百名应聘者。层层筛选,重重闯隘,我幸运地杀出重围,当我和另一名各方面能力出众、才智拔萃的应聘对手一同坐到公司总经理面前迎接最后聘试时,我对自己充满了信心。

公司总经理是一位40多岁的先生,脸上爬满沉稳与练达。出乎意料的是,总经理没有提出任何考问,便带领着我和对手去附近的一家公司签单。更让我诧异的是,因距欲去的公司仅有一站地路程,总经理竟提议乘坐公共汽车,并递给我和对手每人5角钱,嘱咐每人买自己的票。

票价是4角钱,因零币缺少,乘务员们几乎都已养成收取5角钱不找零的习惯。面前的这乘务员也不例外,我也便没有向他索要应找回的1角钱,尽管心里有一份惜痛,可为1角钱开口,太丢面子——虚荣心已经让我在并不算太久的异乡乘车中养成默然接受的习惯。没料到的是,我的竞争对手却开口向乘务员找零。乘务员眼里轻蔑骤起,如刀般切割着我的对手,好一会儿才冷冷地递出1角钱。而我的对手竟一脸泰然。一旁的我,幸灾乐祸地想,对手的"财迷与小气"表现或许将成为他落败的症因。到站,下车,总经理握着对手的手,说道:"你被聘用了!"我立刻惊怔住了,不知自己败在何处。而对手的满脸愕然也证明着他并不知道自己胜在哪里。总经理再次开口:"你们两人的材料我都仔细看过了,能力不分伯仲,才智不分上下。不过,一个人只有懂得坚持自己的权益,才能够维护公司的利益;而一个连自身利益都不能坚持的人,又如何能够坚持公司的权益……"

决定胜败的竟然仅是1角钱。

——我败了,败给1角钱。其实,钱并没有出手,打败我的是我自己。失之毫厘,谬以千里。微末1角钱,影印天地之别。

滚滚红尘、物欲横流,多少人湮失了真性,斫丧了自己,以至于当我们坚守在宁静的路口,拒绝利欲的诱惑、考验和洗礼时,一并拒绝本应守握的金银,错误地畏缩双手,放弃权益。其实,令人齿寒的不是金钱,而是腐蚀心灵的贪欲。有时,分厘弃让,是在弃让如山权利、心质和品性。

智慧锦囊

人的天性中有许多美好的成分,在成长的路上,我们却把它们当成累赘一件一件抛弃;等我们发现那些都是无价之宝时,我们已经回不了头。

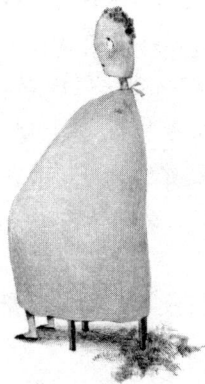

第六辑　暖透一生的奶酪

人世间需要真情，真情需要珍惜。如果没有真情的保护，生活将是一块易碎的玻璃，经不起岁月的颠簸。生活中，当我们遭遇挫折和烦恼时，当被孤寂和困苦缠绕时，只要拥有真情，风再大、雨再狂，也不能将我们打倒。

> 影响爱情和婚姻幸福的，最最关键的，却是两个人的心中时时蒙有纯洁、真挚的爱，是爱与爱的叠加与融合。

爱与爱的组合是最幸福的

◇崔修建

那天，《爱情心理学》选修课上，老师给同学们出了这样一道颇有意味的思考题——

背景材料——有四对未来的婚姻组合：同样才华横溢的高校在读的男女博士，事业有成的男企业家与漂亮、温柔的幼儿园老师，海外归来的合资公司的女强人与精明干练的机关干部，大报社的副总编辑与高中毕业的商场售货员。

思考的问题——他们哪一对的婚姻组合是最般配、最幸福的？

老师的话音刚一落地，课堂上的气氛便立刻活跃起来，同学们不假思索地争抢着各抒己见。有的以"志同道合"为由，赞成博士与博士的组合是其中最般配的；有的以"男才女貌"的传统联姻，倾向企业家与幼儿园教师的组合；有的抛出"强强联合"的新思潮，极力强调女强人与机关干部的搭配最佳；有的则根据"优势互补"的原则，坚持副总编辑和商场售货员的婚姻是最幸福的。为了证明自己所持观点不容置疑，许多同学引经据典地找来许多实例，彼此间展开了激烈的辩驳，你来我往、互不相让地争论不休。一时间，四种组合都赢得了各自热烈的赞同者和激烈的反对者。

标准答案到底是什么呢？无法取得一致意见的同学们安静下来，将渴望的目光投向了始终微笑着一言不发的老师。

"其实，哪一种组合都可能是最般配、最幸福的，哪一种组合都可能是糟糕的。"老师一语平静的回答，不禁让同学们先是一阵惊讶，继而又让大家不由得陷入深深的思索中，有的同学很快悟出了老师话语中的深刻内含，有的同学悟出了一点点，有的则仍心存困惑。

这时，老师做了令同学们信服的诠释——最般配、最幸福的爱情和婚姻组合，与年龄、相貌、学历、社会地位等等外在的东西，的确有着一定的联系，有时甚至有着很重要的联系。然而，影响爱情和婚姻幸福的，最最关键的，却是两个人的心中时时装有纯洁、真挚的爱,是爱与爱的叠加与融合。如果缺乏持久绵长的真爱的滋润,外表看似再般配、再幸福的爱情和婚姻,也只能是"金玉其外,败絮其中"。生活中,许多被人羡慕和赞叹的爱情和婚姻,实际上并无多少幸福可言,倒是那些不被看好的、似乎很不般配的爱情和婚姻里面,往往藏着许多让人感动的美丽情节。

既然爱情和婚姻幸福的内核,只有一个字——爱,那么,爱与爱的组合,就永远是最般配、最幸福、最持久的。

智慧锦囊

岁月可以像落叶一样飘逝,但爱能在你迢迢的人生旅途中,永远陪伴着你,给你绵绵不绝的温馨和取之不竭的力量。

我们常常被急功近利所蒙蔽,只顾着去抓获眼前的利益,从而忽略了利益背后的陷阱,甚至灾难。

守住心灵的楼兰

◇澜 涛

有时候生活是非常现实的。

大学毕业后,我和女友双双到了北京,经过 5 年的拼杀和酸甜苦辣,当初描绘的美丽未来在现实的磕碰中越来越显得遥不可及。尽管女友一直表示有我的疼爱就已经让她幸福无比,但我心中的颓丧和压力却越来越大。雨飞是在我和女友第 18 次搬家的时候出现的。雨飞不仅漂亮、有气质,最重要的是,她有一个做房地产生意的大款父亲。我不知道雨飞怎么会爱上我,她毫不顾忌地表白着自己的爱怜,并且直言不讳地告诉我,只要我娶了她就可以拥有豪宅、靓车和丰厚的事业启动资金。如此诱人的条件让我的心游离起来。可是,尽管我对雨飞很有好感,但我却无法让自己对她萌生爱的情愫。

一边是和灰姑娘的挚纯爱情、清苦打拼,一边是优越公主的爱的呼唤、平步青云……我一时不知该如何取舍。那年的春节,回乡的我将自己的心事倾诉给做考古工作的叔父,叔父给我讲了有关楼兰的故事——

两千多年前,楼兰国湖泊众多,农牧业和渔业发达,因为是丝绸之路的必经之路,繁荣富强的楼兰王国人口迅速膨胀。建造房屋、砍树垦荒、取暖生产,还有做家具、造船、造士兵手中的矛……楼兰城外，"千年不死，死后千年不倒，倒后千年不朽"的胡杨树成为人们目光和斧头频繁光顾的地方。于是，一棵需要几十年甚至上百年才可以长成的胡杨树在几十分钟内被砍倒；于是，一片片胡杨林在消失。

人们没有看到胡杨林背后那一片浩瀚的沙海。

沙尘暴第一次来袭时，当王宫的侍女每天都要花大量时间来拭擦器皿上的灰尘时，楼兰国王慌了，他颁布了一道法令：禁止砍伐胡杨林，违者罚以牛羊。法令颁布后，木材价格急剧上涨，由于暴利的吸引，盗伐仍在继续甚至加剧，沙尘暴并没有因这一法律的颁布而减弱。失去了胡杨林庇护的楼兰国，如同一个失去母亲温暖怀抱的婴儿，无助地恸哭着。楼兰国王加大了惩罚的力度，最后甚至规定砍一棵树者即处死，并派出军队在剩余的胡杨林边守护，碰上偷伐树木者，当场处死。可还是迟了。沙漠接管了这个王国，国王和国民不知所踪。昔日富庶繁荣的楼兰国成为沙漠中的一处废墟和考古学家们研究的样本。

叔父的话让我茅塞顿开，爱情、人生都是长久的事情啊！现在，我和女友的事业都发展得非常不错了，我们的婚礼也正在筹划中。

人生总会遭遇种种诱惑，我们常常被急功近利所蒙蔽，只顾着去抓获眼前的利益，从而忽略了利益背后的陷阱，甚至灾难。熙攘红尘，只有拥有穿越喧嚣的冷静、拥有穿越诱惑的淡泊，才能够守护住我们心灵的湖泊、泉水和胡杨林，守护住心灵的楼兰。

智慧锦囊

在经历了人生太多的真真切切之后，人们会发现世界再大，美好的东西再多，属于自己的幸福就在身边，触手可及。

> 儿子带着哭腔说："爸爸，我的同学们都走光了！你来接我还有什么用！"

父亲接我回家

◇王国华

他常年在外面拍电影，有时在本地，有时在外国，有时则是在飞机上度过。有一天他因病在家里躺了一天，傍晚的时候，妻子高兴地拿着一个大花瓶走到他面前,对他说:"我要给你颁发奖杯!"他问为什么,妻子神秘地一笑,说:"因为你今天全天都没有出门!"

可想而知,这是一个忙碌到什么程度的人;可想而知,他的儿子跟他见面的机会能有多少。但是,那时儿子毕竟还是个孩子,有着和其他孩子一样的虚荣心。一天,他的助手向他转达了儿子的一个愿望:希望有一天,父亲能亲自开车去接他放学。

这天,风尘仆仆地下了飞机以后,他看看手表,还没到放学的时间,于是开着车直奔学校,连脸都没来得及洗一下。他想给儿子一个惊喜。他打电话告诉孩子的司机:"今天你在家里歇着吧,我现在正在学校门口等着接孩子呢!"

时间一分一秒地过去,放学铃声响了。他热切地打量着从门口走出的每一个学生。但是直到所有的人都走光了,他也没有见到孩子的身影。终于,司机给他打来电话:"先生,你的儿子正在学校门口等你呢,怎么你还没有到?"他说:"我也在学校门口。"司机问:"你在哪个学校门口?"他说出某某小学的名字。司机说:"先生,你的孩子已经读中学了!"

等他赶到那所中学的时候,孩子已经要步行回家了。他把儿子叫上车,儿子好半天都没有理睬他。他默默地开着车,不知道该说些什么。快到家的时候,儿子带着哭腔说:"爸爸,我的同学们都走光了!你来接我还有什么用!"

他叫成龙,一个出色的电影人,一个能为儿子提供优裕物质生活的人。而他的儿子是个普通的儿子,一个只想让别人看到自己的父亲来接自己放学的儿子……

智慧锦囊

当亲人间的相聚因工作成为一种奢望时,取得再大的成就,拥有再多的财富又有什么意义?生活再优越,没有了爱的关怀,不会有光泽。

> 他选择了让肺腑里透明的气流去和她相吻,为她吹掉了那些给予他这次宝贵机会的谷糠。——因为,她还不知道他的爱。

让我吹掉那些谷糠吧

◇乔　叶

　　一个男子一直暗恋着一个女子,但是却始终没有机会和她接近。一次,他们在一间粮仓里相遇,女子的身上不小心沾上了一些谷糠,她请男子帮她打掉。男子沉默了片刻,说:"我想,还是让我吹掉那些谷糠吧,吹比打要干净些。"

　　于是,他低下身,小心地为女子吹着那些谷糠。他的气息轻柔地掠过女子的衣衫和皮肤,像春天的暖风。他的神情是那么认真和郑重,以至于周围的空气都变得异样起来。

　　这部电影的名字我早已经忘记了,但是这个细节仍旧记忆犹新。我忘不了那个男子的腼腆容颜,忘不了他的拘谨语调,更忘不了他的那句话:

　　"还是让我吹掉那些谷糠吧。"

　　他是那么爱她,朝思暮想,魂牵梦绕。她的身体一定是心中的圣地和天堂。可是,当他真的有机会去触摸那个几乎是嵌在自己灵魂里的玉体的时候,他却让自己的双手带着自己的狂热躲开了。他选择了让肺腑里透明的气流去和她相吻,为她吹掉了那些给予他这次宝贵机会的谷糠。——因为,她还不知道他的爱。他只是单恋。在没有形成彼此的爱情之前,自己想入非非的触摸对她而言是不公平和不纯净的。我想,他一定是这么想的。

　　可他又是多么纯净啊。他用那么虔诚,那么严谨,那么自律的方式守护着心中的爱和心中的美。在吹掉那些轻飘飘的谷糠之后,水落石出的,是一颗多么皎洁的心啊。

　　也许会有人认为他太迂腐。可我觉得,他是真正懂得爱的,也真正懂得女人。这么懂得的男人,有点儿智慧的女子都不会错过。

　　我记得,在影片的最后,这个男子真的拥有了那个美丽绝伦的女人。

　　是的,懂得就意味着拥有。而占据,并不是。

纯净的爱情，不是未经世事不知人情的清水，而是经过了蒸馏、过滤、冷却提炼出来的真正的精华。人最原始的纯净是水，经过提炼的即是酒，清烈，晶莹，醇香。

是每一块砖让大厦耸立，并非最上端的那一块。

英　雄

◇澜　涛

一次，采访一位到南极进行科学考察回国的科学家，当我激情满怀地将稿子写完，交给对方审稿时，我对自己的稿件充满了信心。看完稿件，科学家表示大体满意，只是有一点儿需要修改，科学家不同意我在文章中将他称呼为"英雄"。我大惑不解，试图说服对方："您在南极历时一年的考察中，经历了九死一生，取得了重要的科研成果，您不愧为英雄啊……"

科学家打断了我的话，语气轻慢地对我说起一个故事——

1910 年，英国海军军官斯科特和挪威探险家阿蒙森约定了一次"赌博"：看谁先到达南极点。那以前，世界上还没有任何一个人达到过南极，因为那里太寒冷了，在人们的心目中，那里几乎就是死亡的代名词。两个人的"赌博"立刻吸引了众多目光的关注。

1910 年 6 月，斯科特乘坐"特拉·诺瓦号"启程。途中，他听说阿蒙森也正在前往南极，他便加快了自己的步伐。可是，因为暴风雪越来越大，旅行越来越艰难，1912 年 1 月 3 日，斯科特决定只带四位同伴前行。1912 年 1 月 17 日，斯科特一行终于到达南极点，疲惫不堪而又欣喜若狂的他却发现，挪威国旗已经在那里飘扬。当他知道阿蒙森已经领先他 30 天到达了南极，便略感遗憾地踏上归途。归途中，一个同伴受伤死去，奥茨又出现了严重冻伤，人们心头的阴郁越来越重。这天夜里，几个人瑟缩在帐篷里，看着所剩无几的食品，听着帐篷外吼叫着的暴风雪，他们似乎感觉到了死神的逼近，都默然无声。所有人都睡着了，严重冻伤的奥茨悄悄地将自己的衣服脱了下来，覆盖到同伴身上，然后走出了帐篷,消失在暴风雪中。他将温暖留给同伴,渴望同伴能度过寒冷;他把生命送给死神,渴望同伴都能活着回家。然而,另外三人还是没能逃脱不幸。1912年3月29日,斯科特等三人都被冻死在离他们宿营基地几千米处。1912年11月,一支搜寻队发现了斯科特等三人的尸体,以及斯科特的日记,知道了这个悲壮的故事。

大厦的耸立并非靠最上端的那一块砖,而是每一块砖。

踩着他人肩膀摘星星的时候,不该忘记抓住泥土的双脚。

智慧锦囊

　　大家都习惯于将鲜花和掌声全部送给完成最后一个环节的人,而忽略了完美铺垫前面所有细节的其他人,仅仅是因为他们没有在镜头前露面。

　　母亲摆出一场爱的盛宴,只等着她心爱的小鸟来啄。幸福的小鸟啊,你无须刷卡,只管用欢畅的啄食来尽情享用这人间珍馐吧。

爱 的 盛 宴

◇张丽钧

　　我的一个正在读大四的学生放寒假后到学校来看我。我问他:"回到家感觉好不好?"他说:"当然好,好极了!"我让他具体谈谈怎么个好法,他居然说:"感受最深的一点就是,吃饭不用刷卡!"我哑然失笑。他却认真地说:"真的老师,说起来有点儿俗,可我感受最深的确实是这一点。您知道吗,我毕业后打算到欧洲去读研,到那时,想吃妈妈做的饭可就难了。不是跟您吹,我妈做的饭,称得上是世界一流!管够,还唯恐你吃不好!我妈劝起饭来没完没了,弄得我的减肥计划彻底泡汤,可我这心里头啊,却乐着呢!老师,我总记得您讲过的那个吃饺子的故事,一想起那个故事,我就把我妈妈做的饭品出了一种特别的滋味。"

　　我心头一热,说:"难得你还记得它。"

　　我的确曾给这一届学生讲过一个发生在我朋友身上的真实故事——朋友在外地工作,常年不回家,母亲盼呀盼,终于得到了儿子要在除夕之夜回到故里的喜讯。那天,在爆竹声中,母亲包好了三鲜馅儿饺子,专等着儿子回来后下锅。馅儿是精心调的,应该正对儿子的胃口;但是,母亲心里还是有一些忐忑,她想预先知道这饺子的咸淡,便煮了两个来品尝。一尝之下,母亲大惊失色——饺子馅儿里竟然忘了放盐! 母亲看着两屉包好的饺子,绝望已极。她知道可以让儿子蘸着酱油吃,她也知道即便蘸着酱油吃儿子也会欢呼"好吃死了",可她不愿意让千里迢迢赶回家来的儿子吃到有缺陷的饺子,怎么办? 这个聪慧的母亲,居然从邻居那里讨要来了一支注射针管,调好了盐水,开始逐个给饺子"打针"。儿子回到家时,饺子也注射完毕。母亲煮好了饺子,让儿子尝尝饺子的味道如何。儿子尝了,连说"好吃"。这时候,母亲得意地举起那支针管给儿子看,向儿子夸耀说她可以将一个缺陷修复得让他察觉不出来。可是,儿子听着听着就哭了,他在想,这些年,他一个人在外面打拼,也曾吃过很多饺子,那些饺子,咸的咸,淡的淡,他都咽下去了,有谁,能像母亲这样在意儿子的口味? 为了让儿子吃到咸淡适宜的饺子,母亲竟想出了这样高妙的法子。吃着这样交织着母亲的爱与智的饺子,哪个孩子能不动容?

我多么欣慰,几年前,我将这样一个暖心的故事植入了孩子们的心田,我本不指望收获什么的,甚至以为那听故事的人很快就会将它淡忘了;但是,这个同学居然能把这则故事铭记这么久! 我相信,铭记着这则故事的人会珍惜母亲做的每一餐饭,会在寡淡的饭菜中品出一种难得的真味与厚味。母亲摆出一场爱的盛宴,只等着她心爱的小鸟来啄。幸福的小鸟啊,你无须刷卡,只管用欢畅的啄食来尽情享用这人间珍馐吧。

智慧锦囊

也许,让你给母爱下一个定义,你可能会觉得很难,但是母亲的每一个动作你都可以从中看到爱,每个母亲都有着把最热烈的爱悄无声息地藏在细节中的能力。

当我每天都用腾出的那只手牵住爱人的手时,我并没有感到自己身上增加了什么,但当我那只手骤然抓空时,我会觉得失去了很多很多……

腾出的那只手

◇王国华

和女友一块去逛商店,买了一大包东西,由我拎着,女友专心地挑选。回来的时候,在路口又看到一个卖西瓜的小摊。问问价钱,还挺合理。女友想买,我说别买了吧,你看我都快拎不动了。女友说。没关系,我帮你拎。

一个西瓜有七八斤重,我用左手拎着,所有的商品都加在一起也得有四五斤重,女友用右手拎着。当时我们都没有想到让我用两只手来拎。可是,当我们两个人很自然地把腾出来的手拉在一起的时候,我们才猛然意识到,原来我们让一只手承受超负荷的重量,仅仅是为了腾出另一只手来相牵相伴的啊!

听过这样一个故事,一个远居国外的男人,到邮局去给他的妻子拍电报,全文是:"亲爱的妻,我在国外很想你,祝你圣诞节快乐。"当他掏钱付款时,却发现身上带的钱差一点儿。于是他对邮局的小姐说,为了省钱,我可不可以去掉几个不必要的字?小姐说可以。但当她接过那位丈夫删改过的电文时,发现去掉了"亲爱的"三个字。于是邮局那个小姐说:"先生,你还是把'亲爱的'这三个字添上吧,钱由我来付。你不知道,这三个字对于一个女人来说到底有多重要!"

我一直深深地感动于这个故事的平淡。当我每天都用腾出的那只手牵住爱人的手时,我并没有感到自己身上增加了什么,但当我那只手骤然抓空时,我会觉得失去了很多很多……

智慧锦囊

真正的爱,时间久了就成了一种习惯,直到你们之间一个不经意的动作,被旁观者羡慕地说成是浪漫时,你才发现原来爱已融入了生活之中。

当爱不仅仅限于一个"爱"字时,那也许才是真正的爱。

刀 柄 之 爱

◇乔 叶

她很美丽。婚后数年依然美丽。她的婚姻似乎和她的美丽一样完全,让她无可挑剔。但是无论多么完全,日子久了,终究会变得平淡。平淡久了,也终究会厌烦。厌烦了一次就会有两次,有了两次就会有三次。当她厌烦到快要麻木的时候,她邂逅了一个丈夫之外的男人,那个男人似乎是一个全新的世界。

她决意离婚。

她终于告诉了丈夫。

丈夫久久无语。

冗长的沉默中,她拿出小剪刀开始修剪指甲。可是她的小剪刀有点儿钝了,不大好用。

"把你的剪刀给我用用,好么?"她说。

丈夫把剪刀默默地递给她。她忽然发现,丈夫递给她剪刀的时候,刀柄的方向是朝向她的。

"你怎么这么递剪刀呢?"她有点儿奇怪。

"我一直都是这么给你递剪刀的。"丈夫说,"这样就是万一有什么意外,我也不会刺伤你的。"

"是吗?"她说。心却忍不住轻轻一动:"我从来没注意过。"

"那是因为这太平常了。"丈夫静静地说,"我从没有说过。因为我一直以为这没有必要说——其实我对你的爱也是这样的。从我爱上你的那一天起,我就告诉自己说,要把最大的空间给你,要把最大的自由度给你。就像刚才递剪刀时把刀柄给你一样,把爱情的生杀大权给你,让你不会受到伤害——最起码不会从我这里受到伤害。也许这并不惊天动地,也并不轰轰烈烈,可这就是我的爱。"

"现在你的原则依然没有改变吗?"她问。心剧烈地颤抖起来。

"是的。过去这样,现在这样,将来也是这样。"丈夫说。

她垂下头,望着手中冰凉的剪刀,泪水汹涌而出。是的,丈夫一直是这么爱她的,丈夫给予她的一直是刀柄之爱。可她呢?

当她与那个男人分手时,那个男人不解地问她:为什么?

她没有回答——她觉得自己无法用语言来回答。

是的,有许多事情都是语言无法解释和面对的。比如说什么是真正的爱。真正的爱也许不仅仅是浪漫的相遇,热烈的吸引,醉人的蜜语和澎湃的激情,也许更应该是深广的宽容、细微的疼惜、淡远的关爱和无声的表达。这两种爱,一种像水面盛开的荷花,一种像水中穿行的青鱼。当荷花绚丽时,青鱼却在水中无声无息地游动;当荷花败落时,青鱼却还能带给你一串串鲜活的呼吸。也许当你倾心于花香满腹时,你从不曾注意到青鱼的存在,但是你一旦收回被诱惑已久的目光,你就会发现青鱼的气息已经充溢到了你的每一条脉络中。

当爱不仅仅限于一个"爱"字时,那也许才是真正的爱。

只要长有一双平常的眼睛,谁都可以看到水面的荷花。但是只有心长眼睛的人,才能看到水中的青鱼啊。

爱像空气一样，我们赖以生存，却常常忘了它的存在，直到爱将要走远，才在窒息中体验出爱已深刻到无法离开的地步。

如果人人都能慷慨地馈赠他人一份真情，那么我们眼下的日子里，又该增添多少奶酪一样的芬芳呢……

暖透一生的奶酪

◇崔修建

她曾暗暗地喜欢过他，但一向自卑的她，从未跟任何人袒露过这个秘密，只是把一份清纯的情感永远地压在了心底。

那时，她和他在那所教学水平极其落后的乡中学读书。她是他的前桌，但两人几乎没说过几句话，因为她那时平凡得实在是太不起眼儿了，成绩优异的他却一直是老师和同学心目中的焦点。后来，全班唯一考入县城高中的是他，自然他也是全班唯一一个大学生。再后来，他考上了研究生，去了美国。这期间，他和众同学几乎都断了联系。

初中一毕业，她便开始年复一年地侍弄那几亩责任田。20 岁那年，她听从父母的安排出嫁。她嫁的那个男人懒惰又好喝酒，且时常粗野地打她，打得她身上紫一块青一块的，让人看了心疼。

在一个炎热的夏日，她那喝醉了酒的男人，失足跌落到村外的一条小河里，溺水而亡。后来，她又嫁给了一个老实巴交的男人。安稳日子没过上一年，她的第二个丈夫又不幸在翻山抄近路回家时，被采石场突然炸响的哑炮掀起的石头砸中了太阳穴，连半句遗言也没留下，就匆匆地撒手而去。

这时，她已是两个女儿的妈妈，小女儿刚刚满月。守着两间破茅草房，加上一大摊子外债，日子窘迫得让她看上去比实际年龄要苍老 10 多岁。

村里有人背后说她命硬、克夫，她也惶惑：自己的命咋这么不好？怎么连一份艰难日子也不让自己支撑下去？

偏偏在这个时候，更大的不幸又降临到了她的头上——她被检查出患了严重的肝炎,医生叮嘱她一定要少干重活,还要抓紧时间治病,要不然,恐怕……面对那冰冷的诊断书,她欲哭无泪。

在那个飘雪的冬天,她木然地踟蹰在村边的冰河上,心冷得如拂面的凛冽寒风。是女儿那一声声急切的呼唤,让她揩去眼角的泪水,拖着沉重的身子走回家中,点燃潮湿的柴火,给漆黑的小屋添一份暖意。

这个春节该怎么过呢?无法挥去的愁绪缠绕在她的心头。

傍黑时分,村长大声嚷嚷着,给她送来一张寄自美国的贺卡。那是一张十分精致的贺卡,上面画了一块大大的奶酪,还有两行充盈着诗意的话语——真情如奶酪,芳香永远飘逸在岁月的深处。

哦,是那个不曾忘怀的他寄来的漂亮贺卡。他的一语简单的问候,宛若一缕温馨的春风,吹入她几欲绝望的心田。捧着贺卡,她的眼角一阵灼热——这么多年了,难得他还记得她这个同学,记得给这个藏在山旮旯里的"丑小鸭",送上一份真诚的关心和祝福。

"妈妈,这是什么?"4岁的大女儿指着贺卡上的奶酪问道。

"这是奶酪,很好吃的一种东西。"其实她也只是听说过,从未品尝过奶酪的滋味。

"那我们什么时候能吃到奶酪呢?"女儿的眼睛里闪着渴望。

"会的,我们会吃到奶酪的,妈妈一定让你们早点儿吃上奶酪。"她紧紧地把一双女儿揽在怀里,一个热烈的希望开始在心头荡漾。

没错,就是那突然而至的一张贺卡,那一语久违的问候,让她骤然感觉到被关切的温暖,感觉到眼前的生活远非自己想象的那样糟糕,还有很多美好的事情等着她去做呢。

一番思虑后,她拿出家中全部的积蓄——50元钱,买了两对种兔,开始圆一个大大的、又是真切无比的梦。她的勤劳和坚毅,终于感动了上苍。三年后,她成了全县有名的"养兔大王",100多平方米的大房子盖了起来,银行里的存款已突破了10万元,她的病也在北京彻底地治好了。

那天,她领着两个女儿,走进了省城的一家精品美食屋,第一次"奢侈"地买了两大盒奶酪,母女三人欢欣地品尝了起来。

真是味道好极了! 那股特有的芳香,只有她才能品味出来。

坐在布置得漂亮的卧室里,拧亮台灯,她再次打开他寄来的那张贺卡,轻轻地抚摸着那块诱人的奶酪,她眼睛湿润着,喃喃自语道:"谢谢,谢谢老同学,是你冬天里的那一句温暖的问候,才让我拥有了今天的这一切……"

数年后,他偶然地得知自己当年不经意地寄出的一张贺卡,竟然改变了她后半生的命运,他不禁深深地感动了,他决定:从此以后,一定想着时常给远方所有的朋友,都寄上一份真诚的问候与祝福。

这是我最近在回乡的列车上听到的一个真实的故事。在细细地品味时,我蓦然发觉:在我们平凡琐屑的生活中,多么需要那样濡染心灵的情感奶酪啊。如果人人都能慷慨地馈赠他人一份真情,那么我们眼下的日子里,又该增添多少奶酪一样的芬芳呢……

不管时间多漫长,空间多遥远,仍然不能阻隔人与人之间的真情,源源不断地传递爱和温暖,让我们在最孤寂的时候拥有向上的力量。

如何像豪猪一样寻找到一个合适的距离,不仅是爱的艺术,推而广之,它也是生存的艺术。

豪猪的启示

◇刘燕敏

前不久,读到这么一个故事。

寒冷的冬天,一群豪猪挤到一起取暖,由于它们身上都有很长的刺,它们在靠近的一刹那,不得不马上又分开。可是御寒的本能迫使它们又聚到一起,然而疼痛使它们又再次分开。这样经过几次反复,它们终于找到了相隔的最佳距离——在最轻的疼痛下得到最大的温暖。

不知怎的,读毕,竟使我想起柴可夫斯基和梅克夫人。

柴可夫斯基和梅克夫人是一对相互爱慕而又从来未见过面的恋人。梅克夫人是一位酷爱音乐、有一群儿女的富孀,她在柴可夫斯基最孤独、最失落的时候,不仅给了他经济上的援助,而且在心灵上也给了他极大的鼓励和安慰,她使柴可夫斯基在音乐殿堂里一步步走向顶峰。柴可夫斯基最著名的《第四交响曲》和《悲怆交响曲》都是为这位夫人而作。

他们从未见过面的原因,并非他们二人相距遥远,相反有时两人的居地仅一片草地之隔。他们之所以永不见面,是因为怕心中的那种朦胧的美和爱,在一见面后被某种太现实、太物质的东西所代替。

不过,不可避免的相见也发生过。那是一个夏天,柴可夫斯基和梅克夫人本来已安排了他们的日程,使得一个外出,另一个一定留在家里。但是有一次,他们终于在计算上出了差错，两个人同时都出来了，他们的马车沿着大街渐渐靠近。当两驾马车相互擦身而过的时候，柴可夫斯基无意中抬起头，看到了梅克夫人的眼睛。他们彼此凝视了几秒钟，柴可夫斯基一言不发地欠了欠身子，富孀也同样回欠了一下，就命令马车夫继续赶路了。柴可夫斯基一回到家就写了一封信给梅克夫人："原谅我的粗心大意吧！维拉蕾托夫娜！我爱你胜过其他任何一个人，我珍惜你胜过世界上所有的东西。"

在他们的一生中，这是他们最亲密的一次接触。

现在想来，柴可夫斯基和梅克夫人是在用距离创造美——创造迷人和朦胧，创造向往和动力。他们是聪明的，他们没有让欲念任意驰骋，而是把爱的欢乐放在与理性等距离的位置上，让它升华成崇高的品格，升华成完美的人性，升华成一个永恒的故事。

在现实生活中，距离就是这么神奇，它有时是一种盼望。在你远离所爱的时候，它让你归心似箭，日夜兼程。有时它又是一种拒绝，在你和你朋友或情人如漆如胶、缠绵悱恻的时候，它让你厌倦、让你呼吸短促。

有些人会把握距离，让它成为一道美丽的风景，使爱和友谊充满情致。

有些人从不知道距离为何物，时而把它装潢得天堂一般，时而又把它搞成人间地狱。

就女人而言，距离如火，它可以带给你温暖，也可以把你化为灰烬；就男人而言，距离如水，可以载舟，也可以覆舟；就爱而言，距离不再是空间意义上的长度，而是交往的层次和质量。如何像豪猪一样寻找到一个合适的距离，不仅是爱的艺术，推而广之，它也是生存的艺术。

智慧锦囊

爱的距离有时可以很近，犹如零距离，有时可能很远，恍若天涯，但最主要是看自己如何体会和感受，只要你觉得刚好，那么这个距离就是最佳。

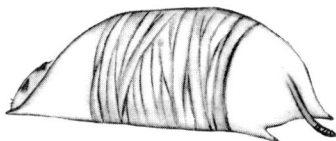

一生的职业

◇崔 浩

未结婚前，她就是一名成功的律师，接连打赢几场高难度的官司，一时之间声名鹊起，成为远近闻名的女强人。

正当事业如日中天时，她步入了婚姻的殿堂。丈夫很支持她的事业，她也理解丈夫的心情，第二年她就为丈夫生了一个儿子。虽然因此影响了事业上的进步，但一家人的亲情是任何其他东西无法换来的。她很满足，无怨无悔。

后来她又打出几场大手笔的官司，又一次创造了事业上的辉煌。有人预言，照此下去，不出5年她将成为国内众多知名律师中最杰出的一位女性。所有的人都相信这一点，并且认为这一天的到来只是一个时间问题。

没有人能预料到命运的难题会何时出现。儿子3岁那年，不幸患上了一种无法治愈且需要有人终生服侍的怪病。身为母亲的她悲伤难忍，放弃一切官司回家照看儿子。她带领儿子四处求医问药，渴望着奇迹的出现。一年过去了，所有的大医院和专家教授们都爱莫能助地摇头，他们的结论一致："没有药物可以治疗，只能寄希望于精心照料，用无微不至的爱和关怀来创造奇迹。"

许多人劝她放弃治疗，重新去当律师打官司，所挣的钱一定能够养活儿子和购买他所需要的一切。她坚决地摇头："儿子需要的不是钱，是母亲的爱和母爱陪伴他的时间，既然我把他带到人间，我就应该为他的一生一世负责。"她从此再没有接过一场官司，完完全全地成了家庭妇女。仍然陪儿子四处奔忙，仍然寸步不离儿子周围，一切都要靠自己动手。就这样，一个曾经叱咤风云的女律师很快转变了角色，成了一名彻头彻尾的母亲，一名标准的妻子。丈夫想代替她，她不肯；同行劝她出山，她不肯。许多人都替她惋惜，当年许多与她相去甚远的律师都成就了自己的荣耀，而她居然甘心舍弃一切唾手可得的功成名就而屈身于一个根本没有希望的儿子身上。

她不为众人的议论所动，也不为众人的不解做解释。许多年过去了，人们早已忘记了她当年曾是一名名震一时的律师。而她的儿子，克服了医学的极限超越了死亡的关卡顽强地长成了一名男子汉，并且以优秀的成绩考入了一所著名的医科大学。儿子立志要成为一名名医生，用自己的成就来弥补母亲当年的缺憾。

许多以前的同事来看她，都戴着这样或那样闪烁光环的帽子。她一无所有地坐在他们中间。又有人说出替她可惜的话来，她笑了，伸出双手说："我的双手都攥满了幸福，只是你们都没有看到罢了。世间最宝贵的是生命，我用一生的精力塑造了一个新生命，我为自己的成就而感到自豪。其实对于一个母亲来讲，任何工作都只是暂时的和外在的，只有一样工作是一生的职业，那就是爱孩子胜过爱自己。我始终明白这一点，我首先是一个母亲，然后才是一名律师或者别的什么。"

其实不仅仅一个母亲如此，对我们每一个人都是如此。在人世间，爱，也只有爱可以成为一个人一生中唯一的可以从事一生的职业。

智慧锦囊

在没有明白真相之前，你也许曾经取笑过自己的父母生活过得平淡无味，丝毫不懂得浪漫。你要记住的是你形容的一切都发生在你出生之后，事实上父母为了子女舍弃的远不止浪漫。

那杯清苦的莲子心水，已经在她心中穿肠而过，留下的点点滴滴，都是遗憾。

清苦莲子心

◇雪小禅

她是一个节目主持人，人长得漂亮，又有口才，很多男人喜欢着她。

而他就是一个普通的男人，骑着自行车上下班，能淹没在上下班的途中，没有什么奇特，但他是她的老公。

他们结婚三年了。她越来越红，他还是从前的样子。

他知道她是靠嗓子吃饭的，在她去上班的时候，他一个人在家，剥莲子，然后把莲子里的心抽出来，那细细长长的淡绿的小丝，可以泡成茶喝，他是给她剥的，因为她总是嚷嗓子疼。

之前，他给她吃过胖大海、金嗓子、草珊瑚，但她总说，不太管事，后来回老家，有人告诉了这个偏方，说泡水喝效果特别好。

而她总是应酬特别多，甚至回家和他吃饭的时候都少。她是明星，有无数男人追捧，送花的送车的送钱的，开始她碍着面子不收，时间长了，她觉得自己太委屈了，凭什么要穿得这么朴素，凭什么要嫁一个这样老老实实的人？

是的，他老实，甚至有些敦厚，和她的需要完全相反，但他疼她，逼着她喝那些莲子心的茶，又苦又清，她常常说，这么苦的东西！

但她嗓子却不怎么疼。她还是那么红，甚至有了隐情，她和一个老总好了，老总出手大方，先给了她一辆车，再给了一套房子，后来，她就常常夜不归宿了。

他没有和她打架，还是默默为她剥莲子心，把细细长长的心剥出来，已经好大一包了，放在茶几上。

有一次她回家拿东西，她看到他在那里坐着，屋里黑着灯，她开了灯问，你在干什么？

他在剥莲子。黑着灯他已经能熟练地剥了，她的心软软一动，但刹那间就掩盖过去了，和他在一起，她一辈子开不了车住不上大房子，他是个散淡的人，吃清淡的饭，过平常的生活，而她想轰轰烈烈，她想，他们的婚姻是一个错误。

她终于提出了离婚，搬家时，她只拿了自己的衣服，把房子和所有全留给了他，她想，就当自己补偿他吧。

下楼的时候他追过来，她停住，还要做什么？她以为他要死缠烂打，或者骂她，这样她心里也许会好受些。

但他递给了她一包东西，是他剥的莲子心，他说，你不要忘记喝，你嗓子不好，还指着嗓子吃饭呢。

她顺手放进包里，转身走了，她得快走，否则心会软下来，她明白他对她的好，可和现实的利益比起来，那包莲子心值多少？

分手后她却没有和那个老总结婚，老总根本就没有想离婚，她越来越痛苦，一个当红主持人做了这样不光彩角色，何况，老总并不专一，不久，老总又找了更年轻更漂亮的主持人。

她好久没有喝莲子心泡的茶了，嗓子肿了，还依旧在工作，没有人再给她泡一杯又清又苦的茶水了，她的嗓子终于坏了，领导让她去了二线；不久，很多人就忘记了她。

她也一个人了，比从前瘦了，没有了从前的风采，有人给她介绍对象，她摇头，也有男人追她，但她知道他们图得是她什么，要的是她的什么。

偶尔，她会想起他来，他还好吗？几年过去了，她早就忘记了他给的那包莲子心放在了哪里，有一次收拾东西，她翻了出来，一个旧包，包着那清苦的细长的莲子心。

她呆住,用滚开的水沏了一杯。

看着那细长的莲子心腾翻,看着它由一根干的长的小条变成绵软的碧绿的莲子心,她哭了。

喝一口,苦而涩。

再喝一口,已然清香,但那淡淡的苦依然在唇齿之间。

第三口,已经入了胃,化作百指柔,她伏在桌子上哭了起来——她早知他已经另娶,结婚生子,他的太太逢人就说,这样的男子是世上珍品。

是她,不小心丢了自己的爱,她以为的平淡应该是婚姻里最高的境界,她以为的清苦却有着绵长的幽香。

那杯清苦的莲子心水,已经在她心中穿肠而过,留下的点点滴滴,都是遗憾。

智慧锦囊

真正的爱情是无时无刻不为对方着想,默默地温润着对方。每天醒来都在爱的包围之中但感觉不到幸福,反而对爱熟视无睹的人,终有一天会因此被爱熟视无睹。

不知道父亲感没感觉到他曾错喊母亲为"妈",但是我深记着。

相爱的深度

◇栖 云

那时奶奶还健在。

奶奶是上个世纪出生的人,非常顽固亦非常守旧。比如她认为男人绝对不能做家务活,在家里绝对一手遮天,对媳妇绝对昂首挺胸等。这下,可难为了母亲。母亲还不到40岁,性情就烦躁得要命。她在中学里当班主任,免不了跟学生生气,回家又不舒服,活计又多,大大小小一家人挤在一间房子里,几乎没有透气的地方。当时的窘境可想而知。

记得有一次,奶奶到大伯家去串门。母亲家访很晚才回来,见到明晨的柴没劈,水没挑,里里外外乱糟糟的,脸色顿时阴暗。噼里啪啦一阵收拾之后,我觉得她该像从前那样尽快休息。可是不到半夜，我就被母亲的吵声惊醒，恍惚觉得她在跟父亲打架，并且听到母亲声称离开这个家。

父母的性格都不是我能左右得了的。我不敢吱声，躲在被窝里偷偷哭。我几乎觉得他们完了，因为从表面上讲，他们并不是般配的夫妻。母亲是个到城里念书的农村姑娘，从小失去双亲，家境贫寒，相貌也不出众；父亲则受过高等教育，出身名门，学识渊博，谈吐优雅。真不知道他们一见钟情之后的婚姻能有多少的魅力支撑？

父母吵嘴后，母亲的体质每况愈下。大概碍于奶奶，父亲也不好说什么，整日闷闷不乐。有一天，母亲在厨房烧晚饭，突然尖叫一声就昏倒了。顿时，鸡飞狗跳，慌作一团。一家人手忙脚乱将母亲抬到炕上，"妈，妈！"我急得大哭。父亲几乎懵了，也跟着乱叫："妈，妈。"他紧紧将母亲的头抱在胸前，完全失去了控制。

好在，母亲并无大恙。医生说只是身体虚弱、心理疲劳，一时晕厥。

之后很长一段时间，母亲的脾气依然暴躁，但是父亲却彻底改变。他尽可能多做家务，给母亲多多少少做点儿好东西吃，无论奶奶多么看不惯，他都对母亲呵护有加。奶奶去世后，他就片刻不离地服侍在母亲左右，什么念理传统全都抛到脑后。邻居有些笑话父亲太那个了，他却腼腆一笑说：自家的孔雀，当然需精心照料啦！

不知道父亲感没感觉到他曾错喊母亲为"妈"，但是我深记着。当一个男人在他妻子发生意外的时候吓坏了，快要急疯；在他妻子烦躁的时候不吭声，逗她乐；包容她所有的怒，所有的错；接受她的老，她的丑，与她牵牵扯扯的麻烦。我想那就是爱了。

是深不见底的爱。

我真为拥有这样的父亲自豪，他让我相信这世上存在爱情二字，并让我懂得怎样忘我地爱一个人。

智慧锦囊

有些爱情天天把"我爱你"挂在嘴边，却经不起时间的考验；有些爱情，从来没有说过"我爱你"，却能与人一直相伴到老。

婚姻其实很简单，它只不过是一个数学概念而已。

家　政　课

　　家政学校的最后一门课是《婚姻的经营和创意》，被聘请来兼任这门课的是
某婚姻问题专家。他走进教室，把随手携带的一叠图表挂在黑板上，说，在爱情
和婚姻方面，不存在老师和学生，年轻人可能爱得如痴如醉，花甲夫妇可能过的
戚戚哀哀。目前，有关婚姻方面的理论很多，然而真理很少，因此有很多人被搞
糊涂了。我研究婚姻几十年，起初也认为婚姻是世界上最复杂的一门学问，认为
它涉及心理学、社会学、伦理学，道德学；涉及精神分析、地缘理论、传统文化、民
风民俗。后来才发现，根本不是那么回事。婚姻其实很简单，它只不过是一个数
学概念而已。

　　说着，他掀开挂图，上面用毛笔写着一行字。

　　婚姻的成功取决于两点：一、找一个好人。二、自己做一个好人。

　　"就这么简单，至于其他的秘诀，我认为如果不是江湖偏方，也至少是些老
生常谈。"教授说。

　　这时台下嗡嗡作响，因为下面有许多学生早已是妻子或丈夫。不一会儿，终
于有一位30岁左右的女生站了起来，说，如果这两条有些没有做到呢？

　　教授翻开挂图的第二张，说："那就变成4条了。"

　　一、容忍，帮助。帮助不好仍然容忍。二、使容忍变成一种习惯。三、在习惯
中养成傻瓜的品性。四、傻瓜，永远做下去。

　　教授还未把这4条念完，台下就喧哗起来，有的说不行，有的说这根本做不
到。等大家静下来，教授说："如果这四条做不到，你又想有一个稳固的婚姻，那
你就得做到以下16条。"接着教授翻开第三张。

　　一、不同时发脾气。二、除非有紧急事件，否则不要大声吼叫。三、争执时，让
对方赢。四、当天的争执当天化解。五、争吵后回娘家或外出不要超过八小时。
六、批评时的话要出于爱。七、随时准备认错道歉。八、谣言传来时，把它当成玩
笑。九、每月给他或她一晚自由的时间。十、不要带着气上床。十一、他或她回家
时，你一定要在家。十二、对方不让你打扰时，坚持不去打扰。十三、电话铃响的

153

时候,让对方去接。十四、口袋里有多少钱要随时报账。十五、坚决消灭没有钱的日子。十六、给你父母的钱一定要比给对方父母的钱少。

教授念完,有些人笑了,有些人则叹起气来,更有甚者开始整理书包。

教授停了一会儿,说:"如果大家对这16条感到失望的话,那你只有做好下面的256条了。总之,二人相处的理论是一个级数理论,它总是在前面那个数字的基础上进行二次方。"

接着教授翻开挂图的第四页,这一页已不再用毛笔书写,而是用钢笔,256条,密密麻麻。教授说:"婚姻到这一地步就已经很危险了。"这时台下响起更强烈的喧哗声。不过在教授宣布下课的时候,有的人坐在那儿没有动,他们流下了泪。

智慧锦囊

每个人都是生活的责任人,都有责任演好生活的每一个角色。从对方的错误中找到自己的责任,是彼此相爱最好的方法。

每一个成就者的背后,其实都有着一双,或者更多双这样的手。

祷 告 的 手

◇澜 涛

《祷告的手》,这是一幅画的名字,更是真爱的名字。

丢勒和奈斯丁是一对好朋友,都是在奋斗中的画家。由于贫穷,他们必须半工半读才能够继续学业。可因为工作占去他们许多时间,两人的画艺进步很慢。梦想的遥遥难及撕扯着两个人。困惑了良久,两个人想出一个办法,决定以抽签的方式决定,一个人工作来支持彼此的生活费,另一个人则全心学习艺术。

丢勒赢了,得以继续学习。而奈斯丁则辛勤工作,供应两个人的生活所需。

不久,丢勒前往欧洲各城市学习,奈斯丁继续无怨无悔、任劳任怨地工作着,赚取着两个人的生活及奈斯丁的学习费用,守卫着自己的承诺。几年后,丢勒成功后,便按照两个人当初的约定找到奈斯丁,履行支持奈斯丁学习的协议。

可他发现，由于为了支持自己而辛勤工作，奈斯丁那双原本优美敏感的双手的手指已经僵硬扭曲，遭到终生的损坏，已经不能灵敏地操作画笔了。丢勒心痛如绞。奈斯丁却宽厚自然地笑着，他竟丝毫没有因为自己无法完成自己艺术家的梦想而难过，心中却尽是为朋友成功的兴奋。

这天，丢勒去拜访奈斯丁，发现奈斯丁正合着双手，跪在地上，安静而诚挚地为他做成功祷告。天才艺术家双眼潮湿，将朋友那双祷告的手画了下来。这幅画成为举世闻名的《祷告的手》。

我不是艺术家，不是画家，我无法评判那幅《祷告的手》的艺术造诣和价值。但我相信，一件作品能够穿越半个世纪的风尘和纷争，日久弥贵，这其中绝非其本身所具备的魅力。

那是一双怎样的手，我无幸看到。但我相信，那双布满斑驳、皱纹、僵硬的手的后面一定是一颗盛满挚真、无私和爱的心灵。

每一个成就者的背后，其实都有着一双或者更多双这样的手，值得那些有成就的人们铭记，也值得那些没有成就的人铭记。比如：慈母渐渐霜白的头发，父亲渐渐佝偻的躯干，爱人日渐衰老的面颊……珍惜我们的成功，包括通往目标路上的机会，因为我们的踏梦而行不只蕴聚着我们的汗水，还凝聚着很多身旁的人们的心血。

智慧锦囊

珍惜我们的成功，包括通往目标路上的机会，因为我们的踏梦而行不仅仅蕴聚着我们的汗水，还凝聚着很多爱着我们的人的心血。

有时候，爱不需要太多语言，只要一个个轻轻拥抱就可以了。

妈妈，让我抱一抱你

◇雪小禅

他感觉和母亲很远，也许真是大了，小的时候天天围绕在母亲的身边，如今娶妻生子，加上工作忙，他很少有时间回家。

但这次，他却必须回家了。

母亲病了，住院了，从医生的神态中他看出，母亲的病很重，而母亲也确实看上去十分憔悴，好像秋天棉花摘完了，就是光秃秃的杆了。

母亲的头发全白了，很小的人窝在白被子里，他虽然人坐在哪里，还在想着公司的事情，电话一个接一个，他的手机此起彼伏地响，母亲说，你要是忙就去吧，有护士呢。

他笑了笑说，没事的。其实他很想走，但他又从母亲的眼光中看出了留恋，他是家中独子，父亲又去世早，母亲一直没有再嫁，把他拉扯大极不容易，母亲现在需要他了，他真的不能离开，虽然呆在医院里一天他要损失几万块。

母亲要做各种化验，于是他有了任务，他要抱着母亲放在轮椅上，再把母亲放在检查台上，因为母亲已经虚弱到不能走路了。

那是他第一次抱母亲，他低下头去，然后抱起母亲，这一刹那，他突然想流泪。他抱过儿子，抱过妻子，全是为着他们撒娇让他抱，但他唯一没有抱过的人是他的母亲，没想到，母亲这样轻，不足90斤，身上的骨头都硌疼了他，母亲也很惊慌，说，你抱得动吗？抱不动我就一点点挪过去就行。

那个瞬间，母亲好像是有点儿羞涩，有点儿不好意思，但同室的人说，你儿子真好，让儿子抱着感觉怎么样？

母亲的眼睛就有些湿润，他的心微微颤抖着，赶紧抱着母亲到化验室，母亲的手紧紧勾着他，他知道，母亲是想让他省一些力气，其实无论怎么样，他都是要费这么大力气的，但母亲这个动作让他非常感动。

回来后母亲说，我这一辈子没有被男人抱过，儿子，你是第一个抱妈妈的人。

他忽然感觉有些难过，他总以为母亲老了，给她足够的物质生活就够了，而更多的爱，他给了儿子和妻子。妻子总是撒娇着让他抱，妻子很丰满，比母亲沉很多，但是，他很愿意妻子冲他撒娇的；可是抱了母亲他才知道，母亲，需要他的拥抱。

那一个月，他把母亲抱来抱去，后来母亲能走路了，可是还是故意让他抱，他就想笑，他想，母亲真是一个老小孩呢。

是从母亲的拥抱开始，他们母子开始交流，母亲开始给他讲小时候的故事，他也关了手机，静静听着母亲说话，母亲的精神一天天好了起来，大夫说，得这种病的人能恢复到这种程度真是个奇迹。

不久，母亲出院了，他又开始忙了，每天都那样忙，但周末的时候，他必然要回家，而回家后，他第一个动作就是拥抱一下母亲，因为他知道，母亲需要的不仅仅是金钱，更多的时候，母亲要的是子女的爱和温暖。

那个拥抱很简单，但母亲说，儿子的拥抱是我晚年最好的礼物，千金难得。

那是母亲在年夜饭的时候说的,说完,母亲悄悄哭了。他的儿子嚷着,奶奶,我也要抱你;他的妻子说,妈,我也要给您拥抱。

那是他吃过的最美最香甜的年夜饭,他从此明白,有时候,爱不需要太多语言,只要一个个轻轻拥抱就可以了。

如果母亲还在,那么,去拥抱自己的母亲吧。

　　幸福并不需要多么深刻,幸福,重要的是要有一个温暖的爱的回应。

餐桌上的米粒

◇李雪峰

　　那是一个十分贫寒的家庭,他也是一个十分普通的人。我们是十分偶然路过这个家庭,并且在那里经历了一顿饭的。

　　饭做好了,他从内屋扶出了一个虚弱的老头,还有一个银发稀疏、老态龙钟的老太太,他把老头和老太太扶到餐桌旁坐好,然后慈厚地笑笑向我们解释说:"这是我爹和我妈。"我们一起坐下来,围着餐桌开始吃饭,饭很普通,普通的蒸米,普通的水煮白菜和土豆丝。他边招呼我们吃菜,边一筷子一筷子地给老头夹煮得烂熟的菜帮,给老大娘夹一片一片煮得透亮的白菜叶,他不好意思地笑笑跟我们解释说:"他们老了,爱吃这个,却夹不住。"的确,那两位老人都很老了,枯瘦的生满褐斑的手有些微微地发颤,拿不紧的筷子经常掉到餐桌上,他有时把菜夹进他们的碗里,有时干脆小心翼翼地把菜喂给他们吃。两个老人不说话,像两个十分听话的孩子。

　　他笑笑跟我们说:"我们弟兄小的时候,他们也常常这样喂我们。"我们点点头说:"是呀是呀,我们很小的时候,父母都常常这样喂我们。"我们在和他说话的时候,心就隐隐地泛起了一些不安来,是的,我们小时候父母常常这样喂我们,可当我们长大父母老了的时候,我们像他这样耐心地喂过自己的父母吗?

两位老人的手颤得厉害,筷子不时掉落到餐桌上。他笑着,一次又一次不厌其烦地把筷子捡起来,轻轻地再递到两位老人的手中。随着老人筷子掉落的,还有许多洁白晶亮的米粒,那米粒像晶莹的玉屑,一粒粒在餐桌上闪着温温的玉玉的柔和光泽,每掉出一些米粒,那两位老人都无奈地轻轻笑笑,看得出,那是他们对自己苍老得不能稳稳夹住米粒的不好意思。他不说什么,心平气和地伸出自己的筷子,一颗又一颗地夹起那些散落的米粒,然后一粒一粒地送进自己的口中。偶尔他抬起头,看到我们有些惊讶的目光,他平静地解释说:"以前,当我还是孩子的时候,老人们也这样,争着捡我掉在桌上的米粒吃呢。"然后他又捡起几颗米粒,边轻轻地咀嚼,边轻声跟我们解释说:"人一老,就变成孩子了,我这样吃,爹娘会很高兴的。"果然,我们抬起头看那两位老人,他们都很幸福的样子,苍老的脸上流露出淡淡的满足的笑意,很舒心地看着他们正捡米粒吃的孩子,那神情,就像两个懵懂的孩子,正暖暖地望着自己的父母。这一刻,我蓦然相信了,这个远近闻名的种粮大户,他的确不是为了节俭几颗米粒,他是在节俭一些生活和心灵的恒久温情。

很多年了,每当我和自己年迈的父母坐在一起吃饭的时候,我的脑海里都会清晰地闪动着餐桌上那些晶莹剔透的米粒光芒,都会浮想起那个农人一颗一颗捡吃米粒的动人剪影,我坚决相信,那两位年迈的老人心灵是幸福的,因为,他们拥有一个捡拾他们遗落米粒吃的儿子,那是多么甜美多么幸福的一种亲情和爱的回应啊。

幸福并不需要多么深刻,幸福,重要的是要有一个温暖的爱的回应。

智慧锦囊

父母们为了儿女默默地奉献着自己的一切,直到双鬓霜白,他们从不求回报,而我们的回报也应该是一种习惯,而不是惊喜。

> 联合起来互相支援的生命,更加顽强、更加风光、更加持久、更加令人敬畏!

柳树和红杉树

◇蒋光宇

营口是个美丽而富裕的海滨城市,但也是退海之地,土壤中含的盐碱量较大。很多树种不适合在那里生存,因为树大根深之后,就开始吸收含盐碱较多的水分,不久便死去了。柳树耐盐碱的能力堪称营口之最,能在那里顽强地生存。柳树绿化美化了营口,营口的人们喜爱柳树,将柳树评为市树。

那一次罕见的狂风暴雨过后,路边好多长了几十年的大柳树被刮倒了。被刮倒的柳树很粗壮、高大,根系也很发达,但扎得很浅,只是沿着地表面向四周延伸、扩展。这大概是它们躲避盐碱伤害的本能,无疑也是经不起狂风暴雨袭击的根本原因。

看到了那些柳树,不禁想到了美国加州的红杉树。

在世上现存的各种植物中,最雄伟的,可能得数美国加州的红杉树。高大的红杉树约90公尺,相当于30层楼的高度。

科学家研究发现,越高大的植物,一般说来根也扎得越深;反之,根扎得不够深的高大植物,是岌岌可危的,只要一阵大风,就能将它连根拔起。但令人感到奇怪的是,红杉树的根只是浅浅地浮在地面而已。

为什么红杉树的根扎得很浅,却能长得如此高大,且能经得起狂风暴雨的袭击而傲然屹立呢?

科学家研究发现,高大的红杉树,往往共同生存在一大片的红杉林之中,很少有孤立而高大的红杉树。在一大片红杉林之中,红杉树根连着根,就像人与人之间手挽着手,肩并着肩,彼此支援,牢牢地固定在同命相连的土地上。自然界中再大的飓风,也无法动摇肝胆相照、荣辱与共、占地常常超过上千公顷的红杉林。除非飓风强大到足以将整块地皮掀起,否则,没有任何风力可以摧毁红杉林的生命。

尽管高大的柳树适应能力很强,但由于根扎得很浅且没有支援,结果还是被大风连根拔起。

更为高大的红杉树虽然根也扎得很浅，但由于红杉林中的红杉树根连着根，结果总能一次又一次地送走狂风暴雨，迎来彩虹天晴，任何大风对它们也无可奈何。

联合起来互相支援的生命，更加顽强、更加风光、更加持久、更加令人敬畏！

智慧锦囊

我们的世界并不孤立，大部分时候我们得不到回应，不是因为没有援手伸出，而是因为我们躲到了别人看不到的角落。一个成功的人总是能够主动寻求帮助和合作。

这一辈子最让他欣慰的是，他对富有的追逐，始终是基于对一种爱的感恩和报答。

这个世界的贫穷与富有

◇马　德

(1)一位叔叔领着侄子到北方某肿瘤医院看眼疾，由于手术费太高，无力承担，只好沿街乞讨。

某报记者获知此情况后，就他们的处境写了长篇报道刊发在报纸上，呼吁社会各界给他们叔侄俩以帮助。

没想到的是，这篇报道刊出的第二天，就有许多人来报社捐款。更没想到的是，竟有一个下岗工人，领着自己残疾的儿子来捐款。报社记者趁机采访这位下岗工人，问他为何在自己如此窘迫的情况下还要去救助别人。

那位下岗工人岁数并不大，但看起来苍老了许多。他只说了一句话，却让那位记者回味了许久：

穷人再拿出一点儿来，还是穷人，这是不会改变的。不同的是，当我看到被救助的人眉头舒展开的那一刻，我感觉到了自己内心的富有。

(2)腾格尔是慈厚的。

在那一晚的"艺术人生"节目里，坐在朱军旁边的，就是歌手腾格尔。或许，那天他感冒了，一边吸溜着鼻子，一边接受着朱军的采访。

人生锦囊全集

没有任何掩饰和矫情,腾格尔尽显蒙古人的性格,率直而又豪爽,有什么说什么。采访过半程的时候,朱军突然问他,假如,将来有一天,你没有了房子,没有了车,一无所有的时候,你怎么办?

腾格尔微微一笑,说:那我就回老家去,那里有一片牧场,在那里活着,不需要钱……

腾格尔的这句话给我留下了很深的印象。我想,如果这个世界上还有一方净土,不用为钱而拼争,不为物质所左右,能够活出心灵的自由,或许,只会是屋檐下端坐着母亲的那个老家。

(3)网上有一组震撼人心的照片,我选取其中的两幅。

其一是:安徽省临泉县城关镇刘老家村 11 岁的刘小环为了能上学,每天去给一家窑厂背砖坯,她每次背 16 块,重 40 公斤,走 140 米,只得 3 分 3 厘工钱。城里的孩子吃一次麦当劳,如果花去 33 元,刘小环要赚这些钱,就要背着 80 斤重的砖坯走 1000 趟,负重走 140 公里。

其二是:王致中,17 岁,在贵州以背煤为生。一筐煤 40 公斤,从煤坑向上爬 100 米,然后再走 1000 米山路,挣 1 元人民币。

我再把它写出来,并不想引起有钱人的悲悯,这两个孩子,靠自己的力量活着,即便艰难,即便卑微,但一样也顶天立地。

我只是想说,当你在温暖中花天酒地的时候,你要想着,还有人在寒冷中瑟瑟发抖;当你在事业上春风得意的时候,你要想着,还有人正在生活中苦苦支撑。

也就是说,你能时时刻刻保持着对这个世界细微的感知,而不至于变得冷漠麻木,就够了。

(4)一个富人在他的回忆录中写过这样一个故事。

有一天,他到远郊外去看一片空地,想在那里继续扩展他的房地产业。就在他将要返程的时候,他看到了一块坟墓。那是很简陋的一块坟墓,坟丘上荒草摇曳。墓前,立着一块石碑,碑上刻着 8 个字:不名一文,唯余快乐。

或许,就是这样的几个字给了他某种触动。回来后,他便宣布暂停了白己的事业,领着父母以及妻儿一大家人开始环球旅行。那一次的旅行,他除了领略到数不清的秀山丽水外,更重要的是,在愉悦中,他也安享到了内心中的许许多多胜景。

那一年,他刚刚 36 岁。

我坚持着把那本并不算薄的回忆录看完了,引领我把这本书看到最后的唯一原因是:那个富翁,是一个快乐的有钱人。

(5)他小的时候,常常被这样的情景煎熬着。

每到冬天,父母的哮喘病就犯了,趴在炕上起不来。家里没有钱用来买药,父母只好用身体硬抗着。一场又一场的剧烈咳嗽过后,汗水几乎都湿透了他们厚厚的棉衣。看着父母痛苦的样子,他在心底暗暗发誓,长大了一定要挣许许多多的钱,为父母买最好的药,医好他们的病。

然而,等他挣到钱的时候,等到他富有的时候,父母已经双双亡故了。

后来,他也有了自己的子女,他常常给他们讲自己小时候的故事,希望他们有所触动,但衣食无忧的子女们似乎并不懂贫穷的事情。再后来,他的子女们也有了属于自己的事业,而且越做越大。他知道,如果现在再和子女们谈小时候的事情,已经无济于事了。因为富有的脑袋里不可能再容得下贫穷的故事了。

他在晚年的时候,没有追随子女生活在都市里,而是回到了生他养他的故乡。他说,这一辈子最让他欣慰的是,他对富有的追逐,始终是基于对一种爱的感恩和报答。

也许,在他的心目中,那才是对金钱最纯净的仰望。

智慧锦囊

有人穷得只剩下钱,也有人幸福地说我虽然过得很清贫,但我有一个温暖的家。生活上的贫穷并不可怕,真正可怕的是内心的贫穷。

导播间里,那个女导播员已经泪流满面,她不知道,父亲执意要跟主持人说的,就是这么一番话。

老

◇王国华

电台直播间接到一个电话,彼端是一个苍老的声音:"我要点一首歌——《生日快乐》。"平时点歌的都是一些学生。没想到老年人也来赶时髦。女主持人感到很有意思:"老大爷,您要点给谁呢?""点给我自己。今天是我的生日。"主持人有点儿意外:"老人家,那您现在在哪里呢?""在家中——只有我一个人在家。"

哦,主持人明白了。这一定是个孤苦无依的老人。真不幸。

"好吧,一首《生日快乐》送给这位老大爷,虽然只有您一个人过生日,但现在所有的听众都在为您祝福。我们都是您的亲人。"主持人说话很得体。但是老人告诉她:"孩子,你误会了,我有孩子,一个儿子,一个女儿,他们都在这个城市里。"

什么？儿女都在一个城市里，居然不来为自己的父亲过生日！老人接着说："是的，他们都有不错的工作，但他们太忙了，女儿要加班，儿子要在一个重要会议上讲话，他们实在脱不开身子！"

"您真的是一个好父亲，这么理解他们。"

老人哽咽了："是的，我总是跟他们说——你们还年轻，一切应该以工作为重，把精力多用在自己的事业上吧。我一个人过惯了，没有问题。但是现在我不想这么说了。我是他们生活中的一部分，我不该把自己从他们的生活中割裂开来。即使他们事业上真的有了大成就，他们的人生也是不完整的。毕竟，总有一天，他们也会渐渐变老……"

导播间里，那个女导播员已经泪流满面，她不知道，父亲执意要跟主持人说的，就是这么一番话。她想好了，下了班，自己要马上赶回家。是的，时间还来得及。

智慧锦囊

我们聊天的时候，谈及工作、财富、友情、爱情、亲情哪个最重要时，很多人都会毫不犹豫地选择亲情，但在实际生活中，大家又不约而同地为了其他东西而首先忽略亲情。

他说，是在16岁的那一年，我在一位阿姨的帮助下，找到了灵魂的方向，她用自己的善良和宽容，为我赎回了走失的灵魂。

赎回你的灵魂

◇雪小禅

她睡到半夜，感觉到屋里进了人，很显然，不是丈夫，因为他去值班了，而每次回来，他都会先开灯，然后静悄悄地进来，到屋里抱一抱她，然后再睡。

因为长期失眠，睡觉对她是件困难事情，所以，总是家人睡去好长时间了她还没睡。

显然，那个人以为她睡着了的。

然后，她看到了一个身影，手里拿着刀。在四处找东西，那一刻，她大睁着眼,内心出奇地镇定,因为绝对不能喊,隔壁就是儿子的房间,一喊了,她和儿子就有了生命危险。

她看到那个贼把手伸向了她的首饰盒,那里面有一对玉镯,是外婆出嫁时的陪嫁,一直传下来,传给了她,是最好的鸡血玉。虽然不是价值倾城,也是她最珍爱的宝贝。

但她一直沉默着,直到贼离开。

然后她冲到儿子的房间,看到还在睡的儿子,眼泪就下来了,她知道,没有比自己儿子更珍贵的了。

然而想不到的事情发生了。

那个贼却被看门的保安逮住了——在他翻墙逃跑的时候,所以,他和两个保安又出现在她的客厅里。

灯光下,她看到了贼的脸。一张十分年轻的脸,脸上还有小小的绒毛,大概只有十五六岁的样子,眼神里全是恐惧。

保安问,这是你的镯子吗?

她答,是。

是这个贼偷走了,就在刚才。保安说。

她是知道的,她抬起头看了那个小偷一眼,那一眼让她呆住了,少年的眼里全是乞求原谅的眼神,甚至是恳求,甚至是绝望。

那一刻,她的心忽然柔软起来。

她有了新的决定。她说,你们放了他吧,他不是贼,那一对玉镯,是我给他的。

保安大吃一惊,而少年的眼里也全是惊讶,以为世界轮回,他不曾偷了人家的东西。

是我给他的。她坚持说。

这时,她看到少年的眼里全是泪水了。

保安刚走,那个少年,扑通就跪下了,阿姨,您为什么救我?

她笑了,淡淡地说,孩子,因为你的青春比那两只镯子值钱,我想用那两只镯子赎回你找不到方向的灵魂。

何况刚才我并不曾睡着,因为你手里拿着刀,所以,我没有喊,也是为了我自己的儿子。

那个少年,泪如雨下。

几年后,那个做过贼的少年考上大学,后来,还被评为市里的十大杰出青年。

记者采访他,让他说出自己的故事,他说,是在 16 岁的那一年,我在一位阿姨的帮助下,找到了灵魂的方向,她用自己的善良和宽容,为我赎回了走失的灵魂。

　　每个人难免会走一些弯路，这时，一句善意的提醒可能会影响我们的一生。我们现在仍然看到有很多人在弯路上越走越远，因为不是每个人都那么幸运。

　　从来没有想到，智慧也会如此美丽。它让我们慢慢麻木的心灵，在这个美好而机智的晚上，轻舞飞扬。

智慧的美丽

◇雪小禅

　　那天晚上看王小丫的《开心辞典》，我流了泪。

　　这不是一个煽情的节目，属于智慧型的节目，大凡不再爱琼瑶阿姨和金庸大侠的人才会喜欢，因为有一种真实和聪明在里面，还有那份期待和紧张。

　　但那个人感动了我。他的家庭梦想都是为别人，几乎没有自己一件东西，他有个妹妹在加拿大，妹妹有电脑没有打印机，于是他想得到一台打印机给远在加拿大的妹妹。王小丫问，那你怎么给妹妹送去？他说，我再要两张去加拿大的往返机票啊，让我的父母去送，他们想女儿了。听到这，我就有些感动，作为儿子，他是孝顺的，作为兄长，他是体贴的，这是多好的一个男人啊。

　　主持人也很感动，她问，那你为什么还要一台电脑给你父母？他说，因为父母很想念远在万里之外的妹妹，所以，他要给他们一台电脑，让他们把邮件发给她，也让妹妹把思念寄回家。

　　这就是他的家庭梦想，几乎全为了家人。主持人问，有把握吗？他笑着，当然。因为要答12道题，而每一道题几乎都机关重重，要达到顶点何其容易？答到第6题时他显然很茫然，这时他使用了第一条热线，让现场观众帮助他。结果他幸运地通过了，但他很平静，甚至有些沮丧，主持人很奇怪，因为别的选手早就欢呼雀跃了，为什么他这样平静？他答：他觉得很不好意思，为什么那么多人都会这道问题而他不会。这时我简直有点儿欣赏他了，这是何等冷静而自信的一个男人啊。

答题依然在继续，随着他答对的题越来越多，悬念也就越来越多了，人们也越来越紧张了，到最后一题时，我手心里的汗几乎都出来了，好像我是那个盼着得到一台打印机、两张往返加拿大机票和一台电脑的人，仅仅为了他的孝顺和对妹妹的宠爱，也应该让他答对吧。

最后一题出来了，居然是 6 选 1，而且是有关水资源的，我自以为算博学的了，看到这道题也愣了，我的心刷就凉了，完了。我想。

他静静地看着这道题，好久没有说话，他的父母也坐在台下，紧张地看着他，而主持人恨不得生出特异功能把答案告诉他一样。

这时他使用了最后一次求助热线，把电话打给了远在加拿大的妹妹。

电话接通了，他却久久不说话，对面的妹妹着急了，哥，快说呀，要不来不及了。因为只有 30 秒时间。

王小丫也着急了，快说吧，不要浪费时间了，这是你最后的机会了！

他沉默了一会儿，说了，妹妹，你想念咱爸咱妈吗？妹妹说，当然想。坐在电视机前的我着急了，天啊，这是什么时候了怎么还儿女情长的，难道他要放弃自己最后的圆满吗？我几乎都要生气了，怎么有这样冷静的人啊？怎么还说这些没边没沿的话？

他又说了，那让咱爸咱妈去看你好吗？妹妹说，那太好了，真的吗？他点头，很自信地，是的，你的愿望马上就能实现了。然后时间到，电话断了。

天啊，我一下子明白了，这道题他根本就会，答案早就胸有成竹！他只是想给妹妹打个电话，只是想把成功的喜悦让妹妹分享！

我的眼泪一下流了出来。为他的智慧，为他超乎常人的冷静和美丽。

果然他轻轻地说出了答案，我看出了王小丫的感动和难言，王小丫说，从来没有像你这样的选手。

是的，从来没有，像他一样的冷静和智慧，在最后的关头，在久久的沉默之后，给大家带来了满怀的喜悦。而在台下的父母，眼角也悄悄地湿了。

我从来以为只有"情"是美丽的，比如爱情、亲情、朋友之情，从来没有想到，智慧也会如此美丽。它让我们慢慢麻木的心灵，在这个美好而机智的晚上，轻舞飞扬。

智慧锦囊

亲情不会像友情一样天天带来相知的快乐，也不会像爱情一样让我们时常怦然心动，它更像一首悠远的歌，它可以冲破时间空间的阻碍，让两颗心紧紧地相拥。

> 我们的残酷，往往伤害的是最爱我们的人。比如，我们的父亲和母亲。

杨赤的家长会

◇乔 叶

杨赤是大连京剧院的一名京剧演员，曾经获得过梅花奖——这大约是一名戏曲演员在国内所能获得的最高奖项了。我曾看到过他和另一位著名京剧演员于魁智联袂主演的《将相和》，对他的钦佩无以言说。于是，一天晚上，当我偶然发现 CCTV 戏曲频道的"戏曲人物"栏目里正在播放姜昆对他的专访时，便一点儿不落地看了下来。

依我常见，人物访谈无非就是让别人说说自己的好，自己又说说别人的好，同时自己再拐弯抹角地说说自己的好。可杨赤似乎有些特别。他显然是个讷言的人，不太会表达自己。无论主持人再怎么启发，他也只是有一句说一句，像他在台上的道白一样简洁踏实。而他说的最长的一段话，则让我不由得落下泪来。

他说的是他的父亲。

"有一次，我和于魁智搭档演出。在一边等场的时候，我和魁智的父亲于伯伯站在一起。我知道每一次演出，只要是在北京，魁智都会把于伯伯请来看戏，每一次，于伯伯都喜欢站在边幕上看着魁智表演。

"那天不知道是怎么了，我很注意地看了看于伯伯的表情。突然间，我不会动了。我想，要是我的父亲还在，也能这样看看我，那该多好啊。

"可以说，长这么大，我只做过一件后悔的事情。那件事情，就是对父亲做的。

"小时候，我在大连艺校学习过 5 年。每学期结束，学校都要召开家长会，向家长们谈一下学生们的成绩和表现。每一次回家告诉父母学校里要开家长会的时候，我父亲都不做声。我知道他其实特别期待能够去参加这个家长会，特别希望能够听到我对他说：爸，你去吧。可我每次都没有这么做。每次我都是让妈妈去的。因为，他是一个瘸子，是一个残疾人。"

镜头定格在杨赤的脸上。他的表情无法形容。

"当时，可能是小孩子那种奇怪的自尊心决定着我不想让同学们知道我的父亲是一个瘸子。我觉得这很丢人。我想，其实父亲什么都知道，所以在那 5 年里,虽然他是那么渴望能去参加我的家长会,可他从没有主动向我提出过要求。而且,那5年里,他也没有进过艺校大门一步。"

然而,随着年龄的增长,这件事情在杨赤的脑海里却越来越清晰。父亲去世了,杨赤的痛楚也在心里扎下了根。"现在,只要一想起这件事情,我就觉得难过。只要儿子的学校开家长会,只要我在大连,无论多忙,我都会参加。"

我的眼前浮现出杨赤坐在教室里参加儿子家长会的情形。现在,他也是父亲了。而曾经,他那样对待过自己的父亲。他这么做,似乎是一种转移性的弥补,似乎又更像一种对往事的安慰。

我也有这样的后悔。

上师范二年级的时候,父亲患了重病。他就诊的医院离我们学校很近,每逢我去看他,他就会让我陪他散一会儿步。散步的时候,我总是绕开学校走。我不想碰到老师和同学,我怕他们看到父亲黑黄的病容。这让我觉得很没面子。后来,父亲去世了,我才发现这件事情自己虚荣得是多么愚蠢。可是,已经晚了。这件事情一直躲在心中最阴暗的角落里,我不知道该怎样把它挖去。

也许,不必挖去。也许,它能让我们警醒:有时候,我们并不像自己想象的那样善良。而且,我们的残酷,往往伤害的是最爱我们的人。比如,我们的父亲和母亲。

智慧锦囊

我们对外人的过错和缺陷总能保持大度和宽容,对亲人却吹毛求疵,在自己的虚荣心驱使下挥霍着这与生俱有的宝贵财富,在亲人远离的时候,才幡然醒悟,最后只好用余生来承受失去的悲伤和悔恨。

天才之路都是用爱心铺成的,并且在铺成这条路的爱心中,有天才自己的一颗。

天才是怎样造就的

◇刘燕敏

里约热内卢的一个贫民窟里,有一个男孩,他非常喜欢足球,可是又买不起,于是就踢塑料盒,踢汽水瓶,踢从垃圾箱拣来的椰子壳。他在巷口里踢,在能找到的任何一片空地上踢。

有一天,当他在一个干涸的水塘里猛踢一只猪膀胱时,被一位足球教练看见了,他发现这男孩踢得很是那么回事,就主动提出送给他一只足球。小男孩得到足球后踢得更卖劲了,不久,他就能准确地把球踢进远处的随意摆放的一只水桶里。圣诞节到了,男孩的妈妈说:"我们没有钱买圣诞礼物,送给我们的恩人。就让我们为我们的恩人祈祷吧。"

小男孩跟妈妈祷告完毕,向妈妈要了一只铲子跑了出去,他来到一处别墅前的花园里,开始挖坑。

就在他快挖好的时候,从别墅里走出一个人来,问小孩在干什么,小男孩抬起满是汗珠的脸蛋,说:"教练,圣诞节到了,我没有礼物送给您,我愿给你的圣诞树挖一个树坑。"教练把小男孩从树坑里拉上来,说,我今天得到了世界上最好的礼物。明天你就到我的训练场去吧。

三年后,这位 17 岁的小男孩在第六届世界足球锦标赛上独进 21 球,为巴西第一次捧回金杯。一个原来不为世人所知的名字——贝利,随之传遍世界。

天才之路都是用爱心铺成的,并且在铺成这条路的爱心中,有天才自己的一颗。

智慧锦囊

一个人可以穷得一无所有,但却不能没有爱。有爱做后盾,他就能保持昂扬的斗志,就算路途再艰难曲折,也会有力量爬到人生的任何一个高度。

这个世界上,没有一个生命可以孤立地活下去,只有在与另一个生命的相拥中,我们才能感受到生命最本质的温暖。

生命常常因相拥而美

◇马 德

由法国著名制片人雅克·贝汉拍摄的影片《微观世界》,记录的都是一些昆虫的故事,正是这些生活在我们身边并被我们所熟知的昆虫,给了我们心灵以太多的震撼。

有这样一个片断，让人经久不能忘记：

两只蜗牛，在一条路上相遇了。也许，这是一次美丽的邂逅。一只蜗牛伸出了触角，在另一只蜗牛面前舞动了一下，只是轻轻地舞动了一下，大概另一只蜗牛看出了它的问候，也伸出触角来，轻轻地舞动了一下。接着，最美的画面便开始出现了。一只蜗牛从坚硬的壳里探出身体来，另一只蜗牛也从坚硬的壳里探出身体来。初始的时候，它们尝试着一点儿一点儿接近，继而开始交错、重叠、缠绕。在明亮的光线照耀下，它们白亮而又晶莹剔透的身体很快便相拥在了一起。一会儿若即若离，一会儿又合而为一，像久别重逢的情人，又像他乡相遇的故交，或缠绵，或抚慰，或倾诉，或聆听，身体与身体相触，心灵与心灵融合，两个生命水乳交融地融合在了一起。

这个时间足足持续了几分钟，如果你也看过这部电影，一样也会为这至美的画面所叹服。是啊，当一个生命的个体冲破心的壁垒，不抱目的，不为私利，与另一个同样目的纯粹的生命个体相遇，乃至相拥时，生命就会焕发出了它原本纯净而绚丽的光芒。这个世界太多的生命活得太累了，为权利勾心斗角，为利益鱼死网破，忙着去争斗，去获取，却拿不出时间来与相知的人促膝交谈，与相爱的人深情相拥，最终憔悴在自己的心路上，从而让人生的里程缺失了生命最本质的光华。

相拥的生命是美的。一个小孩问妈妈，为什么电视里的叔叔和阿姨分别的时候要拥抱，回来的时候还要拥抱呢？妈妈说，那是因为要让对方感觉到自己的心跳。小孩又问，为什么要让对方感觉到自己的心跳呢？妈妈说，因为怦怦怦的心跳声里，藏着彼此的牵挂啊！

实际上，这相拥中，所包含的何止是牵挂啊，分别时的依恋，旅途中的思念，雨来时的焦躁，风停后的等待，无法割舍的关怀，绵绵不绝的爱，尽在这深情的一拥之中。爱可以让任何生命的宴席丰盛，同样，也可以让相拥的生命个体彰显出迷离的美来。

这个世界上，没有一个生命可以孤立地活下去，只有在与另一个生命的相拥中，我们才能感受到生命最本质的温暖。

智慧锦囊

生活中，许多人明知彼此都需要爱的温暖，但却又常常用无端的猜测将满腔的爱意冰封在坚硬的假面具后面。其实只要你付出真诚和善良，那你必定会赢得爱的共鸣，从而拥有温馨的收获。

第七辑　微笑是一种力量

　　幸福并不取决于财富、权利和容貌,而是取决于你和周围人的相处。生活中,一句问候,一份关怀,一个微笑,都将给你和他人的心中带来温暖,带来希望,使生活充满友爱、充满阳光。善意的微笑、真诚的理解,是生活中最美丽的智慧。

心灵无私,这是我们保持自身高贵的唯一秘密。

高贵的秘密

◇李雪峰

一个精明的荷兰花草商人,千里迢迢从遥远的非洲引进了一种名贵的花卉,培育在自己的花圃里,准备到时候卖上个好价钱。对这种名贵花卉,商人爱护备至,许多亲朋好友向他索要,一向慷慨大方的他却连粒种子也不给。他计划繁育三年,等拥有上万株后再开始出售和馈赠。

第一年的春天,他的花开了,花圃里万紫千红,那种名贵的花开得尤其漂亮,就像一缕缕明媚的阳光。第二年的春天,他的这种名贵的花已繁育出了五六千株,但他和朋友们发现,今年的花没有去年开得好,花朵略小不说,还有一点点的杂色。到了第三年的春天,他的名贵的花已经繁育出了上万株,令这位商人沮丧的是,那些名贵的花的花朵已经变得更小,花色也差多了,没有了它在非洲时的那种雍容和高贵。当然,他也没能靠这些花赚上一大笔。

难道这些花退化了吗?可非洲人年年种养这种花,大面积、年复一年地种植,并没有见过这种花会退化呀。百思不得其解,他便去请教一位植物学家,植物学家拄着拐杖来到他的花圃看了看,问他:"你这花圃隔壁是什么?"

他说:"隔壁是别人的花圃。"

植物学家又问他:"他们种植的也是这种花吗?"

他摇摇头说:"这种花在全荷兰,甚至整个欧洲也只有我一个人有,他们的花圃里都是些郁金香、玫瑰、金盏菊之类的普通花卉。"

植物学家沉吟了半天说:"我知道你这名贵之花不再名贵的致命秘密了。"植物学家接着说:"尽管你的花圃里种满了这种名贵之花,但和你的花圃毗邻的花圃却种植着其他花卉,你的这种名贵之花被风传授了花粉后,又染上了毗邻花圃里的其他品种的花粉,所以你的名贵之花一年不如一年了,越来越不雍容华贵了。"

商人问植物学家怎么办,植物学家说:"谁能阻挡住风传授花粉呢?要想使你的名贵之花不失本色,只有一种办法,那就是让你邻居的花圃里也都种上你的这种花。"

于是商人把自己的花种分给了自己的邻居。次年春天花开的时候,商人和邻居的花圃几乎成了这种名贵之花的海洋——花朵又肥又大,花色典雅,朵朵流光溢彩,雍容华贵。这些花一上市,便被抢购一空,商人和他的邻居都发了大财。

近朱者赤,近墨者黑。高贵也是这样,没有一种高贵可以遗世独立。要想保持自己的高贵,就必须拥有高贵的"邻居";要想拥有一片高贵的花的海洋,就必须与人分享美丽,同大家共同培植美丽。只有这样,我们才能保持自身的纯洁和华贵。

心灵无私,这是我们保持自身高贵的唯一秘密。

智慧锦囊

躲在自己的世界,谋求个人的私利,你的灵魂会越来越矮小,逐渐退化。灵魂之花,只有在相互付出的培育中,才能日益强壮、高贵。

如果在你的人生中也遇到过帮扶你的一双手,你并因此受惠的话,那不是你的幸运,那是生活对你的感恩。

生活赐予善念的奖赏

◇马　德

父亲19岁的那年冬天,一个冷风呼啸的晚上。

夜已经很深了,父亲一个人蜷缩在被窝里,就着昏暗的煤油灯光,正在看《三侠五义》,这时候,听到有人啪啪啪地敲门。

听声音,好像很急的样子。父亲以为是邻居,就胡乱地问了一声。没有回答。父亲又问了一声,谁呀?门外还是没有声音。父亲觉得有些蹊跷,打开门一看,父亲也吓傻了,刚才敲门的人,已经躺在了家门口,不能动弹了。

那年冬天,家里边只剩下父亲一个人看家。爷爷奶奶还有姑姑,都去后草地串亲戚了。凭感觉,父亲推测,这应该是一个过路人。父亲当时想,如果不让这个人进来的话,这一个晚上,无论他跌跌撞撞地倒在哪里,都有冻死的可能。然而,如果让他进来,这个人倘若有个三长两短,父亲肯定会受连累;而且这个人到底是什么来由,接下来会发生什么,真是谁也说不清楚。

然而,父亲还是把那个人抱到了炕上。那个人随身带着的,还有些箍碗、箍瓢盆的家具，父亲才知道他是一个箍匠，我们当地管这类艺人叫钉盘碗的。父亲把家里的几条棉被子尽数给他盖在身上，或者围在他的身体周围，然后父亲便坐在灶火膛前，为这个人熬起粥来。

炕上的人逐渐苏醒了过来，喝过父亲熬的粥后，精神也好了许多。看上去，他好像50多岁的样子，满脸的络腮胡子。他说，他本来要在今天晚上赶到小坝子的车马店的，结果被一道河水困住耽误了赶路，摸黑进了我们村，然后又冲着灯光，找到了父亲这里。父亲从他憨厚的话语中，知道他不是坏人，一颗警惕的心放松了下来。父亲说，太晚了，先睡觉，睡好了明天好赶路。结果，这个钉盘碗的说什么也不肯睡觉，把父亲家里有裂痕的盘盘碗碗找出来，就着煤油灯就开始箍钉起来。起初，父亲还一边看书一边陪着他，后来，父亲实在瞌睡得不行，昏昏沉沉地睡着了。

父亲再醒的时候，是在钉盘碗的尖叫声中惊醒的。父亲爬起来一看，外边火光冲天，钉盘碗的满脸惶恐，不断地重复，快，外边着火了，快，外边着火了。父亲胡乱披了些衣服就冲出了家门，只见外面火借风势，火苗蹿得很高，并且迅速蔓延着。我们当地的习惯，临街的墙外边，成堆成堆地堆放着秋天地里拉回来的庄稼秸秆，这样着下去，后果不堪设想。父亲叫醒了左邻右舍，大家有的挑水，有的扬土，有的搬开即将被烧着的柴火，人多力量大，火势渐渐小了下来，直至最后被扑灭。

后来发现，火是从春明家烧起的。春明的父亲说，本来他家的牛要下牛犊，他在牛圈里放了马灯，去睡觉了，后来马灯大概是被牛碰翻了才引起了大火。

第二天上午，那个钉盘碗的就上路了。听父亲说，后来他曾经又来过我们村一两次。再以后，就再没有他的消息了。

父亲总是给我们讲起这个故事，从我们懂事起就给我们讲，一直讲到他老。他不无感慨地说，如果那天晚上不收留那个钉盘碗的，一村子的人都沉在睡梦中，那火烧起来，烧成什么样，谁能知道呢。看来，这人啊，有时候也不知道哪双手要把你从水中拉上来，也不知道谁的吆喝要把你从火海中喊出来。

我逐渐地理解了父亲的感慨。是的，如果在你的人生中也遇到过帮扶你的一双手，听到过救命的一声吆喝，你并因此受惠的话，要明白，那不是你的幸运，也不是上天降临的恩赐，那是生活对你的感恩——是细心的生活，对你曾经萌动过的善念，以及曾经施过爱的心灵，给予的回报和奖赏。

智慧锦囊

生活是一条精确的乘法数学公式，你代入的品德是负面的，结果也是负面的；你代入的品德是善意的，你收获的物质必然也是善意而丰厚的。

用心灵给世界以温暖，世界就会给我们绽开温馨的花朵。

心灵的棉被

◇李雪峰

一个小和尚沮丧地跟住持说："我们这一寺两僧的小庙，如果想变得如您所说的庙宇千间，钟声不断，香客如流，那几乎是不大可能的事儿。"

披着袈裟的老僧只是闭着眼睛静静听着，却一声不语。

小和尚又絮叨说："每次我们下山去化缘，说起我们菩提寺，很多人都摇头说不知道这个寺庙，施舍给我们的香烛钱也往往少得不值一提，化缘得来这么少，什么时候我们这么小的菩提寺才能变成大刹名寺呢……"

披着袈裟默默诵经的老僧沉默了一会儿终于睁开了眼睛问小和尚说："这北风吹得真厉害，外边冰天雪地的，你冷不冷？"小和尚浑身打个哆嗦说："我早冻得双腿都有些麻木了。"老僧说："那我们不如早些睡觉好。"

老僧端着烛灯走到榻前，摸着冰冷的棉被对小和尚说："棉被也这么凉，睡一觉就暖和了。"一老一少两僧熄掉灯钻进了冰凉的棉被里。过了一个时辰，老僧忽然问躺在被窝里睡意蒙蒙的小和尚说："现在你的被窝里暖和了吗？"

小和尚说："当然暖和，就像睡在阳春暖融融的阳光下一样。"

老僧说："棉被放在床上十天半月都依旧是冰凉的，可人一躺进去，不久被窝里就变得暖洋洋的，你说是棉被把人暖了，还是人把棉被暖了？"小和尚一听，"扑哧"就笑了说："你真糊涂呀，棉被怎么能把人暖热，是人把棉被暖热的。"

老僧说："既然棉被给不了我们人温暖，反而要靠我们人用身体去暖它，那我们还要盖棉被做什么？光着身子睡，我们不就更暖和了？"

小和尚想了想说："虽然棉被不能给我们温暖，可厚厚的棉被可以保存我们的温暖，让我们在暖融融的被窝里舒舒服服地睡觉啊。"

黑暗中，老僧会心一笑说："我们撞钟诵经的僧人何尝不是躺在厚厚的棉被下的人？而那些芸芸众生们又何尝不是厚厚的棉被呢？只要我们一心向善向佛，冰冷的棉被会被我们暖热的。而芸芸众生的棉被保存着我们的温暖，这大千世界不就暖融融地如同我们的被窝这样舒服了吗？那我们还会有什么金殿金宇的梦不敢做的呢？"

小和尚一听，蓦然明白了。

其实，我们谁不是睡在大千社会棉被里的一个人呢？我们用心灵的火热去温暖这个世界，世界就为我们永驻了一个暖阳蕙风的春天。

用心灵给世界以温暖，世界就会给我们绽开温馨的花朵。

一切可以宽容的过错，都应当尽量给予宽容。给人玫瑰花的手上，常有一缕芳香。

帮 人 藏 丑

◇蒋光宇

我国一家公司与外商洽谈一项业务。我方经理与谈判人员进入会客室时，外方代表与他的女秘书已在会客室等候。当双方握手时，我方经理发现，那位外商代表的脸颊上，有一弯鲜红的唇痕。这显然是个不雅的印记。

对方的女秘书也发现了那脸颊上的唇痕，焦急地屡屡使眼色暗示。但那位外商代表毫无察觉，并不理会。当时的情景十分尴尬。

我方的经理灵机一动，连忙道歉说："真对不起，一份资料落在办公室了，我们回去一下。请稍候。"话音刚落，我方全体人员心领神会地退出了会客室。

当我方人员重新返回会客室时，外商脸颊上的唇痕已经无影无踪了。此次谈判出乎意料地顺利，这很可能是外商代表对我方帮其藏丑的一种回报吧。

楚庄王绝缨得士的故事，是帮人藏丑的美谈。

春秋时期，楚庄王携光彩照人的爱妃盛宴百官。正当饮得兴高采烈之际，蜡烛燃尽，宴请陷入一片黑暗。楚庄王高呼："快拿烛来！"

此时有人乘着黑暗，拉了拉爱妃的衣袖。爱妃大为恼火，心想是谁这么大胆，竟敢调戏楚庄王的爱妃？她急中生智，把那人的冠缨扯了下来，然后气愤地告诉了楚庄王。

楚庄王转念一想，这很可能是酒后失态，终于压住了一触即发的怒火。于是，他趁着黑暗高声地下令："今天我请大家喝酒，谁要是不扯掉冠缨，就表示他喝得不痛快，不高兴！"结果大家全都扯掉了冠缨，丢得满地都是……

过了三年，晋国与楚国交战。楚庄王率军五次与晋军交战，发现总有一员武将冲在最前面，舍生忘死地英勇奋战。楚军大获全胜后，楚庄王召见那位武将，对他说："我没有什么了不得的德行，又未曾特别关照过你，你为什么出生入死地为我作战呢？"

那位武将不好意思地说："为臣罪该万死，过去酒醉失礼，被大王的爱妃扯下了冠缨。大王为臣下遮掩，免去了祸灭九族之罪，臣下怎么能不报答大王的恩德呢？"

人非圣贤，孰能无过？在各种各样的过错中，有原则的，也有非原则的；有可以原谅的，也有不可以原谅的；有偶尔的，也有一贯的等等。对于各种各样的过错，是不能不区别对待的。一切可以宽容的过错，都应当尽量给予宽容。给人玫瑰花的手上，常有一缕芳香。在帮助别人藏丑的同时，很可能也帮助了自己，提高和强大了自己。即使自己得不到回报，当别人需要帮助藏丑的时候，也应当毫不犹豫、不声不响地伸出有力的援助之手。帮人藏丑不是姑息纵容。帮人藏丑是为贵珠出病蚌，美玉出丑璞创造转化的条件，是化丑为美，化害为利，化消极为积极。这不仅需要善良和智慧，而且需要胸怀和勇气。

智慧锦囊

宽容意味着理解和通融，宽容是人际关系的融合剂，是友谊之桥。宽容不仅是对别人的理解，也是对自己的帮助，它不仅能帮你赢得朋友，还会帮你赢得未来。

> 哪怕没有任何优势，只要能够保留着善爱的心灵，就拥有了茂盛成风景的种子。

为别人撑开雨伞

◇澜　涛

那个下午，不停的雨让人的情绪低落得很。一位老妇人走进匹兹堡的一家百货公司，漫无目的地闲逛着。售货员们都看出了她并不想购买什么，看过一眼后，就都自顾自地忙着去整理货架上的商品了，以免被老妇人打扰。一名年轻的男店员看到老妇人后，立刻上前礼貌地和老妇人打招呼，询问老妇人是否有需要服务的地方。老妇人坦率地告诉年轻店员，自己只是进来避避雨而已，并不打算买任何东西。年轻店员听了，微笑着对老妇人说，即便如此，她仍然很受欢迎，年轻店员陪老妇人聊起天，回答着老妇人的一些问题，老妇人离开的时候，年轻店员将老妇人送到街上，替老妇人把雨伞撑开……老妇人向年轻店员要了一张名片就径自走开了。

当年轻店员已经忘记了这件事的一天，他突然被公司老板叫到办公室，老板将一封信递给他。信是那天到公司避雨的老妇人写来的，老妇人要求这家百货公司派这名年轻店员前往苏格兰代表该公司接下装潢一所豪华住宅的工作，当年轻人接下这项交易金额数目巨大的工作后，才知道，这名老妇人是美国钢铁大王卡耐基的母亲。

年轻店员重新返回公司后，立刻被晋升。

哪怕没有任何优势，只要能够保留着善爱的心灵，就拥有了茂盛成风景的种子。为别人撑开雨伞吧，撑起的可能就是自己的一片景致。

智慧锦囊

善意的微笑是一种出自内心、不求回报的真诚。不怀心机、持之以恒地输出你的善良，是一种永恒的美丽，也许某一天它会给你带来始料不及的惊喜。

> 当我走出囚室、迈向通往自由的监狱大门时，我已经清楚，自己若不能把悲痛与怨恨留在身后，那么我其实仍在狱中。

宽恕别人就是爱自己

◇林 夕

诺贝尔和平奖获得者、南非黑人领袖纳尔逊·曼德拉是一位国际政坛的风云人物，他一生都致力于反对政府种族歧视政策、推进南非民主进程的斗争，并因此遭到当局监视而被捕，在度过了长达27年失去自由的监禁生活后，1990年2月10日，南非政府宣布无条件释放曼德拉。

已是72岁高龄、两鬓斑白的曼德拉，走出监狱的第二天，即投入到自己钟爱并为之奋斗一生的为争取民族独立和解放的运动中，并在南非首度不分种族的大选中获胜，成为南非第一位黑人总统。有5万人参加了就职典礼。就职典礼后，曼德拉设宴招待各国特使、来宾，他先致词欢迎大家的到来。他说，他深感荣幸能接待这么多尊贵的客人，但他最感到高兴的是当初他被关在罗本岛监狱时，待他以礼的三名前狱方人员的到来。接着，他邀请他们站起身，一一介绍给大家。

在场的人无不为之感动。这些人中，有一位就是美国特使团成员、当时身为第一夫人的希拉里。由于受白水案牵连而接受美国司法部门调查、不时遭受媒体攻击的希拉里问曼德拉，如何在激流险壑、风云变幻的政治斗争中，保持一颗博大、宽容的心？

曼德拉意味深长地看了她一眼，以自己获释出狱当天的心情回答了她。他说："当我走出囚室、迈向通往自由的监狱大门时，我已经清楚，自己若不能把悲痛与怨恨留在身后，那么我其实仍在狱中。"

曼德拉还告诉希拉里，感恩与宽容经常是源自痛苦和磨难的，必须以极大的毅力来训练。自己年轻时性子很急，在狱中学会控制情绪才活下来。他的牢狱岁月给他时间与激励，能够深入自己的内心，学会处理遭逢的苦痛。

曼德拉博大宽宏、乐观向上的精神深深地感动了希拉里，她暗暗告诫自己：要试着像曼德拉那样，以宽宏的精神处理生活中遭逢的苦痛。1998年8月的一天清晨，当她的丈夫、美国总统克林顿向她承认自己和莱温斯基有过不当亲密关系时,她愤怒得像一头狮子,冲着他大吼大叫。回忆当时的心情,希拉里在回忆录中这样写道:如果仅作为他的妻子,我真恨不得扭断他的脖子。但他不只是我丈夫,他同时也是美国的总统。无论如何,他领导美国与国际社会的风范依然让我敬佩。

就像我们知道的那样,希拉里最终宽恕了自己的丈夫。她以常人难以想象的毅力控制住自己的情绪,像往常一样投入到工作中,利用工作、假期旅游、向朋友倾诉、阅读和散步等方式抚平内心的伤痛,化解难言的愤怒,重拾起生活,投入到自己所热爱的事业中去。

再没有什么比失去自由和被自己所爱的人背叛更痛苦的了! 身为女人,如果能够选择的话,我宁愿不要希拉里那样的荣耀,也不愿经历她那样的痛苦。但是,谁又能保证自己永远远离痛苦呢! 在我们的一生中,快乐和痛苦经常是交替出现,交换作用。所以当痛苦袭来时,我愿意试着像他们一样,把悲痛与怨恨抛在身后,乐观地向前。不是为别人,而是为自己。因为,人的心也是一所监狱,如果深陷其中无法自拔,成为自己的囚徒,这才是最大的痛苦啊!

宽恕别人,就是最深地爱自己。

智慧锦囊

不容别人犯错,会令自己沉湎在被背叛的痛苦中,也会令身边的人因愧疚而离开你。宽恕,既给了自己释然的理由,也给了别人赎罪的机会。

一个懂得时时、处处尊重别人的人,自然会赢得别人加倍的尊重。

可贵的尊重

◇崔修建

那年秋天,揣着一张普通大学的本科毕业证,他跟着一群硕士和博士去竞争某跨国公司的两个驻外营销员职位。几番考试下来,他已明显地感觉到——自己的综合实力的确逊色于同去的许多对手,成功之门不可能向自已敞开了。

最后一轮考试结束,他和众应聘者走出那栋漂亮的办公大楼,走在洒满阳光的小径上,有几位考得很理想的应聘者已是满面春风了,他却落寞地垂头走在后面。

没走出多远,小径正中间出现一个衣衫褴褛的乞丐,伸出一双脏兮兮的手,向他们这群西装革履的求职者乞讨。

"去去去,别在这里煞风景了。"有人不耐烦地挥手。

"远点儿站着!没钱。"有人厌恶地呵斥着。

"就这么挣钱,也太容易了吧?"有人丢下一句嘲讽。

也有把头偏向一旁快步躲避过去的,也有动了恻隐之心的,从兜里掏出一元两元钱扔到地上,便昂头走过去的……

在形形色色的目光和言语的包围中,那位乞丐前倾着身子,一脸的沧桑和漠然无以掩饰。

他走到乞丐跟前,停下来,微笑着把手伸进了衣兜,但他立刻窘住了——因为早上走得太匆忙,他忘带钱包了,又是临时换了一套新衣服,翻遍身上所有的口袋,他也没有找到一分钱。

他满脸带着歉意,很坦诚地把手伸过去,在那个乞丐惊愕中,握住了那只沾满油泥的手,愧疚地说道:"对不起,我忘带钱了。"

"不,小伙子,我要永远感谢你,你给了我比金钱还宝贵的东西,你是我行乞这么长时间以来,遇到的第一个懂得我也在乎尊严的人。"一瞬间,几滴浊泪竟模糊了那位乞丐的双眼。

一周后,他惊讶地收到了那家大公司的聘用通知,得到了那份梦寐以求的工作。

他带着疑虑,问负责招聘的人为何录用了并非十分优秀的他。对方笑着答道:"你就是很优秀的营销人选,因为你懂得尊重别人,无论他的身份、地位如何卑微,你都能平等相待。"

原来,那天在小径上发生的一幕,也是公司精心组织的一次考核。

数年后,已是那家大公司营销部经理的他,激动地给我讲完当年应聘的经历,真诚地补充道:"坦率地说,也是经历了那场考试后,我更加懂得了尊重他人的重要性,懂得了'给人一缕阳光,会拥有一轮太阳'的那句话,说得多么有道理。"

没错,送人玫瑰,手上会留有余香。一个懂得时时、处处尊重别人的人,自然会赢得别人加倍的尊重;无论是在潮起潮落的商海中,还是在日常的人际交往中,予人以尊重,都远远不止是一种美德。

懂得尊重身份地位比自己高的人,是一种世故。懂得尊重身份地位与自己持平的人,是一种礼貌。懂得尊重身份地位比自己低的人,是一种美德。

没有人拒绝微笑,且这种执著的微笑精神往往通向成功的道路。

没有人拒绝微笑

◇马国福

单位位于闹市区,上班时间经常有小商小贩乘门卫不注意的时候偷偷溜进办公大楼,推销商品。有时当我们专心致志地工作时突然有商贩敲门,有的甚至不敲门直接推门进来推销商品,打扰我的工作,让沉浸在材料中动脑筋的我头疼不已,十分反感。

有一天,一个小伙子敲门走进我们办公室,用格式化的语言礼貌地说道:"对不起,打扰一下,我是某某某公司的驻地代表,请问你们是否需要电脑清洁纸巾?如果需要我们可以给你们优惠。"见多了形形色色上门推销的商贩,专心工作的我们对此并不感冒。一位同事说:"你好,我们不需要你的产品,不要扰乱我们的工作秩序,上班时间不容许推销商品,请你离开好吗?"深受其扰的我们一脸不悦给他冷冰冰的脸色。

他并没有沮丧,带着微笑温和地说:"不买也可以啊,容许我给你试一下产品好吗?"还没等我们同意,他很快拿出一包纸巾擦拭我们电脑有污垢的部位,动作十分投入认真娴熟,但埋头工作的我们并没有买他的账。见状后他还是礼貌地说了声:"对不起,打扰了,再见!"

片刻,他又来了,他说:"你们领导说了,需要这种产品,请你考虑考虑好吗?"一个同事开玩笑地说:"领导需要就让领导买去,我们不需要,请你还是走吧!"同事的话没有一点儿商量的余地。他并没有因为我们的冷漠而放弃可能赢得的希望,努力详细地介绍他所推销的产品的性能和好处。最终忙于工作的我们谁也没有理睬他，我们看来他很自讨没趣，但是他施出浑身解数推销。无论他怎么游说，我们没有一个人动心。他还是微笑着离开了。

第二天早上一上班，他又来了。还是一样的诚恳、一样的期待，我们一样的冷漠、一样的脸色，很坚决地拒绝了，并明确告诉他如果再来打扰我们工作，我们就不客气了。让我纳闷儿的是不论我们对他有多么讨厌、冷漠、拒绝，他脸上始终洋溢着笑容，没有一点儿不悦的表情，微笑着进来，微笑着离开。我在想，如果我遇到这样的情况，肯定早已放弃了。

第三天他还是来了，但得到的还是同样的遭遇。我们以为吃了几次闭门羹的他会放弃，第四天不会再来了。没想到的是第四天他又出现在办公楼内，考虑到单位电脑较多，我们答应买他300多元的产品，前提是他必须拿出正规有效的发票否则不予购买。他的发票是上海市的，尽管有水印，但财务人员不在，我们不能确定发票真伪。最终我们明确告诉他不要了，请他到别处去推销。他眼里闪出一丝希望的光芒，连声说谢谢，微笑着告退。

第五天他仍然来了，出乎意料的是他不但带了价值300元的产品，还带了税务部门的发票鉴定证明！我们买下了他的产品。他临走时我一改往日的冷淡热情地问："我真的服了你，难道你就没想到过放弃？有何秘诀？"他一脸阳光，给我一句掷地有声的话："没有一块冰不被阳光融化！没有人拒绝微笑，就这么简单。谢谢，我走了。"

我愣住了，想想也是，我们给他太多冷漠冰霜，但是最终被他的执著融化了。

没有人拒绝微笑，且这种执著的微笑精神往往通向成功的道路。

智慧锦囊

微笑是一种传染病。对别人微笑，对生活微笑，他人和生活都会用微笑回报你。没有人会对善意和微笑免疫。

即便城市四通八达的盲道被闲置，即便饭店里的盲文标志没有人去触摸，它们的存在也是有充分理由的。

爱心不会闲置

◇张丽钧

我每周都准时收看央视"新闻"频道的《本周》节目，这是一档附加着哑语解说的充满着人文关怀的节目。有一次，我和一个朋友一道收看《本周》节目，突然，他指着那个哑语解说员说：看这比划劲儿的，纯粹是多此一举！你说现在这究竟是怎么了？满街筒子补肾的广告，好像全中国人民都有了肾虚的毛病；播新闻你就好好播吧，整哪门子哑语呀？好像全中国人民都耳背似的。哼！

我说：你说的这两件事是不可以相提并论的。满街筒子的小广告确实碍眼，应该整治，但是，在节目中加入哑语解说绝对是件好事。不知你留意过盲道没有，反正我留意过。自打这座城市里修建了盲道，我就从来没有遇见过真正的盲人在上面走，可这却不能成为我们反对修建盲道的理由。你知道吗？在美国的许多饭店，都特别设计了方便盲人使用的盲文指示标志，据说，有不少饭店自从修建了这些标志之后就从来没有迎来过一个真正的使用者。那些东西成了地道的摆设。

你可能要说，这不是浪费吗？

我不这么认为。

我的学校曾有过一个在大地震中失去了右臂的学生。他最怕上体育课和实验课，终日里落落寡合。更糟糕的是，有些调皮的同学还会没深没浅地跟他开玩笑。有一天，政治老师来上课，她点了四个同学的名字，让他们到讲台上去完成一道练习题。首先，她让大家把自己的外套脱掉，同学们便嘻嘻哈哈地脱了；老师又命令他们穿好，他们也照办了。老师又说：现在，请你用一只左手把外套脱掉再穿起来。他们笨拙地完成了。然后，老师又说：请你们不要用自己的双手将外套脱掉再穿起来。他们面面相觑。半晌，才有一个同学恍然大悟地去帮着邻近的同学脱外套。受到了他的启发之后，他们互帮互助，顺利完成了任务。末了，老师说：从某种意义上讲，我们每个人都是残疾人——在我们的婴儿时期，我们的大脑与四肢几乎都处于残障状态，我们需要人来抱，来喂，来帮助；等到我们老了,我们的大脑和四肢又有可能陷入残障状态,痴呆,偏瘫,活动受限,这些疾患威胁着我们。同学们,你们看,今天的我们有多么幸运,趁着我们还健康,趁着我们还有足够的时间和能力去帮助那些需要帮助的人,我们就应该多做一点儿啊!

从那以后,那个班的同学都争着抢着去帮助那个失去了右臂的同学,爱护他,善待他,让他充分感受到了班集体的温暖。

所以我想,在某一个时刻,即便没有失聪的人收看《本周》,即便城市四通八达的盲道被闲置,即便饭店里的盲文标志没有人去触摸,它们的存在也是有充分理由的。就像那位令人敬佩的政治老师苦心设计的练习题一样,它们要以自己的存在唤醒人们也许已然麻木的爱心。当然,设若它们在某一时刻曾为哪怕是一个残疾人提供了必要的服务,我们也要说,那是一种加倍实现了其自身价值的伟大存在。

智慧锦囊

　　急救车不常用,但却有存在的必要,一次营救,能拯救一条生命。爱心不常用,但每一次的施爱能令他人感受到生活阳光的温暖。

　　他有些诧异,不知道顾客到底要干什么。只见顾客对他微微一笑说:"来,我帮你。"

来,我帮你

◇马　德

　　这个冬天似乎格外的冷。一场大雪过后,风也愈发的凛冽了。今天出不出摊,他有些犹豫。这么冷的天气,应该不会有多少出摊的鞋匠吧。这样想过之后,他摇出轮椅,出现在了街道的转弯处。平素,这里聚集着不少的鞋匠,而今天却空落落的,没有一个出来。他找了一个僻静的位置停下来,简单地整理了一下钉鞋的器具,静等着顾客的到来。

　　然而整个上午,街上冷得连个人影都没有。或许真的没有什么人来了,他往向阳的地方靠了靠,他本想暖和一下就回去,就在这时候,一辆自行车在他面前停了下来。

　　来人递过来的是一双皮鞋，鞋底与鞋帮的粘接处裂开了一个长长的口子。问题不大，他拿过来，便开始按部就班地缝起来。而来的那位顾客，则紧裹了大衣，坐在他对面的长凳上，一边等，一边看着他。

　　也许是那天的天气太过寒冷，也许是那只鞋底太过密实，也许是他的技术还不够过关，第一针就给他出了个大难题，针尖探出鞋底之后，无论他怎么引，那针也引不过来。他有些着急，一来他不想让顾客在寒风中等得太久，二来他也不想在顾客面前露出他的窘态。可是，他越是着急，那针却像故意和他作对一样，死死的，钉在那里不动。

　　长时间暴露在风中的手，开始冻得哆嗦起来，这让他穿针引线的动作愈加笨拙，也更加没谱了。他几乎都不知道该怎么办了，尽管他还在不断地努力着，但心里已经是纷乱如麻了。他不想放弃，然而顾客会不会放弃呢，顾客能不能多等自己一会儿呢？他一边忙乱，心里一边惴惴地想。

　　顾客终究还是开口了，伸出一只手说："把鞋给我吧。"

　　他赶紧说："很快就好，很快就好。"

　　顾客接着说："还是给我吧。"听得出来，顾客的语气很坚决。

　　"不，我行。很快就会好的。"他连连地重复着这句话。

　　这次，顾客并没说什么，而是一把把他手中的鞋"抢"了过去，虽然动作并不大，但那一刹，他的心里猛地一抖，一种说不出的滋味在他的心底弥漫开来，说不清是耻辱还是愤怒。

　　然而，顾客的手只在空中一划，便不动了。他有些诧异，不知道顾客到底要干什么。只见顾客对他微微一笑说："来，我帮你。"说完后，顾客伸出另一只手，双手紧紧攥住鞋底，示意他集中全力去对付这根嵌在鞋底里"顽固"不动的针。

　　直到这时，他才恍然明白顾客的意思，看着对方真诚而充满着善意的脸，以及一样裸露在风中的通红的手，他有些抑制不住内心的感动，想说什么，但最终没有说出口。

　　或许因为有了一个人的配合，或许是突然得到了某种鬼使神差的力量，总之，在顾客的帮助下，鞋匠穿、引、拽、拉，几乎没费什么周折就把剩余的活干完了。

　　末了，顾客从上衣口袋里掏出2元钱要给他，他一把挡了回去，说："要是没有你，这鞋还未必能缝得上……"他有些哽咽，没等他说完，顾客还是生生地把钱塞给了他，连声说："你也不容易，你也不容易……"

　　那天，鞋匠格外认真而又小心地把这2元钱折叠起来，紧紧地掖在了靠胸口的衣兜里。

　　就在一年前，正值青春年华的他在一次事故中残了双腿，他几乎丧失了活下去的勇气,他被人生的不幸笼罩着。虽然,在这期间,他和别人学会了钉鞋的技艺,但仍未从低迷的人生阴影中挣脱出来。那天,是他第一次上街摆摊钉鞋,然而就是那一天,他却幸运地遇上了这样一位素不相识的顾客。

在这之后,他认认真真地做了二十几年的鞋匠。他从来不和顾客讲价钱,甚至更多的时候,他并不要顾客的钱。所有熟悉他的人都说,那个鞋匠真是个好人,不但善良热情,而且总是想着力所能及地去帮助别人。大家谈到他的时候,都叹息着说,人活到这个份上了,还有这样一副热心肠,真是不容易啊。

人们也许并不知道,若干年前那个冬天的早上,陌生顾客的那一句"来,我帮你",像一盏明灯,点亮在他暗淡的心房里,让深陷在人生困境中的他感受到了爱的温暖,同时也让他看到了生活的光亮和希望。也就在那一天,他懂得了,生活中,一双帮助的手,一句暖和的话,在别人看来可能并不起眼,然而对在生活的阴霾中活着的人来说,却是最熨帖的抚慰,最可人的温暖,最贴心的激励,最温情的拯救。而做到这些,不需要你拥有多少金钱,也并不需要你有多高的权位,只要你在这个人最无助的时候,热情地说:来,我帮你。

智慧锦囊

伸出关爱之手,帮助困窘中的别人,也许能使人度过最艰难的瓶颈。这不仅仅是一种美德,还是一次心灵的洗礼,在温暖中人们很容易找到人生存在的理由。

人生是有很多机会的,只要抓得住,也许那个成功的人就会是你。

不放过擦身而过的每一次机会

◇雪小禅

一次去开笔会,遇到一个我心仪很久的作者,我说你写得真是太好了,每次看你的文章都会感动良久。

他说,知道吗?如果不是写字,也许我就是一个小木匠,或者进了监狱也说不好。

我很吃惊,为什么?

15 年前,我是一个 14 岁的少年,顽劣而调皮,不只是调皮,我还偷东西,同学们有什么值钱的好玩的好吃的东西全会让我偷了来,我名声极坏,在社会上有一帮小哥们,一起打架,非常的不可救药,我父母对我无可奈何。我父亲就是一个小木匠,在村子里名气很大,为我偷东西他快打折我的腿了,但我却怎么也改不了这个坏毛病,看到好东西手就痒痒,父亲说中学毕业后就跟他去做木活算了,学,是不能再上了。

到初二的时候,我们换了班主任,是刚毕业的一个女大学生,很漂亮,梳着短发,脸上有几粒很生动的雀斑,总爱穿一条红裙子,班里的男生都很喜欢她,我一直以为她很讨厌我,所以,并没有因为她的到来而有所改变。

一次,我又偷了前桌女生的一个转笔刀,她爸爸从上海给她买来的,十分漂亮,是我们小城没有的,女生指桑骂槐地骂着:谁偷了我的转笔刀就会把手烂掉。我无所谓地看着窗外,那些话对我不起任何作用,但老师过来了,她看着我,静静地看了几秒钟,然后对我前桌的女孩子说,不能说他偷吧? 也许他就是拿去用用明天就还回来了呢?

我的眼泪差点儿下来。从前的老师总是把我叫到办公室逼我,然后指着我的鼻子骂道:早晚有一天你要进监狱的。

但她却这样委婉地解释着,我的心柔软起来,第二天早早地去了,把转笔刀放回了她的铅笔盒里。

那件事情成了我的一个转折点,我再也不偷了,因为她说她相信好孩子变好了就不想再变坏了。

她教我们语文,我开始喜欢她,上她的课我全神贯注。有一次作文课,她让我们写秋天,我刚好看完杂志上一篇写秋天的,就几乎一个字没有动抄了给她。

没想到她拿到班里当了范文,她说,希望我继续努力,因为她说我是很有希望的。

那一刻,我心里热热的,14 年来,没有人认同过我,她是第一个,而我却欺骗了她。

但我无比地认真起来,作文成绩一天好似一天,16 岁的时候,我的文章登在《少年文艺》上,我把那本杂志第一个就给她送去,她笑了,然后鼓励我,好孩子,有一天,你会成为一个作家的。

多年以后,我真的成了一个作家,爱上了文学和写作,是从她的一次鼓励开始,我开始了自己的努力,原来,很多事情,我也可以做得到。

偶尔的一次我去看她,却无意间发现她也有那本我抄过文章的杂志。原来,老师一直都知道是我抄的,但她不愿意放弃对我的鼓励,她深深地知道,对一个孩子的鼓励要比对她的批评效果好上一千倍。

听完这个故事我很感动,那个美丽的中学女教师,用她善良而宽容的心把一个浪子唤了回来。而这个作家告诉我说，是老师给了他机会，而他自己没有放过这次擦肩而过的机会。

人生是有很多机会的，只要抓得住，也许那个成功的人就会是你。

智慧锦囊

　　关爱，不必在乎时间，也不必在乎对象。关爱是一种习惯，它从来就不会放弃每一个人，它总在不经意中传达发自内心的体恤，这些小小的关爱，具有改变人一生的力量。

　　画出你的对手美，画出你的敌人美，这才是一个人能成为杰出画家所必需的天赋和胸怀，这样的画家才会有前途，才具有成为画坛大师的天赋。

善良，是成功的天赋

◇李雪峰

　　美术大师要选一个年轻人做他丹青事业的关门徒弟，前来参试的人很多，经过几轮严格的淘汰赛，只剩下两个年轻的画家：一个是从美院刚刚毕业的，他的作品已多次参加各种画展，并且获得了不少的奖项，实力确实不俗。另一个年轻人则是刚从乡村来的，他酷爱绘画，画出了不少上乘之作，自学成才，备受画坛所称道。

　　大师说："你们两位的作品我都看了，难分伯仲，各有千秋。现在我只看你们各自的美术天赋了。"大师让他们俩各自为对方画一张白描画像，两个年轻人听了，立刻支好画板，迅速观察对方画起来。乡村来的这个年轻画家想，画人，一定要抓住一个人美的形态，把一个人的美和心神的美完美地结合起来，使被画的对象更美，于是他就不停地观察对方所具有的美的特质，一笔一画地谨慎给对方画像。对方的额头较窄，他就把他画饱满些；对方的眼睛较小，他尽可能把它画大些，使它更具熠熠神采。

　　而从美院刚毕业的这位年轻画家就不同了，他暗暗思索：对方现在是我唯一的竞争对手，把他画得太美，无疑将对自己不利，不如略微把他画得丑

189

一些,这样对于向来喜欢洁净、纯美的大师来说,自己就不知不觉中多了一份胜算。于是,他就着意渲染对方脸盘的粗糙,着意渲染对方脸上那个不太明显的痦子。

两个年轻人都很快画好了,应该说来,这两幅作品都是他们难得的得意之作。他们把各自的作品交给大师,心怦怦地跳着等待大师的评判。大师拿起两幅画又再三瞧了瞧这两个实力都着实不俗的年轻人,最后大师对从美院刚刚毕业的那个年轻人说:"很遗憾我们两个没有师生的缘分。"这个年轻的画家很不解,问大师为什么这么快就做出了选择,大师叹了一口气说:"从事美术创作需要一种天赋,那就是从平凡中发现美,渲染美,不管他是你的敌人还是你的竞争对手,你都要观察和着意表达他的美,不能因为其他的因素而掩盖对方的美。画出你的对手美,画出你的敌人美,这才是一个人能成为杰出画家所必需的天赋和胸怀,这样的画家才会有前途,才具有成为画坛大师的天赋。"这个年轻人明白了,惭愧地背起自己的画板低着头走了。

是的,不管他是你的对手或朋友,也不管他对你有什么潜在的敌意,用你宽容的心去客观地看待他,用你的善良去仔细发觉和渲染他那一点点的美,那么你就拥有了一种生命博大的气度,你就拥有了一种成为伟人的天赋。

心灵的善良,往往是一个人人生成功的最大天赋。

智慧锦囊

生活不缺乏美,也不缺乏发现美的目光,缺乏的是一份清澈的心灵。
面对竞争对手,仍然能无私地赞美对手的美,这才是对美的真正理解。

此后她时刻都把他的这句话记在心上,她开始试着用微笑来面对身边的一切。

微笑是一种力量

◇王国华

在进入这个家具公司之前,她先后干过不少工作——承包过农田,搞过运输,倒卖过袜子,还卖过雪糕。但是,都没有挣到钱。这是个离异的女人,没有年龄优势,长相不出众,学历也低。但是她必须到外面去谋生,孩子还小,两个人的生活重担都压在了她的身上。就在这种情况下,她应聘到这家由新加坡人投资的家具公司当工人。

最初同意留下她的是那位领班(相当于班长),他是个复员军人,为人很正直。领班负责湿板库,她则在这个库里干些杂活。她很珍惜这份工作,除本职工作外,她还尽量干些力所能及的分外活。半年后她被转为正式工人,工资由500多元涨到800多元。有一次,一个木材商因为木料验收问题和他们的老板发生了激烈争吵,最后甚至要撕破脸皮,法庭相见。她在领班的推荐下,介入了这件事,最后把它处理得很完善。她也由此得到了老板的赏识,并发给她300元奖金。

这件事过去后,她很是高兴了一会儿,但马上又被悲观的现实拉回到愁眉苦脸的状态中——需要补充的是,她在这个家具公司工作了一年多时间,基本上就没有露过笑脸;而且,天天穿着那套老旧的工作服,即使是下了班也懒得脱下来,就更不要提打扮和化妆了。那段时间她的生活真是一团糟。

后来,领班荣升为公司的经理助理。在大家的眼中,他留下的领班这个位置非她莫属了,但是很意外地,经理助理提议让另外一个人来顶替他的空位。她有点儿疑惑地接受了这个结果。一天,他把她叫去,对她说:"你怎么每天都没有笑容呢?"她说:"就咱们眼前这些活儿还需要笑吗?"他忽然显得严肃起来:"还真让你说对了,依我看,确实是干什么都需要笑。你要是会微笑,干同样的活儿,你就能比别人省不少力气;相反,如果天天绷着脸,取得同样的成绩,你就要比别人多付出劳动,因为你的呆板损害了你的努力——我们之所以把领班这个位置安排给另外一个人,就是因为她比你乐观。有时候,微笑也是一种力量啊……"

身边的人讲出来的道理,有时候要比从书上读到的那些东西更容易让人接纳。此后她时刻都把他的这句话记在心上,她开始试着用微笑来面对身边的一切。许多老朋友见了她都说她跟以前不一样了,其实她的生活状态并没有变化,变化的是她的内心。

这是一个真实的故事。她现在过得怎么样已经不再重要,但我们可以想象的是,以后,她的生活轨道将沿着另外一个方向伸展……

智慧锦囊

微笑的人常常容易成功,因为微笑对机会具有永恒的亲和力和吸引力,并且能帮助我们积聚其他爱的力量,推动我们前行。

> 充满关怀的人类之爱,是真正永不磨灭的运动员精神;所创的世界纪录终有一天会被继起的新秀突破,而这种运动员精神永不磨灭。

竞争的典范

◇蒋光宇

1936 年的柏林,希特勒对 12 万观众宣布奥运会开始。希特勒要借世人瞩目的奥运会,证明雅利安人种的优越。

当时田径赛的最佳选手是美国的杰西·欧文斯。但德国有一跳远项目的王牌选手鲁兹·朗,希特勒要他击败杰西·欧文斯——黑种人杰西·欧文斯,以证明自己的种族优越论——种族决定优劣。

在纳粹的报纸一致叫嚣把黑人逐出奥运会的声浪下,杰西·欧文斯参加了四个项目的角逐:100 米、200 米、4×100 米接力和跳远。跳远是他的第一项比赛。

希特勒亲临观战。鲁兹·朗顺利地进入了决赛。轮到杰西·欧文斯上场,他只要跳得不比他最好成绩少过半米就可以进入决赛。第一次,他逾越跳板犯规;第二次,他为了保险起见从跳板后起跳,结果跳出了从未有过的坏成绩。

他一次一次地试跑,迟疑,不敢投入最后的一跃。希特勒起身离场。

在希特勒退场的同时,一个瘦削、有着雅利安人种湛蓝眼睛的德国运动员走近杰西·欧文斯,并用生硬的英语介绍自己。其实他不用自我介绍,没人不认识他——鲁兹·朗。

鲁兹·朗结结巴巴的英语和露齿的笑容,松弛了杰西·欧文斯全身紧绷的神经。鲁兹·朗告诉杰西·欧文斯,最重要的是取得决赛的资格。他说他去年也曾遭遇同样的情形,只用了一个小诀窍就解决了困难。果然是个小诀窍,他取下杰西·欧文斯的毛巾放在起跳板后数英寸处,从那个地方起跳就不会偏失太多了。杰西·欧文斯照做,几乎破了奥运纪录。

几天后决赛,鲁兹·朗率先破了世界纪录,但随后杰西·欧文斯以些微优势胜了他。

贵宾席上的希特勒脸色铁青,看台上情绪昂扬的观众倏然沉静。场中,鲁兹·朗跑到杰西·欧文斯站的地方,把他拉到聚集了 12 万德国人的看台前,举起他的手高声喊道:"杰西·欧文斯! 杰西·欧文斯! 杰西·欧文斯! "看台上经过一

人生锦囊全集

阵难挨的沉默后,突然爆发出齐声的呼喊:"杰西·欧文斯! 杰西·欧文斯! 杰西·欧文斯!"杰西·欧文斯举起另一只手来答谢。等观众安静下来后,他高高举起鲁兹·朗的手,声嘶力竭地喊道:"鲁兹·朗! 鲁兹·朗! 鲁兹·朗!"全场观众也同声响应:"鲁兹·朗! 鲁兹·朗! 鲁兹·朗!"

没有诡谲的政治,没有种族的歧视,没有金牌的得失,没有狭隘的嫉妒,选手和观众都沉浸在君子之争的感动之中。

杰西·欧文斯创造的 8.06 米的跳远纪录保持了 24 年。他在那次奥运会上荣获 4 枚金牌,被誉为世界上最伟大的运动员之一。

奥运历史在将杰西·欧文斯载入史册的同时,也将鲁兹·朗载入了史册。

多年后杰西·欧文斯回忆说,是鲁兹·朗帮助他赢得四枚金牌,而且使他深深地感受到:充满关怀的人类之爱,是真正永不磨灭的运动员精神;所创的世界纪录终有一天会被继起的新秀突破,而这种运动员精神永不磨灭。

在各种竞争日趋激烈的今天,更有必要弘扬这种竞争的典范。世界是一个宏伟的竞技场。竞争有建设性和破坏性之分,有高尚和龌龊之别。竞争不仅是竞技实力的较量,而且更是人格实力的较量。人人都可以在竞争中奋力拼搏、夺取胜利,但必须与人为善、老老实实地遵守竞争的规则。推动自己和他人前进的力量,推动民族和人类前进的力量,不只是竞争的力量,还有互助、友爱和善良的力量。

智慧锦囊

真正的竞争不是一场厮杀,不是鱼死网破,残酷只是一个表象,它最核心的是对自己保持着高昂的自信,同时也不吝惜给对手一个祝福的微笑。

消除仇恨,多些友爱,用善意的心灵与世界对话吧,爱是世界的回音壁。

爱是世界的回音壁

◇马国福

有个青年他总是愤世嫉俗,由于在学习、生活、工作当中他遭遇了许多误解、仇恨、挫折,他的性格和理想得不到别人的理解,渐渐地他养成了以戒备和仇恨的心态看待他人的习惯。在压抑郁闷的环境中他很苦恼,感觉整个世界都在排斥他,他度日如年,几乎要崩溃。

他有一种强烈的发泄欲望。多年来这种念头一直缠绕着他,他想在自己所处的环境发泄,又担心遭遇更多的伤害,他一直压抑、克制着自己的这种念头。越是克制他越烦恼。他因此寝食不安。

有一天,他为了散心,登上了一座景色宜人的大山。他坐在山上,无心欣赏幽雅的风景,想想自己这些年遭遇到的误解、歧视、仇恨、挫折,他内心的仇恨像开闸的洪水一样,他大声对着空荡幽深的山谷喊道:"我恨你们! 我恨你们! 我恨你们! "话一出口,山谷里传来同样的回音——"我恨你们! 我恨你们! 我恨你们! "他越听越不是滋味,又提高了喊叫的声音。他骂得越厉害,回音更大更长,扰得他更恼怒。

就在他再次大声叫骂后,从身后传来了"我爱你们! 我爱你们! 我爱你们! "的声音,他扭头一看,只见不远处寺庙里一方丈在冲着他喊。

片刻方丈微笑着向他走来,他见方丈面善目慈,便一股脑说出了自己所遭遇的一切。

听了他的讲述,方丈笑着说:"晨钟暮鼓惊醒多少山河名利客,经声佛号唤回无边苦海梦中人。我送你四句话。其一,这世界上没有失败,只是暂时没有成功。其二,改变世界之前,需要改变的是你自己。其三,改变从决定开始,决定在行动之前。其四,是决心,而不是环境在决定你的命运。你不妨先改变自己的习惯,试着用友善的心态去面对周围的一切,你肯定会有意想不到的快乐。"

他半信半疑。表情很复杂。方丈看透了他的心思,接着说道:"倘若世界是一堵墙壁,那么爱是世界的回音壁。就像刚才我们的回音,你以什么样的心态说话,它就会以什么样的语气给你回音。爱出者爱返,福往者福来。为人处世许多烦恼都是因为对外界苛求的太多而产生的。你热爱别人,别人也会给你爱;你去帮助别人,别人也会帮助你。世界是互动的,你给世界几份爱,世界就会回你几份爱。爱给人的收获远远大于恨带来的暂时的满足。"

听了方丈的话他愉快地下山了。

回去后他以积极、健康、友爱的心态对待身边的一切,他和同事之间的误解没有了,没有人和他过不去,工作上他比以往好多了,他发现自己比以前快乐多了。

消除仇恨,多些友爱,用善意的心灵与世界对话吧,爱是世界的回音壁。我们友善的声音定会被这回音壁演奏成世上最美妙的乐曲。这美妙的乐曲定能给我们平和的心灵带来更多的快乐和收获。

有时不是生活辜负了我们，而是我们误解了生活。生活只是一面镜子，当你对着它哭，你看到的生活充满泪水；当你对着它笑，呈现出的就是幸福。

孩子，谢谢你，谢谢你按照心灵的指引，为每一个尊贵的名字加冕；谢谢你用纯美的眼神，矫正我看世界的视线。

尊贵的名字

◇张丽钧

那是一次难忘的笔会。主办单位准许每个与会者带一名家属，于是，原本只有十几个人参加的会议一下子拥有了三十多个与会人员。

刚好凑满了一车。大家一路欢歌，去风景佳绝处犒劳眼与心。

身边坐着的，有好几位都是用优质的精神食粮喂养过自己灵魂的名家。为了这次幸运的相逢，也为了留下一份恒久的纪念，我脱下旅行帽，请各位老师签名。我的儿子也仿效了我的样子，脱下帽子，请大家一一签名留念。

到了饭店，我和儿子交换帽子，欣赏对方邀来的珍贵签名。我惊奇地发现，我儿子帽子上的签名远比我的丰富。仔细看看，原来，他让那些名家的爱人、孩子也一个不落地全都签了名！

突然心中黯然，感觉自己输给了孩子。

真的，我怎么就没有想到让名家的家人也来签个名呢？我的眼睛，只管瞄着那些"重量级"的人物，忽略了那些我叫不上名字来的人，我不知道他们原来也是愿意在一顶帽子上欢快地留下一点儿墨痕的。

笔会结束回到家，我举着两顶帽子给我家先生看，我说："很显然，现在，儿子这顶帽子比我这顶帽子有价值。我感觉自己好笨，竟不懂得生活在名人身边的人其实是更有看点的。"我家先生让儿子逐个读他帽子上的人名，并讲清这些人谁和谁是怎样的关系。我没想到，儿子在介绍了几位作家之后，居然念出了两个我听起来十分陌生的名字。我纳闷儿地问他："这两个人是谁呀？"儿子一笑，得意地说："不知道了吧？告诉你，这是导游和司机的名字！"

——是那两个一路上被我们唤作"小王"和"小陈"的人的名字！

在灯下，我虔敬地端详那两个名字——导游小王竟像那些大腕明星一样弄了个花式签名；司机小陈的名字写完后显然认真描过，笔画很粗，一丝不苟。

噢，名字，尊贵的名字！

想想看，所有的名字起出来不都是为着供人呼唤与铭记的么？为什么我竟然把签名这么简单的一件事想得那么复杂、那么功利？当我在饭店看到孩子有着丰富签名的帽子，我也曾"黯然"，但我的"黯然"却来得那么低俗——我痛感自己错过了获取"更有看点"的人签名的机缘。我为什么总是怀揣着一个沉重的"目的"去行事、去思想？在这过程中，我的眼睛漏掉了什么？我的心灵遗忘了什么？

多么欣赏我的孩子，他完全忽略掉了同行者的身份与背景，只把他们看成是纯粹的旅伴，唯其如此，他的那顶帽子才获得了不期然的价值。

——孩子，谢谢你，谢谢你按照心灵的指引，为每一个尊贵的名字加冕；谢谢你用纯美的眼神，矫正我看世界的视线。

智慧锦囊

在名利场呆久了，我们养成了仰视的习惯，只看到站在我们上面的人们，而忽视了站在我们身旁或低于我们高度的人们。平常而纯粹的心能让我们掌握生活的全貌。

> 时光永远不会为一种人停下脚步，那就是用爱活在这个世界上，并把爱留给这个世界的人……

时 光

◇马 德

时光之于人，就是刮了一夜的大风之后，第二天早上落进门缝里的一层雪。只一绺，极纤细、极轻薄，却又极短暂，还未等煦暖的阳光完全挤进来，便烟消云散了。

就是这么短暂的一个瞬间，你没必要干成许许多多的事情，却可以实实在在地做好一件事情。一颗露珠，在草叶上只驻留一个清晨，却在晨曦里留下了晶莹剔透的一抹光彩；一朵小花，有时候开不过午后，却把一段清香播撒给周围的土地。有时候，你所做的事情，没必要一定惊天动地。一件小事，只要你全身心地去投入，锲而不舍地去做，最终也会成为你人生中的一件大事，从而成就属于你的事业，这已经就够了。

在一汪清水前驻足，与在一潭碧水边徜徉，本质上是一样的。你把时光交给激滟的水，水就会为你升腾诗情，为你开阔胸怀。实际上，只要你把时光交给人生中一个具体的目标，这个目标就会给你回应，就像你在大山里喊话，大山总会给你余韵悠长的回音一样。尽管有时候，这样的回音遥远渺茫，让你等了好久，你也不要以为生活欺骗了你。或许，它只是想换一个时间，换一种方式，来给你更大的馈赠。

属于你的时光，就是你的，它逃不掉。有一天，你发现身边一片荒凉，那一定是你荒废了时光，它长不成别的，只好为你长成蒿艾野草，摇曳在你的周围。所以，更多的时候，对于时光，除了珍惜，你还要认真地呵护，甚至像爱一个生命一样地去爱它。它不会感激你，也不会为你立刻拿出什么，它只会默默地注视着你，像月光的清辉，像树梢的雾岚，萦绕在你的周围，为你送走昨天，迎来明天，并在沉静中，为你酝酿生活的希望。

时光给谁的也不会太多。懂得生活的人，往往会把人生的每一段时光都雕刻得精致而有韵味。他们在时光的页脚上，谱写下浪漫的絮语，在时光的眉心里，点上幸福的真谛，他们一点一滴地品味时光，享受时光，并努力在时光的背影里，留下人生最美丽的幻影。

终于有一天，你老了，你坐在静谧的阳光里。你发现，昨天的阳光和今天的阳光并没有多大的区别，唯一的不同是，你多了注意它的时间。你真的老了，那一刻，你已经做不动其他的事情，天际云卷云舒，庭前花开花谢，这些尘世美景，恍惚间都属于了别人。你比以往任何时候都留恋时光，然而时光像一位变了脸的亲戚，与你一天天地疏远了起来。她不和你谈判，不容你讲和，甚至不给你妥协的机会。她要绝情地拂袖而去，只给你留下一袭美丽的背影，让你咀嚼和回味。

时光已经陪你走了很远，它就像亲戚、朋友或者恋人一样，让你眷恋。它让你阅尽了人间春色，尝遍了生活滋味，也让你懂得了人世间的许许多多。在如水流逝的时光中，你学会了欣赏别人，懂得了感恩于他人的救助；你知道了舍弃的重要，也懂得了牵挂的美丽；你发现，芬芳他人也可以愉悦自我，敬重别人的同时也会赢得别人的敬重。时光让你看清了一些人，也让你悟透了一些事，这一切，都是时光给予你的，而时光，却始终沉默着。一心给予，不事喧哗，你发现，时光本身就是一位哲人和智者。

有一个人问圣人："一个生命逝去了，是不是像一盏灯一样，这个生命的光亮会随即暗淡下来？"

圣人说："是。"

"可是,这以后,为什么我们还会感受到这份光亮的温暖？"

圣人回答说："说明属于这个生命的时光还在延续。"

未等这个人继续发问,圣人微微笑着说："时光永远不会为一种人停下脚步,那就是用爱活在这个世界上,并把爱留给这个世界的人……"

智慧锦囊

有些人的一生只是他的一生,时光公正地还原他的存在。有的人的一生却超过了他生命的长度,即便他远离,他带给人们的温暖时光还将继续。这不是时光偏心,而是爱加长了人的生命。

仅仅开启了自我的门扉是不够的。在这个世界上,有太多的人都将不期然地遭遇到紧闭的门。

想起那个带油的老人

◇张丽钧

美国作家考门夫人曾经写过一篇小文章,题目是《随身带油的老人》。故事讲的是有一位老人,无论走到什么地方,身边总带着一小瓶油。如果他走过一扇门,门上发出轧轧的响声来,他就倒些油在门轴上。如果他遇到一扇难开的门,他就涂些油在门闩上。他瓶子里的油空了再装,装了再空。他一生就是做这加油的工作,为人们提供着便利。

有时,我推开一扇咿呀作响的门,就会无端想起那个随身带油的老人。我想,此刻,那个伟大的老人在哪里呢？他是不是依然在远方耐心地对付着一扇扇难开的门？如果他长眠,他身上的那瓶油可不要失传啊!

可是,我为什么就不可以接过那瓶油呢？那装油的瓶子随处可见,那装在瓶子里的油随处可觅,为什么我总指望着让那个老人赶来对付我所遇到的门轴不灵便的门？难道我自己就没有能力对付它吗？

再走运的人,也难免遇到难以打开的形形色色的门——学业的门,事业的门,荣誉的门,财富的门,成功的门,友情的门,爱情的门,婚姻的门……在我们漫漫的人生长途中,不可能总是"山顶千门次第开"的喜人景象。门轴锈住了,锈死了,任凭我们怎样用力地推,它都岿然不动。我们绝望得想要放弃了。这时候,我们有没有想到,只需数滴油,那乖戾的门轴即可被驯服?"户枢"这个关键部位倏然获得的润滑,力抵千钧。门扉转动的一刻,江山灵动,日月生辉。那油是什么?是浓缩的智,是提纯的爱,是用凡俗的生命榨取的神圣信仰,是采撷一万朵思维之花的花粉后精心酿就的那一份赤诚。

仅仅开启了自我的门扉是不够的。在这个世界上,有太多的人都将不期然地遭遇到紧闭的门。谁都想拥有幸福,谁都想约会成功。我知道美国有个叫莱斯·布朗的男孩,他不但口吃,而且还是一个被认定为"尚可接受教育的智障儿童"。但是,他在中学时期遇到了生命中的"贵人"——他的老师。老师告诉他说:"你不要听别人说你怎样你就以为自己真的怎样。"这简单的一句话就如同滴在锈死的门轴上的数滴无比神奇的油,布朗心中那扇叫做"自信"的门被轰然打开,他从此开始立志做一个演说家。上帝似乎也惊喜地看到了人间的这一幕,他居然殷勤地赶来,帮布朗实现了他心中那个几乎是不可能实现的梦想。

在我的眼中,布朗的老师也是一个随身带油的人啊。

——随身带油的人有一双天使的翅膀,左翅的名字叫"自助",右翅的名字叫"助人"。

让我们也随身带上一瓶智慧油、幸福油、快乐油、温柔油、关切油吧……不要听凭自己或他人在一扇门前浩叹悲吟,请慷慨地将随身携带的油送过去,让门在一声欢呼中洞开,让我们共同看清门里的迷人风景。

智慧锦囊

帮助他人,有时不需要很大的工夫,不需要为他人开凿一扇命运之门,也不需要费力地指引他人怎样开启这扇门,你所需要做的只是在别人开门遇到麻烦时候,轻轻地滴上一滴爱的润滑油。

赠 人 玫 瑰

◇雪小禅

那天我买了一束鲜花去医院看一个病人，刚一进院就感觉后面有一辆出租车从我身边擦身而过，车速极快，真的是擦身而过，因为都挂上了我手中的鲜花了。

我骂了一句。然后看见车停在急诊室门口，司机下来，一个箭步冲到副驾驶上，从里面背下一个昏迷不醒的人，看样子年纪不小了。撞人了！这是我的第一印象，3分钟后，我却看到那个司机从急诊室里又跑出来，开上车走了。我的第二个感觉就是这小子要逃，于是一股见义勇为的精神从我心中升起，现在这种事太多了，把人撞了，然后往医院一放人走了，这比撞了人就跑的强点儿，我最恨这种人了！所以我毫不犹豫地把他的车牌号记了下来，跑？没门你！那一刻我骄傲极了，活雷锋啊。

我去了急诊室，老人正被抢救，奇怪的是他浑身居然一点儿伤也没有，过了一会儿老人醒来了，他说，我这是在哪？我说医院啊，那个撞了你的人送你来的，我把车牌号码记下来了，你不用担心。老人说，被撞了，不可能吧，我在人行道上溜达呢，我说难道他也是活雷锋，看你晕在路上送来的你？

我还是不太相信。但至少，排除了他撞人的嫌疑，然后我又问老人，大伯，看看身上的钱少了没有？老人翻了翻兜，手机还在，然后他笑了，我没带钱，就一个手机，但再翻兜却出现了奇迹，那个兜里居然有500块钱！这时候我看到老人眼中有了泪花，他一把拉住我的手，姑娘，快把车牌号码给我，我得找那个司机。我的眼睛刹那间也湿润了，我竟把人往坏处想了，原来，却是这样一个感人的故事。

老人留了我的电话号码，因为我也是一番好意啊，我们有了联系，有一天我接到老人的一个电话，他说，找到那个年轻人，年轻人怕他到医院没有钱，就偷偷地在他兜里搁了500块钱，然后又赶着拉活去了。为这件事，两个人成了忘年交，年轻人总去看看老人，而且对老人说，有为难、用车的事，跟他说，因为老人是一个人住，是个老华侨了，没儿没女的，极不方便。

从那开始，司机老刘隔三差五就去看老人，给老人买米买面的，也说过让老人跟他一起住,老人不肯,因为一辈子一个人习惯了,人们说老刘好心眼,因为图什么呀,老人家我去过,十分简陋,两间平房,家里什么家具也没有,穿的衣服差不多是70年代的,但是书很多,我常常借他的书来看。

我对老人说,也可以跟我说,我们都会帮助你的。一段误会,成了三个人的友谊,我和老刘也吃过两次饭,他人很实在,40多岁,下了岗,养着一大家子,全靠这辆车了。说起那500块钱,他笑着说,没啥没啥,有好多医院,没钱就是不救命,好歹老人是条命啊。

而老人不久于人世,70岁的人了,有各种老年综合征,那次街头昏倒,也绝非偶然。

去世前,他叫去我和老刘,让我做证人,他所有的家产全给老刘。老刘当然拒绝了半天。老人说,不用多说了,我没有亲人,而在最后的一年里,你好像我的儿子一样,遗产我已经公证了,还有你,他对我说,这是我祖传的一个玉镯,送给你做留念。

我说这怎么行?我只是偶尔打个电话问问你的情况,这也是应该做的。而他对我们说,你们一定记得中国的一句古语,赠人玫瑰,手留余香。

我们收下了他的遗产。没想到他会有那么多钱,整整60万。老刘只留下了一半,剩下的,全捐给了希望工程,因为他说老人说得对,赠人玫瑰,手留余香。

智慧锦囊

拥有玫瑰,却把它转赠别人,玫瑰的花香会传得越来越远;拥有快乐,却把它转赠别人,快乐也会不断循环传满人间。

给这些稚嫩的心灵一架梯子,让他们从错误的泥沼里抬头走出来吧。

给人一架梯

◇马国福

上大学时校园里有一片柿林,柿子成熟时又大又甜,沉甸甸地把树枝给压弯了,诱得我们总想寻个机会偷偷摘几个柿子解馋。学校明确规定:未经管理人员许可,不得私自进入园内践踏花草采摘果实,若违规视情将给予处分,并记入学生档案。慑于校规的威严,我们只能望柿兴叹。

机会终于来了。一个周末的夜晚,明月朗照。上完自习课后,整个教学楼熄灯了。我们三个舍友想,柿林的管理人员应该回家了,我们可以乘机偷柿子解馋。很快我们找来了手电筒,明确了分工。一人在园外负责看人,一人上树摘柿子,一人在树下接从上面扔下来的柿子。提心吊胆中不到一刻工夫我们的包里装满了柿子。突然放风的舍友喊道:"快下来,管理人员来了,快撤!"

树上的舍友慌了,急忙从树上往下滑。然而已经迟了。守柿林的老者已经打着手电走到树下。我忐忑不安等待他的盘问,爬在树上的同学吓得不敢下来。老者缓缓地把手电照在树上,轻声说道:"别着急,慢慢下,当心别摔着!"舍友在树上默不出声。"想吃柿子说一声,晚上摘柿子多危险,下来吧,别慌。下不来我去给你拿架梯子。"老者很快拿来了梯子搭在树上,舍友踩着梯子稳当地下了树。

我们规规矩矩站在树下等着他的盘问,心都提到嗓子眼了。毕业关头,在这个以纪律严格而著称的学校,违反校规无异于触高压线上黑名单被打入冷宫。

糟糕的是校公安处的两个值勤人员听到声音后拿着电筒赶了过来。一个拿出违规学生登记本,一个严肃地询问:"发生了什么事?是不是有人在偷柿子?哪个系哪个班的?叫什么名字?"老者抢在我们前面说道:"今晚闲着想吃柿子,就叫了三个刚下自习的学生帮我摘几个柿子尝尝。""不可能吧?摘几个柿子用得着几个包吗?肯定是你有私心,想拿到校外去卖。"值勤的人不怀好意地说。"不信你可以问问他们啊!"老者平静地说。我们异口同声帮老者圆谎。值勤的人悻悻然走了。

老者说:"孩子回去吧,以后可别犯错误,前途要紧!"

那天晚上我们忐忑不安地度过了一夜,总担心值勤的人会来调查。

后来校园里见不到老者的身影,再后来听说老者被学校公安处辞退了,回到了他那贫困的农村老家,原因是他私自在夜里偷学校的柿子到外面卖。那年7月我们怀着自责的心情顺利毕业了。

现在老者的那句话时常萦绕在我的耳边,"别着急,慢慢下,小心别摔着!"这充满温情关怀的话既维护了我们的尊严又揭穿了我们的浅薄。

每当涉世不深和我共事的小辈犯错误后,我就会想起老者,想起他给我们的梯子,想起那个既可以让我们背上沉重包袱也可以成就我们工作事业的不寻常的月夜。当他们犯错误时我就想,给这些稚嫩的心灵一架梯子,让他们从错误的泥沼里抬头走出来吧;别给他们一块冰冷的石头,落在井里背负沉重的包袱,断送今后充满光明的人生。

　　人的成长过程中，难免会因为心智不成熟而出现一些偏差，这时候最需要的不是苦口婆心的说教，而是宽容的微笑和理解的眼神，这不仅能点醒梦中人，还将温暖他们一生。

　　生命中的不平等是多么的平常，而真正的平等又是多么的来之不易。

生命中的平等

◇崔　浩

　　男孩小凯是个有些智残的儿童，所以小伙伴们要么敬而远之，要么群起攻击，总之没有人肯真心真意和他一起玩儿。因为大家都看不起他，他有时连一只手有几根手指都分不清。

　　后来，又有一个非常漂亮的小女孩加入了进来。所有的人都喜欢小女孩，都想和她做最好的朋友。小女孩也不拒绝，和每一个人都交上了朋友，和每一个人都玩得开心。

　　忽然有一天，小女孩发现了男孩小凯，就惊讶他为什么老是一个人玩，而且安静得不发出一丝声响。伙伴们告诉小女孩他是个傻瓜，他什么都不懂，别人让他做什么他就会做什么。

　　那他多可怜呀，一个人孤零零的！小女孩动了恻隐之心，撇下小伙伴们一个人去找男孩小凯。起初小凯对她的介入不闻不问，小女孩也不灰心，继续细声细语地和他说话。一天、两天过去了，终于男孩小凯抬起头来，含混不清地说出三个字："好姐姐！"

　　此后，好姐姐就成了小女孩在小男孩心中的名字。他和小女孩在一起开心得大笑，开心得在地上打滚，开心得愿意为好姐姐做她要求的任何一件事。

　　渐渐地，小伙伴们都长大了，都知道了人生中的一些幸与不幸，也知道了当年对待男孩小凯的方式是一种歧视与错误。小凯也已长大成人，他几乎就是一个正常人，幼年时的反应迟钝已荡然无存。

当年的小伙伴们不经意间聚到了一起，大家都对小凯说着同样抱歉的话，希望小凯能原谅由于他们的年少无知而给他带来的伤害。小凯用微笑宽容了每一个人，他告诉众人他一生都在感谢好姐姐，是她在他幼小的心灵中灌注了平等和自爱的种子，所以今天，他才有自信有能力平等地与大家站在一起。

众人这才想起当年那个最漂亮的小女孩，可是她如今身在何方？小凯解答了众人的疑问："好姐姐在温暖花开的天堂！她当时就患上了白血病，生命不会超过半年。但她用一个月的时间就教会了我关于生命中的一切：平等、博爱、善心和怜悯。直到今天我才知道她肯和我在一起而没有歧视我的原因：和你们在一起，我得到的是居高临下的怜悯；而和她在一起，因为她无法治愈的疾病与我的智残，我得到的是平等的关爱与交流。而对于当时的我来讲，最需要的是平等而不是怜悯。"

许多人开始明白，生命中的不平等是多么的平常，而真正的平等又是多么的来之不易。不是我们忽视了平等，而是太多时候我们夸大了自己的优点，刻意认为自己比别人优秀，并且总会固执地去寻找别人的缺点给自己以安慰。真正能做到平等的又是因为双方的处境或条件相当，这也许真是一种无法回避的真实的悲哀。

智慧锦囊

怜悯和平等是人们常常混淆的概念。怜悯是昂着身子，以俯视的角度对弱小者提供的关怀。平等是蹲下身子，以平视的角度给弱小者最需要的体恤。

父母心，原来就是这世上最无私最美丽的心啊。

父 母 心

◇雪小禅

我一直以为，那些成为什么家的以天才居多。特别是歌唱家，嗓子就是本钱啊，没有乐感，一辈子成不了歌唱家。那些舞蹈家，天生一副好身材吧，所以，才会吃上那碗饭。

但那天看黄豆豆,那个跳《秦俑情》的舞蹈家,那个看上去有点儿腼腆有点儿秀气甚至有点儿女孩气的舞蹈家,忽然觉得好多事情,并不是我想象的那样。

去上海考舞蹈学校时,黄豆豆的身体条件是最次的。那时,对报考学校的孩子要求十分严格,特别是身材的比例,否则,根本没有培养的价值。他说,他第一次因为腿不够长胳膊不够长没有被录取。

热爱了一辈子舞蹈的父母急了,为他买了一副吊环,因为听人说,练吊环的运动员胳膊腿都比正常人要长。

三个月后,奇迹出现了,黄豆豆的腿长长了3厘米! 那是救命的3厘米啊,他终于考上了上海舞蹈学校。

但这仅仅是一个开始,因为学校还要对考上的孩子有一年的考察期,如果一年之内身材发展方向不好还要被退回去。

并且,学校还要看孩子父母的身高和身材比例,不可置疑,父母对孩子的遗传因素起着很大的作用。

而黄豆豆的父亲,却只有一米六三!

所以,他父亲怕老师看到他,他怕让同学们和老师知道黄豆豆的父亲只有一米六三,怕预言黄豆豆也长不高。12岁的黄豆豆却是一个懂事的孩子,为了让自己长高,在周六周日别的孩子回家后,他把自己的腿竖起来与头捆在一起,所做的一切,全是为腿的拉长!

而父亲思念儿子心切,每次见面仿佛都是地下党,偷偷把黄豆豆叫出来在校外见个面,偶尔不得不去学校,黄豆豆父亲的身份是舅舅! 他让儿子叫他舅舅!

看到这里,我的眼泪落了下来,因为,父亲是怕学校看到他矮把儿子退回去! 而他的母亲看着儿子的背影说:"如果我们身材好些,如果我们长得高些,我们的豆豆会少吃多少苦啊,我们多对不起儿子啊。"

一个母亲,因为儿子的身材不是很适合搞舞蹈就埋怨起自己的身材来了,这是怎样的一种大爱啊。

努力的黄豆豆并没有让父母失望,两年后,他成了上海舞蹈学校最出色的学生。几年后,他的《醉鼓》上了中央电视台春节联欢晚会一炮而红。再几年,他成了上海一家舞蹈学院的艺术总监。

他常常说:"是父母让我坚持了下来,是他们的爱告诉我,因为我没有那么好的条件,所以,要付出更多的努力。"

他做到了,而那些比他身材好上十倍的人却好多消失在了舞台上。

很多事情就是这样,看着是天才的人往往最后和成功失之交臂,而看着根本不适合做这一行的人,却往往成了这一行最出色的人。

因为这类人往往更努力,他知道自己只有努力才能掩盖那些缺陷。

而爱,往往是很大的动力,在当黄豆豆舅舅的那两年里,谁知道他的父亲所付出的那些辛酸呢。

父母心,原来就是这世上最无私最美丽的心啊。

智慧锦囊

　　我们赤条条地来到这个世界上,一无所有,父母给我们最深情的呵护。同时,父母的爱也给我们创造了一切的条件和可能,这也是父母给子女最好的财富。

只有为别人点燃一盏灯,才能照亮我们自己。

生 命 的 灯

◇李雪峰

　　一个漆黑的夜晚,一个远行寻佛的苦行僧走到一个荒僻的村落中。漆黑的街道上,络绎的村民们在默默地你来我往。

　　苦行僧转过一条巷道,他看见有一团晕黄的灯光正从巷道的深处静静地亮过来,身旁的一位村民说:"孙瞎子过来了。""瞎子?"苦行僧愣了,他问身旁的一位村民说:"那挑着灯笼的真是一位盲人吗?"

　　他真是一位盲人。那人肯定地告诉他。

　　苦行僧百思不得其解,一个双目失明的盲人,他没有白天和黑夜的一丝概念,他看不到鸟语花香,看不到高山流水,他看不到柳绿桃红的世界万物,他甚至不知道灯光是什么样子的,他挑一盏灯笼岂不令人迷惘和可笑?

　　那灯笼渐渐近了,晕黄的灯光渐渐从深巷移游到了僧人的芒鞋上。百思不得其解的僧人问:"敢问施主真的是一位盲者吗?"那挑灯笼的盲人告诉他:"是的,从踏进这个世界,我就一直双眼混沌。"

　　僧人问:"既然你什么也看不见,那你为何挑一盏灯笼呢?"盲者说:"现在是黑夜吧?我听说在黑夜里没有灯光的映照,那么满世界的人都和我一样是盲人,所以我就点燃了一盏灯笼。"

　　僧人若有所悟地说:"原来您是为别人照明了?"但那盲人却说:"不,我是为自己!"

　　为你自己?僧人又愣了。

盲者缓缓问僧人说："你是否因为夜色漆黑而被其他行人碰撞过。"僧人说："是的，就在刚才，还被两个人不留心碰撞过。"盲人听了，就得意地说："但我就没有，虽说我是盲人，我什么也看不见，但我挑了这盏灯笼，既为别人照了亮，也更让别人看到了我自己，这样，他们就不会因为看不见而碰撞到我了。"

苦行僧听了，顿有所悟，他仰天长叹说，我天涯海角奔波着找佛，没有想到佛就在我的身边哦。人的佛性就像一盏灯，只要我点燃了自己，即使我看不见佛，但佛却会看到我的。

是的，点亮属于自己的那一盏生命之灯，既照亮了别人，更照亮了你自己，只有先照亮别人，才能够照亮我们自己。为别人点燃我们自己的灯吧，这样，在生活的夜色里，我们才能寻找到自己的平安和灿烂！

只有为别人点燃一盏灯，才能照亮我们自己。

智慧锦囊

人心是一面镜子，可以照照别人，也可以看看自己。我们希望别人怎样来对待自己，最好首先那样去对待别人。就算是为了方便自己而去帮助他人，这种自私也是可爱的。

大自然饿不死一只猴子，但争先恐后的投食却扭曲了一只猴子的形象。

相　　忘

◇张丽钧

慕名去峨眉山访猴。

走完长得不可思议的山路，终于看到前面人头攒动，知道那便是猴子出没的地带了。

早买好了数包猴食，捏在手里，预备作为见面礼的。看到一只肥硕得像熊的猴子，高傲地从我的一个同伴那里取走了食物，不由心中发急。遂学了当地人的口音，唤猴子来食。这招儿还真灵，一只又小又肥像皮球一样的猴子听得我唤，犹犹豫豫地朝这边走来。我连忙讨好地将手中的猴食捧了过去。猴子灵敏地将纸包取走，急不可待地撕开了看，像是要检验我所进贡食品的优劣。——还好，它总算满意了，开始美美地享用。它离我那么近，吃相又有趣，我不由蹲下身子，想看得更仔细些。不想，它居然腾跳起来，威胁地冲我挥了一下手臂，"嗖"地逃掉了。我扫兴地站起身，心里埋怨这只猴子简直莫名其妙！导游在一边笑着问我：你是不是看它的眼睛了？我说：它不让人看吗？导游说：它对人的眼神很敏感的，它看你可以，但只要你和它对视，即便你是出于善意，也会惹得它生疑——它以为你不会平白无故地看它。看它，就是冒犯它的第一步。

上帝，峨眉山的猴子原是看不得的。

突然想起母亲和野鸽子的事。那时，我家有一个不小的院子，院子北头有一个水龙头，水龙头旁边的低洼处总是积存着一些水。有两只脖颈生着绿羽毛的野鸽子，习惯了在树上高歌之后来这里饮水。那年暑假，我回家探望母亲。第一次看到两只好看的野鸽子在那么近的地方从容地低头啄水、仰脖咽水，感到特别惊喜，不由想靠近它们一点儿，再靠近它们一点儿。终于，它们觉察出了我的异样的靠近，"忒儿"地飞走了。那之后的三四天，野鸽子都没有出现。母亲说：看你把野鸽子给吓着了，要不人家天天都来这里喝水的。我听了，心中生出些歉疚。那是母亲的小伴儿呢，就因为我吓着了"人家"，"人家"就不肯光顾。后来，又听到梢头有了"咕咕咕——咕"的歌唱声。母亲说：一会儿准来喝水！果然，两只野鸽子唱累了，双双栖在我家院子里，从容地喝水。我端着个簸箕，正要去倒垃圾，看到眼前的一幕，不敢动了。母亲笑着接过我手中的簸箕，说：你看着！说完，端着簸箕径直走到院子里去了。她走过两只野鸽子身边的时候，它们好像没有察觉，继续低头啄水、仰脖咽水。等母亲倒完垃圾回到屋里，我迎上去，低声问她：你比我上次离它们近多了，它们怎么不害怕？母亲笑笑说：你要假装没有看见它们，忘了它们的存在，这样，它们就不怕你了。

我想，大概，在猴子和野鸽子的眼里，我的眼神是不值得信赖的。虽说我拿走了目光中所有的锋芒，虽说我极力取悦那同时也在注视着我的眼睛，但是，那似乎能够洞穿一切的眼睛依然不容我与之对视！

其实，大自然怀抱中的动物们原本活得多么好。它实在不需要你或恶或善的注视。如果你爱它，就不要拘禁它，折磨它，也不要挖空心思地保护它，爱抚它。千百年来，它们在大自然的怀抱里繁衍生息，活得快活惬意，它不需要你为它的冷暖操心，更不需要你为它投食喂水。它们以自己特有的语言交谈，说着四季变换的消息。它们几乎都是绝美的，肥瘦秾纤皆能得到很好的控制。峨眉山猴子一身的赘肉，是对游客畸形好奇心的无声挞伐。真的，大自然饿不死一只猴子，但争先恐后的投食却扭曲了一只猴子的形象。

——如果你真心爱它们，那就请你"忘了它们的存在"吧，因为它们最美好的祈愿，就是与你相忘。

人生锦囊全集

不要以为给动物嗟来之食就是对它们的宠爱,爱是要让生命顺其自然,给它们一个自由的环境,让它们循天性享受生命的乐趣。

只要能够带着爱上路,走过的路旁就一定会开满芬芳的花朵。

带着爱上路

◇澜 涛

多年以前,在那座海滨城市闯荡时,我认识了一个叫文心的女孩。文心给我讲了一个故事,听了,就记住了,就忘不了了。

那年6月,一所高级保育院高薪聘请五名教师,报名的女孩达三百多人,竞争十分激烈。当时,文心刚从乡下到那座城市不久,也报了名。文心的自身条件不算差,可与众多的佼佼者相比,未必胜券在握。考试那天,快进考场时,周围拥挤吵闹,一个小孩的哭声还是吸引了大家。小孩因找不着家人,哭得很伤心。考试开始了,大家都走了进去,文心看人们都离开了,犹豫了一阵之后,她留在了孩子身边。文心将小孩哄好后,抱进考场,向监考人说明了情况,便匆匆忙忙地答卷。包括文心自己都认为她没有希望了。就有人责怪文心不该在这个当口去照顾一个不知来历的小孩。文心却微笑着说:"我考不上不要紧,万一小孩有个三长两短,那就麻烦了。"结局出人意料,文心被录取了,而且被校方作为一个教育典范极力表扬。原来,这是学校出的一道场外试题,只有文心一个人过关。学校强调,作为一名幼儿教师最重要的是要有一颗爱心,任何的专业技能都能学,而爱心却难以在课堂上学到。

赢得花香有时竟这样简单,只要能够带着爱上路,走过的路旁就一定会开满芬芳的花朵。

人生的路上困难重重,但有一个锦囊能帮你化解仇视,能为你赢得尊重,能帮你带来朋友,它能使你的人生旅途鸟语花香,它就是你对他人的爱。

为别人开一朵自己的花,许多陌生的人就会靠近你的花朵来;为别人开一朵自己的花,许多陌生的心灵就会靠近你的心灵来;为别人开一朵自己的花,春光就会到你的花蕊中驻下来……

为他人开一朵花

◇李雪峰

一个小山村,风景十分优美,它的后山的幽涧里有喷珠溅玉飞金泻银的壮美瀑布群,它庄前的河流里有荷花和芦苇,还有成群的野鸭和珍奇的各种水鸟。

村庄里的人想搞旅游开发,但因为到电视台和报纸上做广告要用很多的钱,而村里的人又没有钱,所以好多年了,到村庄来游览的游人一直都很少。一天,村里的一个女孩出主意说:"想引游人来,不如我们在通到我们村的路旁都种上花朵,有了花朵,外边的人即使走马观花也会走进来的。"许多人都摇头嘲笑女孩的主意,女孩说:"咱们村每家每年都种油菜花呀,油菜花也是花,如果咱们每家都把自家的油菜种到山路两旁的地里,既不耽误每家秋天时收获油菜籽,又有了招引游人的山间花廊,这是多么美的事情啊!"村里的人们想想,觉得女孩说得或许不错,于是,每家都把自己的油菜地留在了通往公路的山道两旁。

阳春三月时,山道两旁的油菜花开了,那蜡黄蜡黄的油菜花像两条锦毯,蜿蜿蜒蜒从公路相接的地方一直盛开到了大山深处去,窄窄的山道上花香扑鼻,引得蜂飞蝶舞鸟鸣虫唱,外边的游人还没来,村庄的人自己就被这景色深深沉醉了。后来,几个偶尔经过这里的人沿着油菜花廊走进来了,他们在村庄后边的山涧里流连忘返,他们在村庄前边的田田荷叶间陶醉和沉迷,他们忘情地拿着自己的相机,快门在村庄里咔咔响个不停。没几天,城市的报刊上大幅大幅刊登上了这个村庄的风光摄影图片，城里的电视上也纷纷播映了这个村庄的风景画面。

于是，记者来了，画家来了，络绎不绝的游人们争先恐后地一群群涌来了，这个名不见经传的山村很快就成了方圆数百里的风景名胜佳地。电视台的记者采访村里的人问："你们这大山深处的人，没登旅游广告，没搞旅游推介，为什么却能把你们这里的旅游搞得这么火呢？"村里的人憨厚地在电视画面上笑着说："因为我们为别人开了一朵自己的油菜花。"

"为别人开了一朵自己的油菜花？"记者愣了，观看这个电视片的许多观众都愣了。

为别人开一朵自己的花，许多陌生的人就会靠近你的花朵来；为别人开一朵自己的花，许多陌生的心灵就会靠近你的心灵来；为别人开一朵自己的花，春光就会到你的花蕊中驻下来……

谁能向世界敞开自己心灵的花瓣，岁月便会赋予它最美最甜的沉甸甸果实。

智慧锦囊

当爱像明媚的阳光照彻寒冷的心房时，我们会发现，爱的本身就是一波震荡的弦音，一种花香的弥散。它持久，热烈，而又延己及人。

男人有风度，会更加彰显个人的气质，魅力优雅而令人神往；女人有风度，会愈加凸现她的美丽，韵味迷离而耐人品咂。

风　度

◇马　德

优雅的仪表容易生成风度，美好的风度也常常呈现给人优雅的一面。一个人，仪表优雅已是不俗，如果再兼有翩翩的风度，则必卓然于众人之上。

包容是人的心胸深处的一帧开阔的风景，豁达是人的性格深处一帧俊朗的风景，人的心胸和性格一旦生成风景，让人驻足欣赏时，就容易漫溢出魅力四射的风度。譬如，能够容忍别人的错误，勇于为对手喝彩，这种包容是智慧的包容，这种豁达是真诚的豁达，容易打动人，也容易征服人。

一个人的风度虽然是通过言行呈现出来，却是内在品质的流露。美好的风度实际上是高贵的修养、深厚的内涵、阔大的胸怀以及美好的心灵所折射出来的瑰丽的色彩，这抹色彩映照在人的心灵上，就是智慧的风范，大度的风范，无私的风范，表现在具体的生活细节上，就是待人接物优雅而得体，为人谦逊厚朴而不张扬，光明磊落而不蝇营狗苟，紧跟时代而不媚俗媚世。

　　男人有风度，会更加彰显个人的气质，魅力优雅而令人神往；女人有风度，会愈加凸现她的美丽，韵味迷离而耐人品咂。说到底，风度是为人增色的，它可以丰富一个人的形象，增加一个人的气韵，让这个人变得耐读，耐品，甚至让人心生钦佩和敬仰。

　　齐桓公原本想让得力助手鲍叔牙为相，然而鲍叔牙却推举了远在鲁国的管仲，这是无私举贤的风度。齐桓公最后在鲍叔牙的劝说下，任用了曾经射过自己一箭的管仲，这是大度的风度。最后，鲍叔牙赢得了口碑，齐国得以强大。看来，风度在成就一个人的同时，也会成就这个人的事业。

　　吴敬琏先生曾经记载过这样一个故事，在"清理阶级队伍"运动中，顾准的一个老朋友用荒诞牵强的推理"揭发"顾准，弄得顾准有口难辩。后来，顾准的"内奸"问题得到解决回到北京后，不计前怨，对曾经揭发过他的这位处境凄凉的朋友百般照顾。正是因为顾准的这种风度，在顾准病倒的那些日子里，他的朋友虽然生活艰难，却每天三次到病房看望顾准，风雨无阻。有时候，风度又能让人超越生死，超越恩怨。

　　人世间的潮流中，有时尚的温度，有时髦的进度，但绝不会有时代的风度。一个时代的风度，是湖面上静谧的薄霭，是涟漪深处微漾的波澜，是平静的丰富，是安详的寥廓，是博大的深厚，而不是风起时浪尖的喧哗，也不是漩涡处暗流的涌动。时代的风度是人民造就的历史，是时间投射给岁月的光华。

　　风度不可能天生，美好的风度也不容易模仿。实际上，你不必在意别人怎么做，当你充满着包容、理解、关怀和爱活在这个世界上的时候，你就是一个最有风度的人。

智慧锦囊

　　风度，不是拥有香车美女的潇洒，不是决战商场的果断，不是学富五车的渊博，仅仅需要一颗包容和关怀的心。

第八辑　也许,生活并没有痛苦

有勇气换个角度,就多一份成功的机会。换个角度来看风景,风景便会有不一样的风采;而换个角度看人生,那更会有不同的景致。只要把角度轻轻扭转,心胸会豁然开朗,灰暗的世界也能变得明亮,迷茫的事态也能变得清晰。

画满的白纸上怎样开出花朵

◇澜 涛

进美院的第一课让我受益终生。

走进美院的那一刹那，就已经被这座向往已久的神圣殿堂所震撼。第一课是素描，上课铃声响过后，我正襟危坐，满是敬仰，甚至有些诚惶诚恐地等待着老师。老师终于走了进来，那是一位头发花白，精神矍铄的老教授。教授登上讲台后，什么也没有说，自顾自地将一张白纸粘贴到黑板上。然后，教授转身扫视了一下同学，进行了自我介绍后，说道："现在，轮到我来认识你们了，你们每个人上来，将自己的名字写在这张白纸上。我这里有一盒彩笔，有很多种颜色，随意挑选着用……"

教授和蔼的声调让严肃的课堂活跃起来。同学们按次序一个一个地走上讲台，写着自己的名字……很快，黑板上的那张白纸就斑斓起来，写到最后，已经没有空隙了。

所有同学都写完自己的名字后，教授问道："谁能够在这张纸上画一幅画啊？画什么都可以，一只小猫，一棵树，或者一朵花……"

同学们面面相觑地看着，没有人站起来。教授开始逐一地问每个同学："为什么不上来画呢？"得到的回答非常统一："已经没有空间，画不了了。"

教授没再说什么，只是取下了黑板上的纸，然后伏在讲台上挥毫起来。稍倾，当他将纸重新粘贴到黑板上的时候，一朵娇艳的花已经开在上面，原来，教授把纸翻了过来，用纸的另一面作画。

"不要只看到纸的一面，只要用心，就永远可以发现机会。"教授的话一直响到今天。

翻过来是绝境逢生；翻过来是山重水复的柳暗花明；翻过山坡，山坡的背面竟然鲜花灿烂……

画满的白纸上怎样开出花朵？白纸轻轻一翻，多少人都可以做到，却鲜有人能够想到。只有用心，才能够拥有馨香芬芳……

有时阻挡我们前进脚步的并不全是命运或者他人,恰是我们自己的固有思维。不妨换一种角度,换一种心情,就会使你换一种生活,换一种命运。

有时候,打破常规的创造性思维,反倒能导演出有声有色的好戏。

倒贴"福"字和投自家篮

◇蒋光宇

常规是通常的做法,是沿袭下来经常实行的规矩,是人们长期实践经验的宝贵结晶。但是,切不可不分时间、地点、场合一味地按常规办事。有时候,打破常规的创造性思维,反倒能导演出有声有色的好戏。

倒贴"福"字,起源于清代恭亲王府。有一年春节,大管家按照惯例派人把"福"字贴在大门上。没想到贴字的人目不识丁,竟将它贴倒了。恭亲王甚为生气,欲鞭罚惩戒。大管家急中生智,说:"奴才常听人说恭亲王寿高福厚,如今'福'真的'到'了。这乃吉祥之兆啊!"恭亲王听后,转怒为喜。后每逢春节,王府就有意倒贴"福"字,并逐渐传入民间。如今每逢春节,人们便在屋门、窗页、墙壁等处倒贴上大大小小的"福"字,为传统佳节增添了不少的情趣。

在一次欧洲篮球锦标赛上,保加利亚队与捷克斯洛伐克队相遇。当比赛剩下8秒钟时,保加利亚队以2分优势领先,一般说来已稳操胜券。但是,那次锦标赛采用的是循环制,保加利亚队必须赢球超过5分才能出线。可要用仅剩下的8秒钟再赢3分,谈何容易。这时,保加利亚队的教练突然请求暂停。许多人对此举付之一笑,认为保加利亚队大势已去,被淘汰是不可避免的,教练即使有回天之力,也很难力挽狂澜。暂停结束后,比赛继续进行。这时,球场上出现了众人意想不到的事情:只见保加利亚队拿球的队员突然运球向自家篮下跑去,并迅速起跳投篮,球应声入网。这时,全场观众目瞪口呆,全场比赛时间到。但是,当裁判员宣布双方打成平局需要加时赛时,人家才恍然人悟。保加利亚队这出人意料之举，为自己创造了一次起死回生的机会。加时赛的结果，保加利亚队赢了6分，如愿以偿地出线了。

在一般情况下，按常规办事并不错。但是，当常规已经不适应变化了的新情况时，就应解放思想，打破常规，善于创新，另辟蹊径。只有这样，才可能化缺点为优点，化弊端为有利，化腐朽为神奇，在似乎绝望的困境中寻找到希望，创造出新的生机，取得出人意料的胜利。

智慧锦囊

天无绝人之路。只要你看准了彼岸世界的方向，并继续朝前走，就算是山重水复疑无路，也必将柳暗花明又一村。走路是一种动作，开路却是一种创新。

赢了之后的屎壳郎，就像刚才什么也没有发生过一样，它几乎没有做任何的停留，就推着粪球急匆匆地向前去了。

也许，生活并没有痛苦

◇马　德

法国纪录片《微观世界》中有这样一个场景：

一只屎壳郎，推着一个粪球，在并不平坦的山路上奔走着，路上有许许多多的沙砾和土块，然而，它推的速度并不慢。

在路正前方的不远处，一根植物的刺，直挺挺地斜长在路面上，根部粗大，顶端尖锐，格外显眼。也许是冥冥之中的安排，屎壳郎偏偏奔到这个方向来了，它推的那个粪球，一下子扎在了这根"巨刺"上。

然而，屎壳郎似乎并没有发现自己已经陷入困境。它正着推了一会儿，不见动静。它又倒着往前顶，还是不见效。它还推走了周边的土块，试图从侧边使劲——该想的办法它都想到了。但粪球依旧深深地扎在那根刺上，没有任何出来的迹象。

我不禁为它的锲而不舍好笑，因为对于这样一只卑小而智力低微的动物来说，实在是不会解决好这么大的一个"难题"的。就在我暗自嘲笑它，并等着看它失败之后如何沮丧离去时,它突然绕到了粪球的另一面,只轻轻一顶,咕噜——顽固的粪球便从那根刺里"脱身"出来。

它赢了。

没有胜利之后的欢呼,也没有冲出困境后的长吁短叹。赢了之后的屎壳郎,就像刚才什么也没有发生过一样,它几乎没有做任何的停留,就推着粪球急匆匆地向前去了。只留下我这样的观众,在这个场景面前痴痴发呆。

也许在生活的道路上,它已经习惯了这样的场景;也许它活着,根本不需要像人一样,需要许许多多的"智慧";也许在它的生命概念中,根本就不懂得赢输。推得过去,是生活;推不过去,也是一样的生活。

由此想来,也许生活原本就没有痛苦。人比动物多的,只是计较得失的智慧,以及感受痛苦的智慧。

智慧锦囊

生活给每个人都留下了一个美好的空间,有些人却无暇于这一美景,心灵没有放松容纳的余地,,也就不能蜕变、升华,也就只能欣赏别人的美丽。

当你松弛了心灵,轻易地放弃了自我,不自信地盲从于别人的说法,就很有可能失去正确的方向。

别松弛了你心灵的琴弦

◇崔修建

一次音乐课上,大音乐家奥尔·布尔告诉学生——不要演奏任何失调的乐器,因为一旦他这样做了以后,他就不会潜心区分音调的各种细微的差异,就会很快地模仿和附和乐器发出的声音;这样,他的耳朵就很容易失灵。

说着,奥尔拿过一把看似很普通的小提琴,提醒学生注意听他的演奏,然后判断一下是不是有一根弦松了。拉完一曲,奥尔又拿起另一把做工非常精美的小提琴,告诉大家这是一把维也纳著名的制琴大师刚刚制作的好琴,他用它把刚才那支曲子又演奏了一遍。然后,他问学生:"仔细比较一下,是不是第一把小提琴有根弦松了，是不是音调有一丝的不和谐？"

一位学生站起来："是的，第一把琴是有根弦松了。"

"没错，是松了一点点，仔细听就能听出来。"另一位学生补充道。

奥尔走到后面的一位学生身旁，问他是否也听出来了有松弛的琴弦，这位学生肯定地点头附和。接着，他又问了其他学生，他们都说听出来了，第一把琴确实有根弦松了，还有的学生说那音都因此有点儿粗糙了。

直到所有的学生都认为第一把琴有根弦松了，奥尔才微笑着请大家再听他用这把琴把刚才那支曲子演奏一遍，看看是否能够听出究竟哪一根弦松了。作为对比，奥尔还用那把漂亮的琴演奏了一遍。

学生们仿佛受了鼓励，都向前围了过来，紧紧地盯着奥尔拉琴的手，竖起了耳朵，希望自己能够在名师面前辨别出那根松了的弦。

奥尔刚一演奏完毕，学生们便指着桌上的第一把小提琴，七嘴八舌地争论开了，他们每个人都找到了自己认为松弛的琴弦，并为自己的判断找到了看似很充分的理由。奥尔一直沉默地听着学生们的发言，未做一词评判。

过了好长一段时间，教室静了下来，学生们把目光都投向了奥尔，等待他揭示答案，看看究竟是哪一根弦松了。

然而，奥尔却举着学生们刚才评点的琴，一脸郑重地告诉他们："大家仔细看好了，这可是一把精制的小提琴啊，三位著名调琴师刚刚把它调试好，根本就没有一根弦是松的。倒是这一把外表做工很精巧的琴，有两根弦都松了，你们看，就在这里。"顺着奥尔的手，大家果然看到了他们没有留意的两根松弛的琴弦。

"啊，原来是这样！"学生们惊讶得一时呆住了。

"你们都轻信了我刚才故意做的那些误导，轻信了那根不存在的虚幻的'松弦'。其实，我真正的用意是要提醒大家记住了——今后，无论是拉琴，还是生活，都要学会倾听，不仅要学会用耳朵倾听，还要学会用心灵倾听，尤其是在那些需要聚精会神的时候，千万不能松弛了你们心灵的琴弦。"奥尔语重心长地教诲道。

奥尔以其新颖的授课方式，不仅培养出了一大批优秀的音乐人才，还向人们揭示了一个深刻的道理——当你松弛了心灵，轻易地放弃了自我，不自信地盲从于别人的说法，就很有可能失去正确的方向。

只有调试好心灵的琴弦，才能演绎好人生的交响乐。音乐大师奥尔精彩的一课，穿过岁月，至今仍散发着睿智的芬芳。

智慧锦囊

父母告诉我们应该怎样做，老师告诉我们应该怎样做，上司告诉我们应该怎样做，但我们总是忘了聆听我们的心灵，忘了用我们的心灵来判断。

许多时候，成功和幸福只需我们交换一下自己的位置；或许，只需要我们轻轻转动一下自己的身子。

只需变换一下位置

◇李雪峰

　　朋友家在一个十分简陋的居民楼里，大家忙碌着换房换环境的时候，朋友一直安之若素，丝毫没有因为在一个地方住得太久而满腹烦闷的迹象。

　　我们向朋友讨教他能安贫乐道在一个地方一住就是十多年的秘诀，朋友说："没什么秘诀，只需变换一下位置。"见我们不解，朋友解释说，每住一两年，我们就要调整一次家里东西的格局，比如，一直放在客厅前墙角的沙发，我们把它挪到后墙角去；放在客厅角落里的冰箱，我们把它调整到厨房中去；前墙的条幅，我们把它挂到左墙上去……

　　朋友说："家里的格局一调整，马上就有了新的情调，就像搬进一处新居一样，新鲜感一持续就是几个月甚至半年，怎么会烦呢？"

　　朋友见大家感兴趣，继续传经说："譬如卧室吧，开始时，我们住在前边的卧室，而孩子住在后边的卧室。住上一两年，我们让孩子住到前边的卧室来，我们则挪到后边的卧室去。孩子在后边住得久了，往往看到的是斜阳余晖，是外边的田野和远处的村庄，把他挪到前边的卧室去，他推窗看到的是另一种风景：橙红的朝霞、院子里的风景树、楼下的草坪……而习惯看到这一切的我们，则推窗看落霞，卧床看田野，这一切，和乔迁新居有什么不同呢？你们为换环境，又是看房、选房，又是装修购置家具，忙得团团转，不过同我们一样，只是换一种新环境而已。而我家就简单多了，只需要换一个位置，但同样有新鲜感，同样有幸福，同样有温馨。"

　　是啊，幸福其实离我们并不远，只是我们的心把它看远了，就像逃离旧寓，乔迁新居一样，我们精疲力竭地做来做去，不过是换掉屋内的老格调、窗外的旧风景；而朋友只是稍稍变换一下家具的位置，家里同样有了新格调，窗外有了新风景。

　　许多时候，成功和幸福只需我们交换一下自己的位置；或许，只需要我们轻轻转动一下自己的身子。

换房子是为了换一种生活，换车子是为了换一种生活，换一种想法也是为了换一种生活。生活本来就是一颗钻石，不同的角度欣赏就有不同的光辉。

顺风可以飞得更快，逆风也可以飞得更高。一个方向行不通的时候，尝试另一个方向，或许问题就会迎刃而解。

换一种方式

◇感　动

　　他是一位医生，特别喜欢洁净，这种洁净的习惯从医院延伸到家中和生活中的每个角落。这天，他将家中的那扇大门粉刷一新。可很快，他发现，大门上不知道被谁家淘气的孩子踢上去了很多小脚印，他只好将大门重新粉刷了一遍；可很快，又被踢上去一些新的黑脚印。经过观察，他发现，原来自己正在读小学的儿子每次进出大门的时候都会踢上去一脚，那些黑鞋印都是儿子的杰作。他叫过儿子，告诉儿子以后不要再用脚去踢那扇门，因为这不是一个好孩子应该做的。但是第二天，他发现他的话对儿子并没起作用，儿子每次进出大门的时候依然会淘气地照踢不误。他气愤地将儿子教训了一番，但儿子却依然我行我素……

　　这天，他再一次粉刷一新的大门再一次被儿子踢得黑鞋印遍布，他又一次将儿子呵斥了一番，以至于到达医院的时候，情绪还被儿子的淘气烦躁着。

　　他在给一名女患者打针时，女患者因为惊恐而大喊大叫。起初，他还能保持冷静，耐心地安慰对方说，不要怕，不疼，马上就好等等，但女患者却叫得更厉害了。女患者的喊叫引爆了他心中的烦躁，他气愤地对尖叫不停的女患者说道："你叫吧，一直叫，等到打完了针再停下。"让他奇怪的是，听了他的话，女患者却停止了喊叫，平静了下来。

　　在接下来的行医中，每当他对大声喊叫的患者说"不要叫"不起作用时，他就尝试让患者喊叫，结果患者却都变得平静了。他不知道这是什么原因，但他却为发现这个屡试不爽的反向方法而欣慰。

这天,下班回到家中的他,发现新粉刷的大门上又被儿子踢出了很多黑脚印,一天的好心情突然就变坏,他愤怒地叫过儿子,刚要呵斥儿子,突然想起自己为患者打针时候的情景,心机一动,表情严肃地对儿子说道:"孩子,交给你一个任务,你每天进出大门时一定要用脚踢几下大门,别忘了,如果我见不到门上有鞋印的话一定会惩罚你。"

奇迹出现了,他的家中的那扇大门再没有出现过一个黑鞋印。

他豁然开朗,很多问题,就宛如开门,用劲气力去推怎么都推不开,轻轻一拉就敞开了。此后,他开始用这种逆向思维方式来教育儿子。后来,这位父亲成为历史上最伟大的博物学家的父亲,他的儿子的名字叫查理·达尔文。

顺风可以飞得更快,逆风也可以飞得更高。一个方向行不通的时候,尝试另一个方向,或许问题就会迎刃而解。

智慧锦囊

福兮祸所倚,祸兮福所伏。如果你能看到幸福背面隐藏的危机,看到穷途背后潜伏的转机,那就说明你已经懂得驾驭生活了。

看一则材料可以有无数个角度,而你所选中的那个角度透彻地说出了你的价值取向,也彻底地暴露了你看世界的眼神。

角　　度

◇张丽钧

我为同学们提供了这样一则作文材料,让大家开动脑筋确定立意角度。

在我国的广西南宁曾举行过一次"创造学"学术讨论会,大会邀请了日本创造学研究专家村上幸雄先生作专题讲座。会间,村上幸雄先生拿出了一把曲别针,让大家用创造性思维设计出它的各种用途。大家踊跃发言,提出了种种设想;别照片,做钩针,磨成鱼钩去钓鱼……村上幸雄宣称他能说出曲别针的 300 种用途。这时候,台下一位名叫许国泰的先生递上一张条子说,曲别针的用途可以有 3000 种、30000 种。结果,村上幸雄从讲台上走了下来,让位于许国泰。许国泰先用"钩、挂、别、联"四个字概括曲别针的用途,然后提出曲别针一种又一种人们意想不到的作用:弯成数字进行运算,做成字母进行拼读,与硫酸反应产生氢气,与其他单质混合组成合金……

面对这样一则材料,同学们所确定的立意角度有很多:要敢于挑战权威;发散思维魅力无穷;许国泰为国争光;村上幸雄太"栽面"……

我说:当然,你们说的都有道理。但是,让我感到遗憾的是,你们当中竟没有人能够找到我十分欣赏的那个角度:村上幸雄气度不凡,勇于将尊贵的学术讲坛让位于一个普通听众。

你们想想看,为了捍卫自己的学术尊严,村上幸雄本可以置那张纸条于不顾,或者轻描淡写地将写纸条的人夸奖几句,然后,继续自己早已准备好了的精彩演说。但是,村上幸雄很"傻",面对这个从半路上杀出来的程咬金,他不但没有愠怒反感,反而心平气和地和他来了个大换位。

虽说我们都没有亲临会议的现场,但我们可以猜想那一刻大家的目光一定完全被许国泰吸引了去。那么,彼时彼刻的村上幸雄该是怎样的一种想法呢?大家不妨试着猜猜看:一、因为被别人抢了风头而伤怀失落。二、为自己考虑问题不及他人周全而感到羞愧汗颜。三、下决心向许国泰先生学习,赶上并超过他。四、告诫自己强中更有强中手,以后说话办事要慎之又慎。五、今后再也不举"曲别针"这个倒霉的例子了……就像曲别针的用途一下子难以说尽一样,村上幸雄可能产生的想法也是难以说尽的。在上述这些"可能"当中,依然没有列举到我最期待出现的那种可能,而那种可能的可能性之大,远远超过了其他的可能。那种可能就是——村上幸雄万分惊喜地聆听着许国泰的讲解,内心充满了深深的欢跃与自豪,因为,关于曲别针的话题是他挑起来的,他希望看到的结果就是与会者群情激越,才思飞扬。作为一个点燃了烟花"信子"的人,那烟花燃放得越美艳灿烂他就越有成就感;何况,这个讲坛是他大度地让出的空间,那华彩的闪现是对他明智退避的最高褒扬。

——看一则材料可以有无数个角度,而你所选中的那个角度透彻地说出了你的价值取向,也彻底地暴露了你看世界的眼神。

智慧锦囊

人生是一头大象,我们是一群盲人,我们摸到的生活只是大象的腿、鼻子,或者耳朵,但那就是我们自己的人生。人生有无数的角度,所以有无数种解释。

> 竞争和互助如车之两轮、鸟之两翼,是发展任何
> 事业的相辅相成的两个方面。

把木梳卖给和尚

◇蒋光宇

有一家效益相当好的大公司,决定进一步扩大经营规模,高薪招聘营销人员。广告一打出来,报名者云集。

面对众多应聘者,大公司招聘工作的负责人说:"相马不如赛马。为了能选拔出高素质的营销人员,我们出一道实践性的试题:就是想办法把木梳尽量多地卖给和尚。"

绝大多数应聘者感到困惑不解,甚至愤怒:出家人剃度为僧,要木梳有何用?岂不是神经错乱,拿人开涮?没过一会儿,应聘者接连拂袖而去,几乎散尽。最后只剩下三个应聘者:小伊、小石和小钱。

大公司招聘工作的负责人对剩下的这三个应聘者交代:"以十日为限,届时请各位将销售成果报给我。"

十日期到。

负责人问小伊:"卖出多少?"答:"一把。""怎么卖的?"小伊讲述了历经的辛苦,以及受到众和尚的责骂和追打的委屈。好在下山途中遇到一个小和尚一边晒着太阳,一边使劲挠着又脏又厚的头皮。小伊灵机一动,赶忙递上了木梳,小和尚用后满心欢喜,于是买下一把。

负责人又问小石:"卖出多少?"答:"十把。""怎么卖的?"小石说他去了一座名山古寺。由于山高风大,进香者的头发都被吹乱了。小石找到了寺院的住持说:"蓬头垢面是对佛的不敬。应在每座庙的香案前放把木梳,供善男信女梳理鬓发。"住持采纳了小石的建议。那座山共有十座庙,于是买下十把木梳。

负责人又问小钱:"卖出多少?"答:"一千把。"负责人惊问:"怎么卖的?"小钱说他到了一个颇具盛名、香火极旺的深山宝刹,朝圣者如云,施主络绎不绝。小钱对住持说:"凡来进香朝拜者,多有一颗虔诚之心,宝刹应有所回赠,以做纪念,保佑其平安吉祥,鼓励其多做善事。我有一批木梳,您的书法超群,可先刻上'积善梳'三个字,然后便可做赠品。"住持大喜,立即买下一千把木梳,并请小钱小住

几天,共同出席了首次赠送"积善梳"的仪式。得到"积善梳"的施主与香客,很是高兴,一传十,十传百,朝圣者更多,香火也更旺。这还不算完,好戏跟在后头。住持希望小钱再多卖一些不同档次的木梳,以便分层次地赠给各种类型的施主与香客。

就这样,小钱在看来没有木梳市场的地方开创出很有潜力的市场。

……

捆绑不成夫妻,强扭的瓜不甜。一厢情愿,剃头挑子一头热,强卖强买都不行。供方都渴望有个好卖点,求方都渴望有个好买点。能否出现好卖点和好买点,关键是能否在供求双方找到共同点。供求双方内在需要的共同点越多,买卖也就会越大;供求双方内在需要的共同点越少,买卖也就会越小。一句话,供求双方内在需要的共同点的多少,与买卖的大小成正比。善,是扩大供求双方内在需要的共同点的根本;恶,是缩小供求双方内在需要的共同点的祸害。

推而广之,竞争和互助如车之两轮、鸟之两翼,是发展任何事业的相辅相成的两个方面。竞争不能离开互助,离开了互助的竞争,势必发展成尔虞我诈;互助也不能离开竞争,离开了竞争的互助,势必失去强劲持久的动力。在继续积极参与竞争的同时,万万不可忽视互助的力量,万万不可忽视发现和扩大各种各样的共同点。孙中山在《建国方略》中有一句很深刻的话:"人类进化之主动力,在于互助,不在于竞争。"

智慧锦囊

和尚并不是真的不需要木梳,而是没有意识到木梳对自己的实际意义。生活也是一样,并不是生活缺少功能,而是还有很多功能我们还不会用,因为我们缺少发现的智慧。

事情就是这么奇怪,任何好事都有瑕疵的一面,任何坏事也有闪光的一面,看你怎么对待罢了。

背后一只眼睛

◇栖 云

事情是这样的:一名中文系的学生苦心撰写了一篇小说,请作家批评。因为作家正患眼疾,学生便将作品读给作家。到达最后一个字,学生停顿下来。作家问：“结束了吗？”语气似乎意犹未尽、渴望下文。这一追，煽起学生无比激情，立刻灵感喷发，马上接续道：“没有啊，下部分更精彩。”他以自己都难以置信的构思叙述下去。

到达一个段落，作家又似乎难以割舍地问：“结束了吗？”

小说一定摄魂勾魄，叫人欲罢不能！学生更兴奋，更激昂，更富于创作激情。他不可遏止地一而再再而三地接续、接续……最后，电话铃声骤然而响，打断了学生的思绪。

电话找作家，急事。作家匆匆准备出门。“那么，没读完的小说呢？”

作家莞尔，其实你的小说早该收笔，在我第一次询问你是否结束的时候，就应该结束。何必画蛇添足、狗尾续貂？该停则止，看来，你还没把握情节脉络，尤其是，缺少决断。

决断是当作家的根本，否则绵延逶迤，拖泥带水，如何打动读者？

学生追悔莫及，自认性格过于受外界左右，作品难以把握，恐不是当作家的料。

很久以后，这名年轻人遇到另一位作家，羞愧地谈及往事，谁知作家惊呼：你的反应如此迅捷、思维如此敏锐、编造故事的能力如此强盛，这些正是成为作家的天赋呀！假如正确运用，作品一定脱颖而出。

当停不止不好，但想象丰富非常重要。两位作家，两种认定方式，各有千秋。事情就是这么奇怪，任何好事都有瑕疵的一面，任何坏事也有闪光的一面，看你怎么对待罢了。

就像倒着走路的小恐龙，有一天也派上了用场，倒着走的脚印会麻痹敌人，给敌人造成错觉，从而保护自己。转过身来，谁都可能让人大吃一惊，重要的，是要学会用眼睛寻出金来。

智慧锦囊

　　拍电影电视，多角度运用镜头，会令人赏心悦目，增加韵味。观人间万象，常换角度思考，会减去不少烦恼忧愁，用泰然自若，心平气和的态度对待人生。

> 失误的结果，并不都是废物或恶果；有些失误的结果，是歪打正着可以妙用的宝贝。

妙 用 失 误

◇蒋光宇

有一次，古埃及国王胡夫举行盛大的国宴，厨工们忙得团团转。一名小厨工不慎将刚炼好的一盆羊油打翻在灶边，吓得他急急忙忙用手把混有羊油的炭灰一把一把地捧起来扔到外边去。扔完后赶紧洗手，手上竟出现滑溜溜、黏糊糊的东西，而且洗后的手特别干净。

小厨工发现这个秘密后，便悄悄地把扔掉的羊油炭灰捡回来，供大家使用，结果每个厨工的手都洗得又白又净。

后来，国王胡夫发现厨工们的手和脸洁白干净，没有了以往的油垢，便盘问起来。小厨工如实道出了原委。国王胡夫试后赞不绝口。很快，这个发现便在埃及全国推广开来，并传到了希腊和罗马。在这个发现的基础上，人们研制了出了流行世界的肥皂。

1885 年，亚特兰大市一个名叫潘伯顿的业余药剂师以柯树叶和柯拉树籽为基本原料，经过多次的试验，制成了一种具有兴奋作用的健脑药汁。这便是美国最初上市的可口可乐。但可口可乐的销量很低，潘伯顿也非常焦急。

有一天，一位头痛难忍的病人请求服用健脑药汁。店员在配药时，本应向瓶内注入自来水，实际上却误注了苏打水。病人一饮而尽。待店员醒悟过来感到束手无策之时，病人的头痛却止住了。店中人禁不住连声称"妙"。潘伯顿颇受启发，立即往健脑药汁中加入一定量的苏打水，并在"包治神经百病"的广告旁边，添上了"芳醇可口、益气壮神"等赞语。可口可乐奇迹般地从一种药剂，摇身一变而成为风行世界的上等饮料，其销量与日俱增。

有一个德国工人，在生产书写纸时不小心弄错了配方，生产出一大批不能书写的废纸。他被扣工资、罚奖金，最后还遭到解雇。正当他灰心丧气的时候，他的一个朋友提醒他，让他仔细想一想，能否从失误中找到有用的东西。于是，他很快认识到，这批纸虽然不能做书写用纸，但是吸水性能相当好，可用来吸干器

人生锦囊全集

具上的水。于是,他将这批纸切成小块,取名"吸水纸",投到市场后,相当抢手。后来,他申请了专利,成了大富翁。

在探索和创新的道路上,失误是不可能完全避免的。只有什么也不干的人,才不会有失误。经一番挫折,长一番见识。失误是特殊的教育,是宝贵的经验,是正确的先导,是通往成功的阶梯。这些,早已成为人们的共识。此外,失误还有容易被忽视和特别值得强调的意义:失误的结果,并不都是废物或恶果;有些失误的结果,是歪打正着可以妙用的宝贝。道理很简单,有些宝贝放错了地方,也就成了废物;有些废物放对了地方,也会成为宝贝。失误,就像一盆婴儿用过的洗澡水。当我们倒掉洗澡水的时候,万万不可粗心大意地将婴儿也一起扔掉。

智慧锦囊

别人眼中的无价之宝,在我们眼中可能一文不值。在废物与宝贝之间并没有太大的差别,差别是人的不同价值观和各异的思考方式。

完美是一幅无法弥补的缺陷,过于完美的人生,恰恰是有缺陷的人生。

有缺陷的种子

◇李雪峰

15岁的那年深秋,父亲让我乘车到县城去购麦种。下了车后,按照父亲指点的,我很快就找到了种子交易市场。

在市场街口,我进过几家种子门店,门市里的地上和货柜上,摆满了塑料盆盛着的麦种样品,我边和店主说话,边蹲下身子——观察一盆一盆的麦种样品。那些麦种看起来真的很好,一粒粒饱满、肥大,捧到手里,沉甸甸的亮闪闪的,就像一粒一粒的珍珠,几次在店主巧舌如簧的游说下,我差不多就要掏钱购种子,但我想起父亲的叮嘱,我还是最终把捧在手里的麦种依依不舍地又放进了样品盆中。

父亲说种子公司在国营门店里有上好的麦种,有省城来的农业教授亲自在那里出售麦种,他再三叮嘱我一定要到种子公司的门店去,一定要买那个农业教授培育出来的小麦一代杂交新品种。我一路打听着终于找到种子公司的门店，见到了那个戴着深度近视镜的教授和他培育出来的一代杂交新麦种。不过我失望极了，我的失望不是对教授，而是对教授培育出来的新麦种。那些麦种个头大小不一，显得十分参差，并且那些麦种也不饱满，一粒一粒瘦瘦的瘦瘦的，像一把一把细细的小小的麻雀舌苔，还一个一个灰头土脸的，几乎没什么光泽，远不如前面那些个体种贩出售的麦种，甚至同我家里收回来的麦粒也不能同日而语。我抓了一把捧在手掌里细细看了足足有3分钟，才怀疑地问站在一旁的教授说："这真的是您培育出来的一代杂交新品种？"教授笑着点点头说："是的是的。"

我怀疑地问他说："怎么成色这么差呢？"

教授解释说："一代杂交的新品种都这样，种几茬成色就会越来越好的。"我一点儿也不相信他的解释，母种都这样，还能结出什么样的好麦子来？我断定教授一定是骗人的，只不过是打着教授的幌子想靠出售麦种捞上一笔钱而已，这样的麦粒只配喂鸡，哪里配得上做麦种呢？

于是，我果断地离开了种子公司的门店，到街上的个体种子店里买了几十斤颗粒饱满、个个通体金亮的麦种。

麦种带回家后，我向父亲讲了我的推测，父亲也没说什么，很快就把种子播进地里去了。直到第二年收麦时，我和父亲才惊讶地发现，我们家那些颗粒饱满的麦种长出的麦子并不好，麦粒又细又小不说，产量也很低；而村里几家买了教授麦种的人，他们的麦子穗长、粒实、颗粒饱满、色泽金亮，产量高出我家好几倍。

后来我请教一位搞农业育种的专家，专家一听就笑了，他说，那些一代杂交的种子确实看上去不起眼，瘦小、亮色也差，可它们毕竟是一代杂交呀，它们种一年就变得饱满些，再种一年，就更加饱满了，它们在一年年克服着缺陷，在拼命地饱满和完美。而那些看上去饱满、金亮、完美无缺的种子，它已经完美到尽头了，没路再向上走了，所以只有一年年退化，只有一年年向缺陷发展，最后被彻底淘汰掉，永远退出土地和田园。

原来，在有些时候，完美也是一种缺陷啊。一幅画得太满的没有留白的画，不能给人以想象的空间；一片蓝得没有一片白云的天空，不能给人以云舒云卷的心灵悠然；一张洁白得没有一点儿墨迹的纸，不能给人以诗情画意的美韵；一尊完美无缺的菩萨，不能给以生活五味的率真……

完美是一幅无法弥补的缺陷，过于完美的人生，恰恰是有缺陷的人生。

智慧锦囊

当人生的所有目标一一实现，短暂的快乐过后，就是没有方向的无尽迷惘和空虚。只要心中还有目标，就还会有上升的空间，有向上的激情和冲动。

他让苦难芬芳。他让苦难醉透。能够这样生活的人，多么让人钦羡。

醉 透 苦 难

◇乔 叶

最近认识了一位朋友，他是个农民，做过木匠，干过泥瓦工，收过破烂，卖过煤球，在感情上受到过致命的欺骗，还打过一场三年之久的麻烦官司。现在他独身闯荡在一个又一个城市里，做着各种各样的工作，居无定所，四处飘摇，经济上也没有任何保障。看起来仍然像一个农民，但是他与乡村里的农民不同的是，他虽然也日出而作，但是却不日落而息——他热爱文学，写下了许多清澈纯净的诗歌。每每读到他的诗歌，都让我觉得感动，同时惊奇。

"你这么复杂的经历怎么会写这么柔情的作品呢？"我曾经问他，"有时候我读你的作品总有一种感觉，觉得只有初恋的人才能写得出。"

"那你认为我该写出什么样的作品呢？《罪与罚》么？"他笑。

"起码应当比这些作品沉重和黯淡些。"

他笑了。

"我是在农村长大的，农村家家都储粪，"他说，"小时候，每当碰到有人往地里送粪时，我都会掩鼻而过。那时我觉得很奇怪，这么臭这么脏的东西，怎么就能使庄稼长得更壮实呢？后来，经历了这么多事，我却发现自己并没有学坏，也没有堕落，甚至连麻木也没有，就完全明白了粪和庄稼的关系。"

我看着他。他想做一个怎样的比喻呢？

"粪便是脏臭的，如果你把它一直储在粪缸里，它就会一直这么脏臭下去。但是一旦它遇到土地，情况就不一样了。它和深厚的土地结合，就成了一种有益的肥料。对于一个人，苦难也是这样。如果把苦难只视为苦难，那它真的就只是苦难。但是如果你让它与你精神世界里最广阔的那片土地去结合，它就会成为一种宝贵的营养，让你在苦难中如凤凰涅槃，体会到特别的甘甜和美好。"

我也笑了。这个智慧的人，他是对的。土地转化了粪便的性质，他的心灵转化了苦难的流向。在这转化中，每一场沧桑都成了他唇间的冽酒，每一道沟坎都成了他诗句的花瓣。他文字里的那些明亮和妩媚原来是那么深情和隽永，因为其间的一笔一画都是他踏破苦难的履痕。

他让苦难芬芳。他让苦难醉透。能够这样生活的人,多么让人钦羡。

后来,我把他的一首小诗抄录了下来,作为自己的座右铭:

> 我健康的赤足是一面清脆的小鼓
> 在这个雨季敲打着春天的胸脯
> 没有华丽的鞋子又有什么关系啊
> 谁说此刻的我不够幸福

智慧锦囊

如果把坎坷看成一种调味品,你就会感到坎坷的生活也有别样的滋味,它同样会增添我们的阅历,丰富我们人生的底蕴。只要换一个角度,再悲惨的生活也会峰回路转,再痛苦的人生也会柳暗花明。

比别人多一点点,那么别人是小溪,你就可以成为生命的海洋。

只多一点点

◇李雪峰

栖霞是闻名全国的苹果主产区,这里的苹果个头大、汁多、脆甜,深受全国各地人们的喜爱,几家较早开辟苹果园的人,很快就富了。

见种植苹果的人富了,许多人蜂拥而起一下子建起了许多苹果园,没几年,栖霞遍地是苹果。苹果成熟时,堆积如山的苹果销路成了问题,让许多果农愁得一夜白了头。一个果农担忧地对自己的儿子说:"苹果这么难卖,明年咱们毁掉果园种其他的吧。"

果农的儿子说:"咱们果园经营这么多年,好不容易才刚到盛果期,毁掉就前功尽弃了,几年的血汗就白流了。"

果农伤心又无奈地说:"那又有什么办法呢?"

果农的儿子说:"先不要毁,让我再想想办法吧。"

第二年,这个果农的果园没有毁。5月份,当苹果长到半熟时,其他的果农悠闲地在树下打牌、聊天,等着果园里的苹果成熟时,这个果农的全家人却开始忙碌起来了,他们拿着剪好的"喜"、"祝你发财"等等的一张张剪纸,用不干胶将这些剪纸一一贴到那些个头大、果形好的苹果上,只几天便把整个果园的苹果给贴满了。其他的果农说:"苹果都半熟了,还忙什么? 歇着等苹果熟就行,销路难找,是大家都难找,你一家忙什么?"这个果农笑笑说:"没啥,闲着也是闲着,我只是比大家稍稍多忙一点点。"

苹果成熟后,果然销路仍然很难找。当其他果农为自己堆积如山的苹果销路忧愁得寝食难安时,这个果农的果园却涌满了全国各地来的订货水果商;甚至许多水果商为订到苹果竟排起了长队,有的主动向果农上浮了苹果的价格。邻近的果农看着川流不息驶向这家果园的大货车,不明白同是红富士,苹果个头、果形也差不多,为什么他家的客商络绎不绝,而自己家却门可罗雀呢? 他们拦住了一位水果商,水果商拿出两个苹果说:"人家的苹果上有'喜'字,有'祝你发财',这样的苹果在市场上很抢手,你们有吗?"几位果农明白了,原来人家在半熟的苹果上贴剪纸,苹果红后,那剪纸就在苹果上留下了清晰的字迹。但这并不是多么复杂的事情呀,有字的苹果,仅仅比普通的苹果多一个或几个字嘛,不就多了一点点吗,怎么销售时差别却这么大呢?

一位水果商说:"不错,就是只多了那么一点点,所以多一点点的,和少一点点的,就有了天壤之别了。"

难道不是这样吗? 有许多人原本和我们一样,只是他们比我们多了一点点的勤奋,所以他们成功了,而我们却依旧普通着;有许多人原本和我们一样,只是他们比我们多了一点点人生的执著,所以他们成为了奇迹,而我们却成为了人生的庸者……

只多一点点,比小溪多一点点就成了大河,比大河多一点点就成了长江,比长江多一点点就成了大海。一个人的失败就因为他比别人仅仅少了一点点,而一个人的成功也因为他比别人仅仅多了一点点。

比别人多一点点,那么别人是小溪,你就可以成为生命的海洋。

智慧锦囊

黑猩猩和人类的遗传基因有99%是一样的, 但就是因为那1%的不同就造就了两个不同的物种。同样,大部分人眼中的世界千篇一律,成功者却在千篇一律中找到了成功的切入点。

人生的困苦

◇李雪峰

一个老船长被聘请到一家海运公司当船长。这是一家频频发生沉船事故的海运公司，对事故的心有余悸，成了这家公司船员们冰山一样沉重的心理障碍，严重影响了公司的正常海运业务。

满头白发的老船长上船后，在船长舱里看了看挂在壁上的货船航线图，他吩咐把它取下来。船上的水手们说："这是公司好不容易花费巨资请来专家们绘的航线图，航线基本都在浅水区，而且暗礁和险滩都标得十分精确，不要这幅航线图怎么行呢？"老船长不理睬水手们，只是要求公司能马上提供一份航线深水区示意图。

船上的水手们十分不解又十分惊慌，过去他们在浅水区按航线行船，船只遭遇不测时，大家凭自己的水性和泳技，能够很快找到荒岛和礁石，可以死里逃生侥幸逃过一次次劫难。但船只在深水区航行就可怕得多了，一旦遭遇沉船，茫茫大海上不仅很难找到荒岛礁丛，而且连一根稻草也往往找不到，那就很难有生还的机会了。心有余悸的船员们立刻嚷嚷着对老船长的这种做法提出了大胆的质疑和愤怒的抗议。叼着橡木烟斗的老船长什么也不说，他撕下一页厚厚的牛皮纸，在甲板上三折两叠就叠出了一条漂亮的纸船，又找来了一个木盆，倒上半盆的水，然后又往木盆里丢下一些差不多和水深一样高度的石块。老船长把纸船放进木盆里，扳住盆沿轻轻地摇了几摇，顿时，那纸船在木盆里晃晃荡荡的，不是撞到这一个石块，就是搁浅在另一个将露而未露出水面的石块上，只几晃那个纸船便被撞沉了，看得围观的水手们个个手心都攥了一把冷汗。

老船长把纸船捞出来，又叠了一个纸船，然后吩咐一个年轻水手将盆子里倒满水，才将这个纸船放到了盆子里。盆子里的水深了许多，刚才那些浮出水面和浅浅淹在水面下的石块现在深深淹在了水底，老船长扳住盆沿晃了晃，纸船在盆里摇摇摆摆晃来晃去，虽然颠簸得十分厉害，但因为没有冒出水面的石块，也没有浅浅掩在水面下的石尖，纸船在盆子里安然无恙。

老船长取下了嘴上叼着的橡木烟斗，望了一眼那些疑惑不安的船员们说：

"明白了吧？水最深的地方，礁石和暗礁就没有了，行船也就没有或减少了不幸触礁的危机，行船就更加安全了；而在浅水区，险滩和暗礁就全浮了出来，就是再有经验的船长，也很难做到不出事故的。"老船长顿了顿，又深深吐了一口烟说："这是我驾船和海打了一辈子的经验了。水越深的地方，行船也是最安全；而水越浅的地方，却恰恰就是沉船事故多发之地啊！"

人生又何尝不是呢？当我们生活处于最深危机的时候，那些鸡毛蒜皮的小困难都被掩在了最深处，它们不能对我们构成一点点的威胁，于不经意间被我们轻而易举地一掠而过了。而当我们处于风平浪静的生活浅水区时，那些原本不值一提的小事情却成了一道道人生的险滩和暗礁，往往把我们撞沉。

行船要选深水区，人生也贵在艰困时。

智慧锦囊

我们之所以面对困难时紧张，是因为我们没有应对的能力。热爱生活，努力去争取，不断在各个方面提升自己，才能使我们在困难面前无所畏惧，从容不迫。

原来，我们以为根本无法寻觅的东西，却是这样的处处留踪，处处有源。

森林里的水

◇乔　叶

朋友是做地质工作的。听说在最近一次的勘探中他迷了路，经历了一些小小的惊险，我便前去看望他。

"其实没什么，干粮带得本来就很多，不过是多走了几天路而已。对我们这些人来说，走路还不是家常便饭。"朋友说。

"只怕还是与不迷路有所不同吧。"我笑道。

"倒是在找水的事情上，让我多了一些与往日不同的感受。"朋友讲述了事情的经过：

这次勘探，我们请了一位山民做向导，原计划两天就出来的，没想到天气不好，向导也迷了路，就走了一个星期。虽然平白多这五天，因为吃不是问题，走路倒真是无所谓的，要命的是带的水喝完了。地图上标志这座山里是没有河的，连一条小溪流也没有。这可怎么行呢？我们问向导，向导说不用急，"森林里最多的就是水了。"他说。"水在哪儿？"我们问。他指了指不远处一洼肮脏的泥坑，那里聚着一些水。"那就行。"他说。可那水太让人恶心了。向导没有理会我们的表情，自去采了一束草，把草编成碗的样子，开始往饭盒里过滤那洼水，过滤了几遍之后，水渐渐地清了，放了两片饮水消毒片，水果然就能喝了。这是他告诉我的第一种取水的方法。晚上在进帐篷之前，我发现他把塑料布一张张地大撑开，在树干上吊住四角，早上，每一张塑料布里就都聚满了露水。这是第二种。

要是不到取露水的时候，也找不到水洼，他就找那些树干很粗树叶很大果实很多的树，用刀子在树干上挖一个洞，就会有水很慢地流出来，那些水的颜色有些淡绿，应当叫做树汁儿吧。或者也可以在潮湿地带去找那些很粗的藤，把藤茎割一段，就会有水流出。这一段流完之后，再在这根藤上离开尺把远割一段就行了。除了这些，他给我们提供的水源还有野仙人掌，野麻竹，野丝瓜……这位只有小学文化的向导让我震惊极了。在我们的意识里，这个森林既然没有河，老天又不下雨，那就是没有水的，但是在他的眼睛里，随便一个角落似乎都藏有水。原来，我们以为根本无法寻觅的东西，却是这样的处处留踪，处处有源。

"对这位向导来说，用这些方法取水也许只是个经验问题。但这件事情对我的意义却绝不仅仅如此。"朋友说，"我常常以为只要自己眼睛明亮，看东西就没有不清楚的，现在才发现若是思想盲目，视力再好也没有用处。"

我们相对而坐，久久无语。像那位向导让他震惊一样，他的讲述同样也让我震惊。是的，我们常常以为水这个名词所指的，除了雨水、河水、溪水、泉水、自来水等这些显性的概念之外就没有别的适用了，却很少有人能够想到，水，还可以是泥洼里的浑浊，是露珠的凝聚，是树的体液，是藤的腰身，是仙人掌的掌心，是麻竹的绿茎，是野丝瓜的肚腹，是花瓣的娇艳，是草叶的清香，甚至是松鼠轻盈的跳跃和小鸟婉转的歌唱……

我们往往只看到呈现在我们面前的那些就以为已经阅尽沧海，却不曾想到，我们看到的，其实只是冰山上的一角。也许恰恰是因为我们以为自己看到的越多，才漏掉的更多。诚如朋友所说，如果思想盲目，视力再好也没有用处；如果精神近视，奇美的世界在我们眼里必然就会浅显成一片简单的色斑。

我想，也许，我们的错误范畴决不仅止于水，还有诸多领域的丰富和深情正在被我们狭隘的惯性忽略、挤压和简化。比如各种形式各种内容的爱，比如千姿百态千达百通的学习，比如与森林里的水一样的万事万物对我们心灵的广阔引导和纷繁启迪。

那些麻木的人们，永远找不到生命的泉水。不是生命本身对他们吝啬和残酷，而是那些麻木的人们主动放弃生命的权力，抛弃了寻找生机的信心。

善待失败者是对失败的最大轻蔑。

失败了也要昂首挺胸

◇刘燕敏

巴西足球队第一次赢得世界杯冠军回国时，专机一进入国境,16 架喷气式战斗机立即为之护航。当飞机降落在道加勒机场时,聚集在机场上的欢迎者达 3 万人。从机场到首都广场不到 20 公里的道路上,自动聚集起来的人群超过 100 万。市长里奥·热奈罗晚出发了一会儿,竟然无法驱车去机场。他只得从官邸乘直升机前往。途中,多数球员被请进豪华汽车,几个主力队员如贝利等则被人用手臂向前传递,4 个多小时的路程他们脚不沾地,一直被送到总统府。多么宏大和激动人心的场面! 然而前一届的欢迎仪式却是另一番景象。

1962 年,巴西人都认为巴西队能获得本次世界杯赛的冠军,然而天有不测风云,在半决赛中却意外地败给了德国队,结果那个金灿灿的奖杯没有被带回巴西。球员们悲痛至极,他们想去迎接球迷的辱骂、嘲笑和汽水瓶,足球可是巴西的国魂。

飞机进入巴西领空,他们坐立不安,因为他们的心里清楚,这次回国凶多吉少。可是,当飞机降落在首都机场的时候,映入他们眼帘的却是另一种景象。梅内姆总统和两万多球迷默默地站在机场,他们看到总统和球迷共举一大横幅,上书:失败了也要昂首挺胸。

队员们见此情景,顿时泪流满面。总统没有讲一句话,球迷们也没有动,舷梯上,除了可以见到球员们徐徐地走下飞机,整个机场如凝固一般,等球员们离开后,总统和球迷们才有秩序地各自回去。四年后,巴西队捧回了世界杯。

善待失败者是对失败的最大轻蔑。从个人意义上来讲,失败本身并不可怕,可怕的是，世界上存在着对失败者宣泄不满的人，如果去掉这部分人的暴怒和谩骂，剔除失败的副产品，失败也是一件令人神往的事。

成功不是骄傲的理由，失败也不是放弃的借口，在失败中汲取失败的教训，是为了最终达到成功。昂首挺胸是对失败的藐视，只有这样，我们才不会被失败完全打败。

> 信念值多少钱？信念是不值钱的，它有时甚至是一个善意的欺骗，然而你一旦坚持下去，它就会迅速升值。

信念值多少钱

◇刘燕敏

罗杰·罗尔斯是纽约第 53 任州长，也是纽约历史上第一位黑人州长。他出生在纽约声名狼藉的大沙头贫民窟。这里环境肮脏，充满暴力，是偷渡者和流浪汉的聚集地。在这儿出生的孩子，从小耳濡目染，他们逃学、打架、偷窃甚至吸毒，长大后很少有人获得较体面的职业。然而，罗杰·罗尔斯是个例外，他不仅考入了大学，而且成了州长。

在就职的记者招待会上，到会的记者提了一个共同的问题：是什么把你推向州长宝座的？面对 300 多名记者，罗尔斯对自己的奋斗史只字未提，他仅说了一个非常陌生的名字——皮尔·保罗。后来人们才知道，皮尔·保罗是他小学的一位校长。

1961 年，皮尔·保罗被聘为诺必塔小学的董事兼校长。当时正值美国嬉皮士流行的时代，他走进大沙头诺必塔小学的时候，发现这儿的穷孩子比"迷惘的一代"还要无所事事，他们不与老师合作，他们旷课、斗殴，甚至砸烂教室的黑板。皮尔·保罗想了很多办法来引导他们，可是没有一件是奏效的。后来他发现这些孩子都很迷信。于是在他上课的时候就多了一项内容——给学生们看手相。凡经他看过手相的学生，没有一个不是州长、议员或富翁的。当罗尔斯从窗台上跳下，伸着小手走向讲台时，皮尔·保罗说，我一看你修长的小拇指就知道，将来你

人生锦囊全集

是纽约州的州长。当时，罗尔斯大吃一惊，因为长这么大，只有他奶奶让他振奋过一次，说他可以成为5吨重的小船的船长。这一次，皮尔·保罗先生竟说他可以成为纽约州的州长，着实出乎他的预料。他记下了这句话，并且相信了它。

从那天起，纽约州州长就像一面旗帜，他的衣服不再沾满泥土，他说话时也不再夹杂污言秽语，他开始挺直腰杆走路，他成了班主席，在以后的四十多年间，他没有一天不按州长的身份要求自己。51岁那年，他真的成了州长。

在他的就职演说中，有这么一段话。他说，信念值多少钱？信念是不值钱的，它有时甚至是一个善意的欺骗，然而你一旦坚持下去，它就会迅速升值。

在这个世界上，信念这种东西任何人都可以免费获得，所有积累了庞大财富和达到目的的人，最初都是从一个小小的信念开始的，信念是所有奇迹的萌发点。

智慧锦囊

面对未知的成功，有的人会悲观地欺骗自己那是不可能的；而有些人会鼓励自己一定会有办法。最后悲观的人放弃了，鼓励自己的人真的找到了成功的方法。

生命，也只有遭遇一次次的挫折和坎坷，才能留下我们一脉脉人生的幽香。

浮 生 若 茶

◇李雪峰

一个屡屡失意的年轻人千里迢迢来到普济寺，慕名寻到老僧释圆，沮丧地对老僧释圆说："像我这样屡屡失意的人，活着也是苟且，有什么用呢？"

老僧释圆如入定般坐着，静静听这位年轻人的叹息和絮叨。什么也不说，只是吩咐小和尚："施主远途而来，烧一壶温水送过来。"小和尚诺诺着去了。

稍顷，小和尚送来了一壶温水，释圆老僧抓了一把茶叶放进杯子里，然后用温水沏了，放在年轻人面前的茶几上微微一笑说："施主，请用些茶。"年轻人俯首看看杯子，只见杯子里微微地袅出几缕水汽，那些茶叶静静地浮着。年轻人不解地询问释圆说："贵寺怎么用温茶？"释圆微笑不语，只是示意年轻人说："施主请用茶吧。"年轻人呷了两口，释圆说："请问施主，这茶可香？"

年轻人又呷了两口，细细品了又品，摇摇头说："这是什么茶？一点儿茶香也没有呀。"释圆笑笑说："这是江浙的名茶铁观音啊，怎么会没有茶香？"年轻人听说是上乘的铁观音，又忙端起杯子吹开浮着的茶叶呷两口，又再三细细品味，还是放下杯子肯定地说："真的没有一点儿茶香。"

老僧释圆微微一笑，吩咐门外的小和尚说："再去膳房烧一壶沸水送过来。"小和尚又诺诺着去了。稍顷，便提来一壶壶嘴吱吱吐着浓浓白汽的沸水进来，释圆起身，又取过一个杯子，撮了把茶叶放进去，稍稍朝杯子里注了些沸水，放在年轻人面前的茶几上。年轻人俯首去看杯子里的茶，只见那些茶叶在杯子里上上下下地沉浮，随着茶叶的沉浮，一丝细微的清香便从杯子里袅袅地溢出来。

嗅着那清清的茶香，年轻人禁不住欲望去端那杯子，释圆忙微微一笑说："施主稍候。"说着便提起水壶朝杯子又注了一缕沸水。年轻人再俯首看杯子，见那些茶叶上上下下沉沉浮浮得更剧烈了，同时，一缕更醇更醉人的茶香袅袅地升腾出杯子，在禅房里轻轻地弥漫着。释圆如是地注了五次水，杯子终于满了，那绿绿的一杯茶水，沁得满屋津津生香。

释圆笑着问道："施主可知道同是铁观音却为什么茶味迥异吗？"年轻人思忖了一会儿说："一杯用温水冲沏，一杯用沸水冲沏，用水不同吧。"

释圆笑笑说，用水不同，则茶叶的沉浮就不同。用温水沏的茶，茶叶就轻轻地浮在水之上，没有沉浮，茶叶怎么会散逸它的清香呢？而用沸水冲沏的茶，冲沏了一次又一次，茶叶沉了又浮，浮了又沉，沉沉浮浮，茶叶就释出了它春雨的清幽，夏阳的炽烈，秋风的醇厚，冬霜的清冽。世间芸芸众生，又何尝不是茶呢？那些不经风雨的人，平平静静生活，就像温水沏的茶叶平静地悬浮着，弥漫不出他们生命和智慧的清香；而那些栉风沐雨饱经沧桑的人，坎坷和不幸一次又一次袭击他们，就像被沸水沏了一次又一次的酽茶，他们在风风雨雨的岁月中沉沉浮浮，于是像沸水一次次冲沏的茶一样溢出了他们生命的一脉脉清香。

是的，浮生若茶。我们何尝不是一撮生命的清茶？

而命运又何尝不是一壶温水或炽烈的沸水呢？茶叶因为沸水才释放了它们本身深蕴的清香；而生命，也只有遭遇一次次的挫折和坎坷，才能留下我们一脉脉人生的幽香。

智慧锦囊

一块铁在温暖的环境中，永远只是一块普通的铁；一块铁如果经过高温熔冶，再加千锤百炼就会变成一块优质的钢。生活给予你苦难的同时，也给了你坚毅的灵魂和成功的可能。

飞起来的每只鸟都要先跌落地上无数次,失败是飞翔翅膀上必不可少的羽毛。

失败是必不可少的飞翔羽毛

　　16岁的他辍学后,到一家车厂做了一名学徒工,每天1.1美元的薪水让很多人羡慕。他似乎天生就是搬弄机器的料,往往不费吹灰之力就修理好了那些老工人都无法修理的机器。可是,学徒到第六天,他就在那些老工人的排挤中被开除了。

　　现实社会的复杂和龌龊并没有让他丧失对阳光的信任,他满怀激情地到了一家历史悠久的制造铜具的小工厂,主要制作生产灯座、门阀、门铃、钟等产品。每周6美元的薪水对于他这样一个学徒工已经难能可贵了,但他总是不安分地尝试着自己制作一些东西:试制蒸汽锅炉、试制可以连续走八天的手表、做船……尽管每一次试制前都满怀信心,但每一次试制却都以失败告终。半年后,屡屡失败的他却认为这家工厂已经没有他值得学习的东西了,毅然辞职,他要去追逐他的一个梦想,他告诉人们,他早晚会日产2000块30美分的手表。

　　面对他的异想天开,人们只是善意地笑着。

　　可是,他的麻烦却接踵而至,丢掉工作的他连房租都付不起了,他只好每天去一家钟表厂打工。虽然每晚只有50美分的薪水,依然阻挡不了他的异想天开。当他经过精心计算后,他发现要实现生产出30美分的手表,必须每天生产60万块手表才可以。但每天60万块的手表卖给谁呢?梦想触礁让他再一次辞掉了工作……

　　这个不断梦想、失败、尝试的人就是后来成为汽车之父的亨利·福特。

　　这些失败的经历对亨利·福特后来的成就有没有积极的触动和帮助,我们不得而知,我们能够知道的仅是,亨利·福特很清楚地记得这些失败,比一些成功都记得更清楚。可以不断地失败,但不可以放弃去梦想,或许正是青年时的一次次跌倒铸造了亨利·福特越来越坚毅的梦想羽翼,最终,他依靠着汽车梦的翅膀飞翔高空。

　　飞起来的每只鸟都要先跌落地上无数次,失败是飞翔翅膀上必不可少的羽毛。

几乎每个人都有梦想,有的人会努力,有的人仅仅就是想想。最终努力在一次次失败中坚强地爬起,从而实现了梦想,而想想的人依旧是原来的样子。

有事故像无事故一样的镇静,才能化解事故的危机。

波音公司化祸为福

◇蒋光宇

美国波音公司是一个实力雄厚、拥有世界一流的先进设备和技术水平的飞机制造公司。它所生产的飞机性能良好,承载量大,深受用户信赖。然而,天有不测风云,正当它春风得意积极扩大生产的时候,祸从天降。

美国阿哈罗航空公司的一架由波音公司制造的 737 客机,从檀香山起飞不久,突然一声巨响,前舱顶盖被掀掉一块足有 6 平方米的大洞! 值得庆幸的是,有数年驾驶经验的飞机驾驶员依然将飞机安全降落在当地机场,除一名空中小姐从舱顶被掀出舱外,89 名乘客安然无恙。

尽管如此,这架波音 737 客机的事故,在短短的几小时之内便迅速传遍了世界各地,并引起了轰动。波音公司面临着难以化解的严重危机。

很快,波音公司有根有据地向各界人士宣传:这次事故的主要原因是飞机的服役时间太长,已经飞行了 20 年,起落过 9 万多次,金属过度疲劳,远远超过了保险系数。但是,如此残旧的飞机,在如此重大的事故面前,能安全返回地面,使乘客无一伤亡,难道不是从反面说明了波音飞机质量的十分可靠吗? 如果航空公司能按照波音公司的设计要求使用飞机,该停飞时就及时停飞,岂不是万无一失?

波音公司的巧妙言辞,不仅迅速有力地扭转了被动局面,把舆论界和竞争对手的攻击稳妥地化解在萌芽状态,维护了本公司的良好形象,而且赢得了更为广阔的市场。阴云过后,是更加晴朗的天空。到波音公司订货的客户猛增,世界各大航空公司的钱财源源不断地流进了波音公司的金库。

慧眼识珠。后来有人将这个真实的故事加以改编,搬上了银幕,并获得了巨大的成功。

"祸兮福所倚，福兮祸所伏。"没有事故出现的时候，要兢兢业业，像随时可能发生事故一样；有事故出现的时候，要泰然处之，像没有发生事故一样。没有事故像有事故一样地提防，才可以减少意外的事故；有事故像无事故一样的镇静，才能化解事故的危机。

智慧锦囊

"山重水复疑无路，柳暗花明又一村。"上帝锁上前进的大门，聪明的人会发现他特意留下的窗口。危机并不可怕，可怕的是面对危机束手无策，丧失了通过思考化祸为福的能力。

当一扇门对你关上，你千万不要把自己也关在里面。因为世界上不止一扇门。一定还有另一扇门，你要做的就是去寻找并打开这扇门！

你被解雇了

◇林　夕

这一天，49岁的伯尼·马库斯像往常一样，拎着心爱的公文包去公司上班。在二十多年的职业生涯中，他勤勤恳恳，兢兢业业，才坐到今天职业经理人的位置上，其中充满了艰辛困苦。他只要再这样工作11年，就可以安安稳稳地拿到退休金了。可是，他万万没有想到，这——将是他在公司工作的最后一天。

"你被解雇了。"

"为什么？我犯了什么错？"他惊讶、疑惑地问。

"不，你没有过错，公司发展不景气，董事会决定裁员，仅此而已。"

是的，仅此而已。他在一夜之间，从一名受人尊敬的公司经理成了一名在街头流浪的失业者。

和所有的失业者一样，繁重的家庭开支迫使伯尼·马库斯必须找到生活来源。那段日子，他常常去洛杉矶一家街头咖啡店，一坐就是几小时，化解内心的痛苦、迷茫和巨大的精神压力。

有一天，他遇到了自己的老朋友——和他一样、同是经理人现在也同样遭到解雇的亚瑟·布兰克。两个人互相安慰，一起寻求解决的办法。

"为什么我们不自己创办一家公司呢?"

这个念头像火苗一样,在伯尼·马库斯心中一闪,点燃了压抑在心中的激情和梦想。于是,两个人就在这间咖啡店里,策划建立新的家居仓储公司。两位失业的经理人为企业制定了一份发展规划和一个"拥有最低价格、最优选择、最好服务"的制胜理念,并制定出使这一优秀理念在企业发展中得以成功实践的一套管理制度,然后就开始着手创办企业。时值 1978 年春天。这——就是后来闻名全球的美国家居仓储公司。他们用了 20 年的时间,把一家名不见经传的小公司发展成为拥有 775 家店、15 万名员工、年销售额 300 亿美元的世界500 强企业,成为全球零售业发展史上的一个奇迹。

奇迹始于 20 年前的一句话:你被解雇了!

是的,"你被解雇了"——是我们每个人在人生旅途中最不愿听到的一句话,但正是这句话,改变了伯尼·马库斯和亚瑟·布兰克两个人一生的命运。如果不是被解雇,他们无论如何也不会想到要创办美国家居仓储公司;如果不是被解雇,他们无论如何也不会跻身世界 500 强;如果不是被解雇,他们两个现在只是靠每月领退休金度日的垂暮老人。

人生是一次长途旅行,它的美妙之处就是"未知",你不知道未来会发生什么。所以,当一扇门对你关上,你千万不要把自己也关在里面。因为世界上不止一扇门。一定还有另一扇门,你要做的就是去寻找并打开这扇门!

越是一般人认为不可能的事,越是有可能做到。

不可能的事

◇刘燕敏

世间的事非常奇怪,越是人们认为不可能的,做起来越顺当。第一位发现这个道理的,据说是哥伦布。

1485 年 5 月,哥伦布到西班牙去游说:"我从这儿向西也能到达东方,只要你们拿出钱来资助我。"当时,没有一个人阻止他,也没有人刺杀他,因为当时的人认为,从西班牙向西航行,不出 500 海里,就会掉进无尽的深渊;到达富庶的东方,是绝对不可能的。

可是,在他第一次航行成功,第二次又要去的时候,不仅遇到了空前的阻力,而且还有人在大西洋上拦截,并企图暗杀他。至于原因,非常明确,因为沿这条航线绝对能够到达富庶的东方,他再去一回,那儿的黄金、玛瑙、翡翠、玉石、皮毛、香料,就会使他富比王侯,不可一世。

越是人们认为不可能的,做起来越顺当。这一道理,在哥伦布死后就被人遗忘了。直至 500 年后,在华尔街上,才被一位名叫巴菲特的美国人发现。

1973 年,全世界没有一个人认为,曼图阿农场的股票能够复苏;有的甚至认为,曼图阿不出三个月就会宣告破产。然而,巴菲特不这样看,他认为,越是在人们对某一股票失去信心的时候,这只股票越可能是一处大金矿。果然,在他以 15 美分的价格买入一万手之后,不到 5 年,他就赚了 4700 万美元。众所周知,现在他已是紧排比尔·盖茨之后的大富翁了。

哥伦布所发现的那个道理,前不久又被一个人发现。他是法国的一位小男孩。这个小男孩 7 岁时,创办了一个专门提供玩具信息的网站。当时,没有一个人把他放在眼里,没有一家同类的公司与之为敌,也没有哪家行业公会来找他签订行业约束条款。他们认为,那个网站只是一个孩子的游戏,成不了什么气候。谁知结果却出人意料,这位小男孩不仅把网站做大了,而且在他 10 岁时,就通过广告收入,成了法国最年轻的百万富翁。

越是一般人认为不可能的事,越是有可能做到。这话确实很有道理。大家都认为不可能,必然谁也不去关注,谁也不去攻击,谁也不去设防;再者,不可能实现的事,一般都没有竞争对手,第一个去做的人正好可以独自乘虚而入。

另外,一般人认为不可能的事,肯定是件十分困难、甚至是难以想象的事。因为太难,所以畏难;因为畏难,所以根本不去问津。不但自己不去问津,甚至认为别人也不会问津。可以说,世界上真正的大业,都是在别人认为不可能的情况下完成的;在人类一步步从过去走向未来的过程中,不可能的事,一件还没有发现。

智慧锦囊

很多时候我们不是被"不可能"打败,而是被自己的保守打败。不敢对"不可能"质疑,不敢相信自己的眼光,成功是偏心的,它只对那些具有独特发现眼光和具有强烈信念的人微笑。

> 努力做好自己的事情，这通常是面对辱骂等无理纠缠的上策。

面 对 辱 骂

◇蒋光宇

明朝郑瑄在《昨非庵日纂》中，记载着一个富弼面对辱骂的故事。

宋朝的富弼，年轻时就很有度量。有人骂他，他充耳不闻，专心致志地做好自己的事情，好像什么也没听见。旁边的人告诉说："那个人正骂你呢！"富弼说："恐怕骂的是别人。"旁边的人又说："喊你的姓名，难道会骂别人！"富弼说："恐怕是同名同姓的人。"骂人的那个人听完富弼那不屑一顾的轻蔑回答后，感到非常羞愧。

富弼常教育孩子们说："'忍'字，是解决很多事情的法门。如果具备了清廉、简朴等品德之外，再加上一个'忍'字，还有什么事情不能办？"

与富弼面对辱骂的故事很相似，还有一个释迦牟尼面对辱骂的故事。

有那么一段时间，释迦牟尼经常遭到一个人的嫉妒和谩骂。对此，他心平气和，沉默不语，不动声色，我行我素，专心致志地做好自己的事情。

又有一次，当那个人骂累了以后，释迦牟尼微笑着问："我的朋友，当一个人送东西给别人，别人不接受，那么，这个东西是属于谁的呢？"那个人不假思索地回答："当然是送东西的人自己的了。"释迦牟尼说："那就对了。到今天为止，你一直在骂我。如果我不接受你的谩骂，那么谩骂又属于谁呢？"听了释迦牟尼充满智慧和实力的妙问，那个人为之一怔，哑口无言。从此，他再也不敢谩骂释迦牟尼了。

树欲静而风不止。在实际生活中，恶意的辱骂、恐吓、诽谤、嫉妒或指责等，是难以完全避免的。一方面不予理睬；一方面竭尽全力强大自己，努力做好自己的事情，这通常是面对辱骂等无理纠缠的上策。

智慧锦囊

面对辱骂，心浮气躁，企图想用辱骂回击辱骂，是一种不成熟；面对辱骂，嫣然一笑，以一种云淡风轻的轻蔑回击辱骂，是一种笃定；面对辱骂，心平气和，懂得用行动回击辱骂，是一种睿智。

在人生的旅途上，有些意外的风雨是非常自然的，只要你寻觅的眼睛没有被由挫折而来的伤感遮蔽，继续认真地去寻找，相信你一定会找到通向成功的道路……

跌倒的地方也有风景

◇崔修建

那时，连自己的名字都不会写的田中光夫，在东京的一所中学当校工。尽管周薪只有 50 日元，但他十分满足，很认真地干了几十年。就在他快要退休时，新上任的校长以他"连字都不认识，却在校园里工作，太不可思议了"为理由，将他辞退了。

几经争取无效后，田中光夫恋恋不舍地离开了校园。像往常一样，他又去为自己的晚餐买半磅香肠。但快来到山田太太的食品店门前时，他猛地一拍额头——他忘了，山田太太去世了，她的食品店已关门多日了。

真是倒霉，附近街区竟然没有第二家卖香肠的。刚刚受了失业打击的他，情绪坏到了极点，他懊恼地踢着路上的石子。

忽然，一个新鲜的念头在他幽闭的心田一闪——为什么我不自己开一家专卖香肠的小店呢？

这个想法让田中光夫立刻兴奋起来，他很快拿出自己仅有的一点儿积蓄接手了山田太太的食品店，专门经营起香肠来。

因为田中光夫灵活多变的经营，5 年后，他成了名声赫赫的熟食加工公司的总裁，他的香肠连锁店遍及了东京的大街小巷，并且是产、供、销"一条龙"的服务，颇有名气的"田中光夫香肠制作技术学校"也应运而生。

一天，当年辞退他的校长得知他这位著名的董事长，只会写不多的字，便十分敬佩地打电话赞叹他："田中光夫先生，您没有受过正规的学校教育，却拥有如此成功的事业，实在是太了不起了。"

田中光夫却笑着回答："那得感谢您当初辞退了我，让我摔了个跟头后，才认识到自己还能干更多的事情。否则，我现在肯定还只是一位周薪 50 日元的校工。"

田中光夫的遭遇再次告诉我们一个朴素的真理——跌倒的地方也有风景。

在人生的旅途上,有些意外的风雨是非常自然的,只要你寻觅的眼睛没有被由挫折而来的伤感遮蔽,继续认真地去寻找,相信你一定会找到通向成功的道路……

智慧锦囊

一次失败就是一次假期,懂得享受的人不会埋怨,而会利用机会休养好自己的身心,冷静地思考人生总结经验,在假期过后重踏人生旅程将越走越顺。

忘记了过去的错误,就是今后重犯旧错的前兆;忘记了过去的耻辱,就等于给今后的耻辱种下了一颗可能萌发的种子。

化耻辱为光荣

◇蒋光宇

一位从加拿大留学归来的朋友,讲了一个发人深省的耻辱戒指的故事。

在加拿大,人们不难发现一些科技专家和学者的左手无名指上戴着一枚式样完全相同的钢制戒指。这些人的职务、年龄等各种情况可能不尽相同,但他们都是从著名的加拿大工学院毕业的毕业生。这种戒指有个特殊的名字,被称为"耻辱戒指"。

加拿大工学院不仅誉满全国,而且在国际上也有着很高的声望,可在学校的发展历史上,曾发生过一件几乎使该校声誉扫地的惨痛事件。那一年,加拿大政府将一座大型桥梁的设计任务交给了一位该校毕业的工程师,但谁也没想到,由于设计上的失误,该桥在建好交付使用后不久就倒塌了。这使国家蒙受了无可挽回的巨大损失,使该校蒙受了难以洗刷的耻辱。

痛定思痛,为了吸取这个刻骨铭心的教训,加拿大工学院花钱买下了建造这座桥梁所用的全部钢材,将其加工成数百万只戒指。从此,在每年的毕业典礼上,每个毕业生在庄重地领到毕业文凭的同时,还会庄重地领到一枚这样的耻辱戒指。

前车之覆,后车之鉴。长期以来,加拿大工学院的毕业生都牢记耻辱戒指上凝聚的耻辱和教训,在工作中精益求精,兢兢业业,为国家的发展做出了很大贡献。随着岁月的流逝,尽管这种耻辱戒指仍然戴在所有毕业生的手指上,但耻辱的含义早已成为遥远的过去,取而代之的是一种反败为胜将耻辱变为光荣的自豪。

忘记了过去的错误,就是今后重犯旧错的前兆;忘记了过去的耻辱,就等于给今后的耻辱种下了一颗可能萌发的种子。加拿大工学院一批接一批的毕业生,永远都会将耻辱戒指戴在手上。因为只要看到它,就仿佛能够听到那慎之又慎、勿忘耻辱的长鸣警钟。

智慧锦囊

天花是一种痛苦,但经历过天花的阵痛,我们以后就有了对天花的抗体。耻辱有时是不可避免的,只有把耻辱牢牢刻在心里,才能永远防止下一个耻辱的产生。

人生的选择很难一选精准,拐个弯或许正是旖旎的风景处。

谁都可能走弯路

◇澜 涛

一

刘翔少年时,上海市普陀区少体校的跳高高级教练顾宝刚发现他的身体素质非常出众,便将他招入名下练习跳高。刘翔从小就十分好强,练习非常刻苦,成绩提高很快。但横杆在快速提高一段时间后,再提高却变得困难起来。刘翔很着急,以为是自己的用心不够,就给自己加练,他想用更加刻苦的训练提升自己的成绩。一段时间后,横杆的提升微乎其微,顾宝刚找到刘翔,无奈地表示:"你的腿如果再长5厘米就好了。以你现在的身高最多也就是个亚洲冠军,你好好考虑一下是否放弃跳高……"刘翔因自身的不足而非常痛苦,但他又不得不接受这个现实。在顾宝刚的建议下,他开始改练跨栏。

日复一日,春秋流变。那个不足留下的遗恨沉沉地压在心头。

2004 年雅典奥运会 110 米跨栏赛场,刘翔羚羊般跨越一个个横栏,风驰电掣地第一个冲过终点,世界震惊,电视机前的顾宝刚感慨道:"他幸亏矮了 5 厘米。"

没有山的高耸,或许可以追逐涛澜的澎湃;没有山花的娇艳,或许可以追逐小草春风吹又生的昌盛。当命运遗忘了给予我们某种先机,或许是在暗示我们在另一条路上的当仁不让。

二

勒布朗·詹姆士上学后就迷恋上美式橄榄球,他的努力很快让他鹤立鸡群。他梦想着自己长大后,一定要成为一名美式橄榄球明星。12 岁时,一次意外受伤让詹姆士面临一个痛苦选择:要么换位置,要么放弃橄榄球。经过一番痛苦的权衡,詹姆士决定放弃橄榄球。离开橄榄球后,詹姆士拿起了篮球。很快,他的篮球天赋被展现出来。

今天,作为 2003 年 NBA 状元的詹姆士已经成为 NBA 中红得发紫的年轻球员,这个美国小子被热爱他的篮球迷们称呼为"小皇帝"。

三

伊辛芭耶娃从小就非常喜欢体操,她梦想着有一天能够成为世界冠军。在梦想的招引下,母亲将她送去练习体操。她挥汗如雨地练习着,严冬酷暑,舍不得荒废丝毫时间。然而,没练习几年,一块阴云开始漫上她的心头:她的个子越长越高。

在体操队里,人长高,意味着土豆发芽,是要被"扔掉"的。想一想,本来你可以在空中翻四个跟头,长得太高,只剩两个半了,怎么和他人去竞争?

伊辛芭耶娃落寞地离开了体操队,但内心里的那个世界冠军梦却依然燃烧着。她开始将自己的梦想寄托到另一种运动上——撑杆跳高。这是一个身高越高优势越大的运动项目。

今天的伊辛芭耶娃不仅获得了奥运会、世界田径锦标赛等各种大赛的冠军,更将女子撑杆跳高的世界记录一次次提高着。

人生的选择很难一选精准,拐个弯或许正是旖旎的风景处。

智慧锦囊

有时不切实际的理想会成为你成功路上的一道栅栏,因为我们不具备与理想相吻合的素质。所以当这个理想破灭之际,你应该想想是不是命运在暗示你还有另一种更大的潜能仍未开发?

上帝给谁的都不会太多

第 九 辑

　　上帝为你关闭一扇窗子的同时又为你打开了另一扇窗子。上帝给了我们黑暗的际遇，但是并没有剥夺我们追求光明的权利；上帝给了我们坎坷的遭遇，但是并没有剥夺我们快乐的心境。虽然上帝给予人的东西很少，可那些都是快乐的酵母，成功的种子。

> 每个人都渴求转变命运的机遇，有时机遇很简单，只需要对自己的工作每一天都一丝不苟，而不只是完成所谓的规定。

每个星期扫地 7 天

◇澜 涛

1958年,26岁的他满怀对人生和梦想的渴求，离开老家湖南偷渡到香港。但是,由于人地生疏,加之他英文有限,广东话又听不懂,又无任何背景,连连碰壁了几天后,他才在一家公司找到一份勤杂工的工作。

那是一份薪水极低的工作,而每天所要做的工作只是周而复始扫地、清洗厕所等等。这对于带着转变人生梦想来到香港的他是一个沉重的打击,但他没有别的选择,因为交纳了偷渡费后,他已经身无分文,如果连这份工作也不做的话,他只有饿肚子。因为公司每星期正常的工作日只有5天,星期六和星期日一到,其他勤杂工就都迫不及待地跑出去逛街、游玩、放松。他也异常渴望欣赏一下香港的风貌,游览一下香港的市容,但考虑到公司周六、周日时常会有人加班,而卫生没有人清洁的话将会一团糟,他便在其他勤杂工出去的时候独自留下来,打扫卫生。虽然这只是一份"额外"的工作,但他依然做得一丝不苟。半年后的一个星期日,公司老板到公司的时候发现了他这个勤劳的勤杂工,很是惊讶;在了解了他每个周末都如此之后,第二天,老板找他谈话后,将他提升为办公室的一名员工。此后,他不断被提升。做了几年公司总经理后,他向老板提出要自己做生意,老板欣然同意,并参股他的公司,他由此开始了对梦想更快捷的追逐。

今天,这个人已经84岁。他就是2003年启动了"彭年光明行动",计划用三至五年时间,捐赠5亿元人民币,为中国贫困地区的白内障患者免费实施白内障复明手术的香港亿万富翁余彭年。

没有人生来财富加身,责任心却可由小培养。

每个人都渴求转变命运的机遇,有时机遇很简单,只需要对自己的工作每一天都一丝不苟,而不只是完成所谓的规定。比如,一个星期扫地7天也可以扫出亿万财富。

在规章与责任之内努力的员工是合格的员工。思考和努力都超过了规章要求的员工是对生活有心的人。多付出，便多收获，生活从来都是奖罚分明的。

求人不如求己，自己才是自己的观音菩萨！

自己的菩萨

◇李雪峰

一位风雨飘摇一世的苦行僧，苍老得再也没有一点儿力气跋涉奔波的时候，便用自己化缘的钱修了一座小庙栖身。

庙舍修好，苦行僧便找来一个泥塑匠为庙里菩萨塑像。泥塑匠一生为几百个寺庙塑过栩栩如生的菩萨，菩萨大慈大悲的端庄模样对他来说早已烂熟于心，他调好泥，很快就依照心中的菩萨形象着手塑起来，很快就塑好了。泥塑匠对自己的这尊菩萨像十分满意，这是他一生雕塑得最出色的一尊塑像。完工后，他立刻请苦行僧对塑像评头论足，满以为苦行僧看了会十分满意的，但苦行僧看罢，却摇摇头说："这根本不是我的菩萨。"

泥塑匠很惊讶："天下的观音菩萨难道不是一模一样吗？寺主为什么有自己的菩萨？"苦行僧听了，只是摇头不语，对泥塑匠说："来，我怎么说你就怎么塑吧。"

没办法，泥塑匠只好重新调泥，然后苦行僧怎么说，他就怎么塑。泥像终于塑好了，苦行僧很满意，而泥塑匠一看，就禁不住哑然苦笑："这哪里还是观音菩萨呢？弯腰佝背，满脸沧桑，我走南闯北，见过成千上万尊观音菩萨，哪里有这样的菩萨呢？"

泥塑匠苦笑着摇摇头，当他转过身来看见苦行僧时，不禁愣了，那尊观音塑像怎么和苦行僧一模一样呢？

泥塑匠觉得苦行僧太可笑了，一个臭脚僧人怎么能随随便便把自己供为观音菩萨呢？泥塑匠讥笑说："我走南闯北，一辈子朝拜过多少古刹名寺，见识过多少得道的高僧,可还从未见过有谁敢像寺主这样自己把自己供做菩萨的!"

苦行僧听了,淡然一笑说:"我托钵云游天下,一辈子见庙叩头见佛焚香,可每遇大灾大难时,没有谁来救助过我,帮我化险为夷,遇难呈祥的,"苦行僧指指自己的雕像说,"只是他,难道他不是我的观音菩萨吗?"

求人不如求己,自己才是自己的观音菩萨!

智慧锦囊

自助者天助。上帝不喜欢哀求和埋怨,而喜欢独立和自强,把向上帝索求的时间用于和命运抗争上,你反而会得到上帝的青睐。

> 只有找到让你摔倒的缘由,才能让你不再重蹈旧辙,让你避免更大的伤害。

跌倒了别急着站起来

◇崔修建

读中文系的他在大四那年,借了一笔启动资金,雄心勃勃地招集了几个计算机专业的在校生,在中关村附近注册了一家电子公司。但他的公司没开张多久,就经营不下去了,几个助手一哄而散,只留给他一个无法收拾的烂摊子。

很快,他又重打锣鼓另开张了,在新科技园区内又开了一个专营电脑耗材的小公司。但运行的结果并不像他想象的那样轻松,没过多长时间,他的小公司再次关门。

两次失败,让他欠下一笔不大不小的债务,而一向自负的他是绝不肯轻易认输的。此后,他又接二连三地在北京信息产业密集区内,创办了好几个与电子密切相关的公司。很遗憾,他的一而再、再而三的执著,并未让他赢得成功,接二连三的失败让他债台高筑。

一天,他满怀沮丧地将创业经历讲述给一位老教授,言语中流露出对自己连续创业失败的不甘和无奈。

老教授耐心地听完他的倾诉,没有马上发表自己的意见,而是给他讲了自己年轻时听到的一个小故事。故事的大致内容是这样的——

一个旅行者在行进的途中，突然改变了原来选定的路线，决定抄近道前往目的地。没想到，在他穿越那片看似很平坦的草地时，没走几步，脚被什么东西猛地绊了一下，把他摔了个跟头。对此，他没大在意，从草地上爬起来，他揉了揉有点儿疼痛的膝盖，继续前行。但没走出几十米，他又结结实实地跌了一跤。这一回，他没有急着站起来，而是躺在那里，一边揉着受伤的腿，一边仔细地打量着脚下的草地。

原来，绊倒他的是一个草环，那是一种丛生的植物用疯长的、极柔韧的枝蔓编织了一个很隐蔽的草环，在他跌倒的周围有很多很多这样的草环，行人稍不留意，就能绊一个跟头。待他坐起来，将目光再往前一延伸，不由得大吃一惊——前方不远处，掩藏在繁花绿草间的，竟是一片可怕的沼泽。

转到另一条安全的路上，他仍在庆幸刚才跌的那个跟头，更庆幸自己没有像第一次那样漫不经心地急于爬起来赶路，而是细心地查清了让自己跌倒的原因，还认真地打量了一下自己原本自信的道路……

事后，他又心有余悸地听说，那片隐蔽在草地深处的沼泽，不久前还吞噬了两个粗心的过路人呢。

老教授的故事讲完了，他站起身来，向老教授深鞠一躬，真诚地说道："老师，谢谢您的故事。我懂了——仅仅想到跌倒后赶紧爬起来还远远不够，还必须知道自己是因为什么跌倒的，知道怎样才能不跌更大的跟头……"老教授微笑着点头，送走了聪明的他。

数年后，已是北京一家大型企业文化策划公司老总的他，谈及创业的种种坎坷经历，让他感受最深、永远难以忘怀的，就是老教授给他讲的上面那个小故事。

是的，我们每个人在人生旅途上，都难免会遭遇各种各样的挫折和失败。能够不被挫折吓倒，勇于从失败中重新崛起，这固然可贵，但善于冷静地观察、分析、总结失败的原因，真正弄清楚究竟是什么东西让自己摔了跟头，从而避免再摔跟头或少摔跟头，却是更为可贵的。因为成功不仅仅需要信心、激情和坚韧，还需要清醒的头脑，需要理智地经营。

记住：当你在事业的征途上跌倒的时候，先别急着爬起来，不妨看看是什么绊住了自己脚，即使是一枚小小的石子，也不要轻视，或许在前面不远处还有很多这样绊脚的石子，甚至更大的石块呢。只有找到让你摔倒的缘由，才能让你不再重蹈旧辙，让你避免更大的伤害。

智慧锦囊

跌倒是一种幸运，至少你还有机会站起来；跌倒也是一种危机，跌倒后不去思考跌倒的原因，不去观察路上绊脚的障碍，那你有可能一跌再跌，最后一蹶不振。

> 只要你是对的，就不要轻易去否定你自己。只要你是对的，你就要执著地去坚持。

只要你是对的

◇李雪峰

1950 年 9 月 20 日，名不见经传的青年作曲家王莘，将他创作的《歌唱祖国》歌曲原稿寄给一家报纸的文艺副刊。

不久，王莘收到了那家报纸副刊编辑的一封退稿信。读罢退稿信，王莘又再三读了读自己的作品，越读越觉得那位编辑的意见仅是一己私见，自己的作品还是十分令自己满意的。于是，王莘又满怀希望，把《歌唱祖国》又寄给了另外一家报纸的文艺副刊。

但没多久，那家报纸也十分客气地把《歌唱祖国》退回来了。

是不是自己的作品真的没有达到发表的水平？拿着退稿信，王莘又把自己的作品认真看了又看，但越看，王莘就越认定《歌唱祖国》是一首十分难得的得意之作。没报刊愿给自己发表就算了。但好作品决不应当被埋没，王莘自己将《歌唱祖国》刻蜡版印了十几份，寄送给自己的一些朋友，征求朋友们对自己作品的意见。没多久，时任天津音乐工作团合唱队队长的王巍打电话告诉王莘说，他认为《歌唱祖国》是一首十分难得的佳作，他已经组织了十几名青年演员，开始《歌唱祖国》的试唱。这群年轻人演唱两遍后，立刻激动万分地说："这真是一首难得的好歌，曲调优美、流畅，真是太棒了！"

1950 年底，中国唱片厂到天津来选歌，他们一听完《歌唱祖国》就激动地说："这首歌太美妙了，我们一定要选这首歌！"就这样，《歌唱祖国》被灌进了新中国第一批唱片，从此不胫而走，唱响了祖国的大江南北。

2003 年国庆前夕，《歌唱祖国》的镀金光盘被国家博物馆正式收藏。

如果当初王莘先生在接连两次退稿后自己的心灵也给自己退稿，如果王莘先生遭到别人否定后也轻易地把自己否定，那么，会有《歌唱祖国》至今袅袅的绕梁不绝吗？会有《歌唱祖国》这首经典歌曲的经久不衰吗？

只要你是对的，就不要轻易去否定你自己。只要你是对的，你就要执著地去坚持。人生成功的支点，常常就在于面对别人的纷纷否定，而自己的心灵却从不迷失。

"千里马常有,而伯乐不常有。"很多千里马在未被发现之前已经否定了自己。只有那些相信自己的判断,相信自己能力的千里马,才能等到能欣赏自己的伯乐。

费尔改变命运的秘密非常简单,当大多数人都在关注"珍珠"的时候,他却看到了珍珠以外的"橡胶林"。

珍珠不只在海里

◇感　动

南太平洋某个群岛附近有一个叫珍珠湾的海域,这里盛产美丽的珍珠,据说世界上最大最昂贵的珍珠,都出自这里。因此,从 19 世纪初开始,世界各地的采珠客蜂拥而来,贫穷的费尔便是这些采珠客中的一个。

当费尔来到珍珠湾后,并没有像其他人那样匆匆下海采珠,而是仔细观察着周围的一切,细心的费尔发现,采珠客在采珠时都需要戴上一种橡胶手套,以保护他们的手在工作时不会被锋利的蚌壳和礁石划伤。由于整日的割磨,手套两三天就会磨破而被采珠客丢弃,所以,这种手套的需求量很大。但费尔发现,手套都是用船从遥远的墨西哥运来的,这使手套每副的零售价高达 1.2 美元。

费尔研究手套发现,这是用一种粗橡胶做成的,而附近到处是成片的天然橡胶林,可来这里的人把目光都投向了珍珠,没有人顾及到有橡胶林的存在。

为什么不用这些天然橡胶制成手套卖给采珠人呢? 两个月后,一个制作橡胶手套的简易作坊建立起来了,由于售价为 1 美元,比运来的便宜,所以,每天生产的有限的几百副手套相对于成千上万的采珠人出现了供不应求的局面。一年后,费尔靠卖手套成了百万富翁,当别人也看到手套的商机时,当地生产手套的橡胶原料却已被费尔全部控制了。因此,只要有珍珠存在,费尔的手套就会被卖出去,他就会继续赚更多的利润。

几年过去了,成千上万的采珠客成为富翁的人屈指可数,大多数的人与刚来到这里时一样贫困;而靠卖橡胶手套起家的费尔已成了当地的首富。

其实,费尔改变命运的秘密非常简单,当大多数人都在关注"珍珠"的时候,他却看到了珍珠以外的"橡胶林"。

智慧锦囊

珍珠不只在海里,也在敏锐的眼光里。当所有人都朝着一个目标蜂拥而至的时候,恰好就是发现新的宝藏的最好机会,发现一个新的宝藏比争夺一个宝藏更具有可行性。

上帝的馈赠虽然少得可怜,但它是酵母。只要你是位有心人,你会惊喜地发现,上帝的馈赠是多么的丰厚。

上帝给谁的都不会太多

◇刘燕敏

1972年,新加坡旅游局给总统李光耀打了一份报告,大意是说,我们新加坡不像埃及有金字塔,不像中国有长城,不像日本有富士山,不像夏威夷有十几米高的海浪。我们除了一年四季直射的阳光,什么名胜古迹都没有,要发展旅游事业,实在是巧媳妇难为无米之炊。

李光耀看过报告,非常气愤。据说,他在报告上批了这么一行字:你想让上帝给我们多少东西? 阳光,阳光就够了!

后来,新加坡利用那一年四季直射的阳光,种花植草,在很短的时间里,发展成为世界上著名的"花园城市",连续多年,旅游收入名列亚洲第三位。

上帝给每个国家,每个地区的东西,确实都不是太多。就拿我们身边知道的来说,它仅给杭州一个西湖,仅给曲阜一个孔子。就拿个人而言,它给每个人的东西也同样少之又少。他只给了牛顿一只苹果,并且还是以砸在他头上的方式掷过去的;他只给了迪斯尼一只老鼠,这只老鼠并且是在迪斯尼自己连面包都吃不上的时候到达的。

上帝的馈赠虽然少得可怜,但它是酵母。只要你是位有心人,你会惊喜地发现,上帝的馈赠是多么的丰厚。君不见,聪明的江南人利用西湖把杭州做成了天堂;智慧的北方人利用孔子把曲阜变成了圣城。君不见,沉思中的牛顿因那只苹果,奠定了自己在物理学上无可撼动的地位;潦倒的迪斯尼利用那只老鼠,创造了一个价值连城的动画帝国。

也许你曾抱怨上帝的不公。在同龄人中间,它送给别人美貌,送给别人金钱,送给别人地位;送给你的,却仅是办公室的一把旧椅子。然而,假如你有幸读到了李光耀的那句话,你也许会突然振奋起来——原来那把旧椅子是上帝有意送来的。既然如此,哪里还有理由不把它变成一件文物。

智慧锦囊

上帝给谁的都不多。他都给了我们一个思考的大脑和一个行动的身体。只是有些人习惯用嘴巴来埋怨,用手来索取;而另外一些人习惯用眼去发现,用脚去追求而已。

对付意料之外的厄运最好的办法就是备份人生,在人生的死胡同给自己留一条打开成功之门的出路,接纳躲在墙外的阳光。

备 份 人 生

◇马国福

有个朋友在一家电脑公司上班。公司里许多软件、文件、资料都集中在他的电脑中,他处在一个关键的位置上,如果工作中他在某个环节出问题,后果是很严重的。两年下来他给公司创了不少效益,公司董事会准备提拔他为总经理助理。

一天下午下班后他接到总经理的一项突击任务,第二天上班前必须按经理给他的策划标书连夜制作好一份重要的投标文件,那个项目直接关系到公司今后的发展,也关系到他的提拔重用。下班后他顾不上吃饭,废寝忘食地编制标书,丝毫不敢马虎大意,每一个数字、图案甚至标点他都一丝不苟,唯恐有个闪失。到了午夜就在他大功快告成的时候,意想不到的事发生了,公司所在的地区突然停电,电脑突然断电将他精心编制的标书和文件全部自动丢失。遗憾的是他的电脑没有自动保存备份功能,眨眼间他的心血化为乌有。他在电脑前整整等了一夜,还是没有来电。等第二天恢复通电后他赶忙按昨夜的创意文案编出标书时,招标方确定的时间早已过去了,他们已失去了投标的资格。

他的一时疏忽给公司带来了巨大的损失。后来他不但没有得到提拔反而被公司因责任心不够强的理由辞退了。他怀着悔恨的心情离开了公司,临别时总经理语重心长地对他说:"按能力、学识我们都信任你,但在这个瞬息万变的时代,竞争日趋激烈的社会光有能力和学识是远远不够的。假如你多一份责任,在编标制作文案的中途备份那些失去的资料,结果会完全不一样。我们不得不遗憾地做出这样的决定,希望你以后不论走到哪里多给自己备份一个心眼、一份责任,这是非常重要的!"

有一次我和那位朋友聊天,话题无意中谈到一些生活中意料之外的事,他不无遗憾地说:"如果我当初给自己备份一份责任,我早已是总经理助理了。从那以后我就时刻提醒自己,无论做什么都要备份人生,备份影响我们的责任、毅力、学识、智慧。"

听了他的故事我也在心里提醒自己:在生命之电不济时,对付意料之外的厄运最好的办法就是备份人生,在人生的死胡同给自己留一条打开成功之门的出路,接纳躲在墙外的阳光。

智慧锦囊

备份是一份谨慎。在一帆风顺时,备份一份细致和责任,在遭遇厄运时,备份一份信心和意志,那么当命运的玩笑与你不期而遇时,你仍能从容地面对它。

这一件芬芳的小事,让我久久地感动不已,因为它让我看到了富有者的那颗澄净的心,看到了超越身份、地位、名望等等世俗的东西。

芬芳的 100 美元

◇崔修建

那是一个寒冷的冬天,世界巨富洛克菲勒像往常一样简单地用过早餐,便开始忙碌地处理起一天的繁重工作。

突然，他的目光停在一封陌生的来信上面。写信人是纽约市的一个自称叫保罗的乞丐。信中，保罗向洛克菲勒提出借100美元，以渡过眼前的生活难关，并承诺等他以后有了钱会加倍偿还的。洛克菲勒望着那几行七扭八歪的字，轻轻地笑了笑，他以为保罗所谓的借钱，只不过是在向他变相地乞讨而已，但他还是按信上留下的地址，亲自给保罗寄去了100美元。

没想到，一周后，保罗写得十分认真的借条竟翩然而至。洛克菲勒轻轻扫了一眼借条，没在意地将其扔到了一边，他心里并没有想过要保罗还钱。不过，保罗的郑重其事还是给他留下了良好的印象。

数年后，洛克菲勒早已忘却了当年保罗借钱的事，但一张来自伦敦的汇款单和一封特别的感谢信，给曾经的往事续写了一个美好的结局——保罗在信中告诉洛克菲勒：当初向他借款是因跟几个乞丐打赌，因为他的同伴都认为像洛克菲勒那样的巨富根本不会相信他的话，更不可能随便借钱给他这样街头随处可见的乞丐的，他在寄出那封借钱的信后就认准自己输定了。当他很快便收到洛克菲勒亲笔签名的汇款单时，他的心灵受到了极大的震动，他做的第一件事，便是极其认真地给洛克菲勒写下那张欠条。接着，他开始思索该怎样经营自己今后的人生。

几经挫折，他成为伦敦一家著名船厂的职员。今天，他终于能够欣慰地兑现当年的承诺了。他在信中一再感谢洛克菲勒——"是您当年对一个乞丐慷慨馈赠的那份信任和尊重，温暖了我的那个冬天，甚至可以说是温暖了我的后半生，即使在我最困难的时候，我也没有花掉那100美元……"

洛克菲勒一生向社会慈善和福利事业慷慨捐赠不计其数，但这一件芬芳的小事，却让我久久地感动不已，因为它让我看到了富有者的那颗澄净的心，看到了超越身份、地位、名望等等世俗的东西以后，那心灵与心灵的相握所飘逸出的那些醇香岁月的美好。

智慧锦囊

赠送金钱，只会滋长慵懒；但赠送信任，却能生长自强。一份信任能传达人们心中的期许，能给处于人生低谷的人自信和责任。

大海里的船

◇刘燕敏

英国劳埃德保险公司曾从拍卖市场买下一艘船，这艘船原属于荷兰福勒船舶公司，它1894年下水，在大西洋上曾138次遭遇冰山，116次触礁，13次起火，207次被风暴扭断桅杆，然而它从没有沉没过。

劳埃德保险公司基于它不可思议的经历及在保费方面带来的可观收益，最后决定把它从荷兰买回来捐给国家。现在这艘外壳凹凸不平，船体微微变形的船就停泊在英国萨伦港的国家船舶博物馆里。

不过，使这只船名扬天下的并非劳埃德公司，而是一名来此观光的律师。当时，他刚打输了一场官司，委托人也于不久前自杀了。尽管这不是他的第一次失败辩护，也不是他遇到的第一例自杀事件，然而，每当他遇到这样的事情，他总有一种负罪感。他不知该怎样安慰这些在生意场上遭受了不幸的人，这些人有的被骗，有的被罚，他们或血本无归，或倾家荡产，也有的因打输了官司，落得债务缠身。

当他在萨伦船舶博物馆看到这只船时，忽然有一种想法，为什么不让他们来参观这条船呢？于是，他就把这艘船的历史抄下来和这艘船的照片一起挂在他的律师事务所里，每当商界的委托人请他辩护，无论输赢，他都建议他们去看看这艘船。

据英国《泰晤士报》说，截止到1987年，已有1230万人次参观过这艘船，仅参观者的留言就有170多本。我们大多数人没有去过英国，也不知道这些参观者在留言簿上写了些什么，但有一点我认为似乎是不能少的，那就是，在大海上航行的没有不带伤的船。

智慧锦囊

人们总会碰到很多不如意的事，我们要放开眼光往远处看。虽然屡遭挫折，仍能够百折不挠地继续努力向前，这就是成功的秘密。

> 柔韧，使雪松抖落了风暴，保持了生命的安然。
> 柔韧，会使我们的生命更坚贞！

生命的柔韧

◇李雪峰

在白雪皑皑的阿尔卑斯山脉南坡峰巅上，有一片苍苍莽莽的原始森林。这片古老的森林里，因为高寒气候，所以只有两种树木，一种是秀颀的美洲杉，另一种是伟岸飘逸的雪松。

令人十分惊诧的是，在这片原始森林里，所有高大挺拔的美洲杉，棵棵都没有顶梢，它们的顶梢，像被一只巨大的手——訇然折断一样，有的树梢还横陈在苍翠的枝篷上，像一根根锈迹斑斑的铁棍，有的已了然无踪。每一根美洲杉的顶端，都残留着黑黢黢的断口，高耸在阿尔卑斯山湛蓝的天空里。当地的土著人解释说："这些美洲杉长得太高了，几乎长进了天堂里，所以上帝就把它们的顶梢一一折断了。"

而与这些美洲杉混生在一起的雪松，却安然无事，它们甚至比这些美洲杉更挺拔更伟岸，一棵一棵像一座一座高大的绿塔。它们的顶梢像绿色的塔尖，在阿尔卑斯山南坡灿烂的阳光里，流溢着生命昂扬的青翠。面对这些比美洲杉长得更高，顶梢却棵棵完整无缺的雪松，土著人只能含糊其辞地解释说："是因为上帝偏爱这些雪松吧。"

上帝为什么一一折断美洲杉的顶梢，而对这些雪松却如此宽容呢？直到19世纪中期，一支植物学家考察队经过考察才发现，所谓折断美洲杉顶梢的上帝，不过是阿尔卑斯山脉南坡的巨大风暴，这些巨大的风暴折断了那些高大挺拔的美洲杉树梢，使这些美洲杉棵棵都成了"没有头颅的树"。那么，风暴为什么仅仅摧折了美洲杉的顶梢，而和美洲杉混生在一起甚至比美洲杉更高的雪松却安然无事呢？

"是因为它们本身的柔韧性。"植物学家解释说，"美洲杉没有柔韧性，当风暴来临的时候，它僵硬顶梢的每一根树枝都承受着强大的力量，所以它们的顶梢十分容易就被风暴给折断了。而雪松就不同，它们的树枝具有良好的柔韧性，风暴来临的时候，它们的枝条随着风向飞舞，丝毫没有承受巨大的风力，风暴被它们的柔韧抖掉了，所以，再大的风暴，这些雪松都是安然无事的。"

柔韧，使雪松抖落了风暴，保持了生命的安然。

那么，在我们潮起潮落的命运里，当暴风般的灾难一次次袭击我们时，我们为什么不能摇动我们的命运的枝条，像阿尔卑斯山脉的雪松一样柔韧一些呢？

因为，柔韧会使我们的生命更坚贞！

智慧锦囊

一根钢筋承受不了的重量，一根弹簧却可以承受。生命的真谛是适应，对手强劲时，避其锋芒；对手转弱时，伺机发力。一味地刚硬，一味地死拼，只会令自己无故受损。

他懂得认真地对待属于自己的每一分钱。懂得取回属于自己的 50 美分和慷慨捐赠出 5000 万美元，是同样值得重视的。

50 美分与 5000 万美元

◇崔修建

迈克是纽约一家小报的普通记者，他非常敬佩当时事业正如日中天的"汽车大王"福特，很想从福特那里学到一些成功的经验。

一个周末，迈克正在一家不大的酒店里与几位朋友小酌。忽然，他眼前一亮，只见几位身份显赫的企业家正从一个房间里走出，其中一位正是福特，他手里拿着一张菜单径直走向那位服务生，微笑道："小伙子，你再算一下，看看是不是有一点儿误差。"

年轻的服务生飞快地瞟了一眼那菜单上的一串数字，很自信地回答："尊敬的福特先生，没有错啊。"

"请别着急，你再仔细算一算。"那几位福特宴请的企业家已朝门口走去，他却很有耐心地站在柜台前。

看着福特那认真的样子，年轻的服务生没有再核算，而是不以为然道："是的，因为零钱准备得很少，我便多收了您 50 美分，但我认为像您这样富有的人是肯定不会在意的。"

"恰恰相反,我非常在意。"福特很认真地纠正道。

"那就算您付给我的小费吧。"服务生被福特的如此斤斤计较搞得有些难为情了,忙给自己找了一个摆脱尴尬的借口。

"不,小费我已经付给你了,这50美分是你应该找给我的零头。"福特固执地坚持道。

服务生只得低头花了一番辛苦凑够了50美分,满怀歉意地递到一脸坦然的福特手中。而此时,福特宴请的朋友已坐到车子里面了。

对着福特快步离去的背影,年轻的服务生低声嘀咕了一句:"真是太小气了,连50美分也这么看重。"

"不,小伙子,你说错了,他绝对是一个慷慨的人。"目睹了刚才那幕情景的迈克抑制不住激动地站了起来。

"他是一个慷慨的人?"服务生一脸的困惑不解。

"是的,他刚刚向慈善机构一次捐出5000万美元的善款。"迈克拿出一张两周前的报纸,将上面的一则报道指给服务生看。

"可是他刚才……"服务生仍不明白如此大方的福特,为何还要当着那么多朋友的面,去计较那区区的50美分。

"他懂得认真地对待属于自己的每一分钱。懂得取回属于自己的50美分和慷慨捐赠出5000万美元,是同样值得重视的。"就在福特这一看似不经意的小事中,迈克忽然领悟到了自己渴望已久的成功经验,那就是——没有任何理由不认真地对待眼前的每一件事,无论它多么重大还是多么微小。

后来,经过多年艰苦的打拼,迈克终于成为美国报界的名家,而那位服务生也成了芝加哥一家五星级酒店的老板。多年后,两人再次邂逅,一开口,他们便不约而同地感慨起当年的幸运——没错,是福特教他们走上了成功之路。

现实生活中,人们往往只注意到那些成功者所取得的辉煌业绩,却很少留意他们的一些琐屑的举止,其实那里面正蕴藏着成功的秘诀。福特"吝啬"与慷慨的故事,再次提醒我们——只有时刻保持赢得属于自己的50美分的认真与执著,才会不断地获得馈赠5000万美元的自豪与光荣。

智慧锦囊

金钱要取之有道,用之有道。道,不只指道义,也指道理。对自己应得的,即使是少量的金钱也努力争取;对应该给予的,即使是巨额金钱,也毫不犹豫。真正的富豪对获得和付出都是认真谨慎的。

品格高于战绩

◇蒋光宇

大流士和亚历山大在伊萨斯大战，大流士一败涂地，落荒而逃。

一个忠实的内侍不辞千辛万苦找到了大流士。大流士一看到忠实的内侍，首先问自己的母亲、妻子和孩子们是否活着。内侍回答说，他们都还活着，而且她们受到的殷勤礼遇跟大流士在位时一模一样。大流士听完之后又问自己的妻子是否仍忠贞？回答仍是肯定的。于是，大流士又问内侍，亚历山大是否曾对自己的妻子强施无礼？这位内侍先发了誓，随后说："大王陛下，你的王后跟离开您的时候一样。亚历山大是最高尚的人，最能控制自己的人。"

大流士听了这话，举起双手，对着苍天祈祷说："啊！宙斯大王！您掌握着人世间帝王的兴衰大事。既然您把波斯和米地亚的主权交给了我，我祈求您，如果可能，就保佑这个主权天长地久。但是如果我不能继续在亚洲称王了，我祈求您千万别把这个主权交给别人，只交给亚历山大，因为他的行为高尚无比，对敌人也不例外。"

看来，使大流士能够情愿交出王权的原因，主要的并不是亚历山大以力服人的战绩，而是亚历山大以德服人的品格。

还有一个品格高于战绩的故事，它真实地发生在两个奥运健儿身上，足令世人感动。

捷克的艾米尔·萨托柏克从小善跑，长大后终于成为一名出色的长跑运动员。在多次参加的奥运赛事中，他结识了来自澳洲的另一位长跑运动员——维恩·克拉克。共同的理想和追求，使他们很快建立起深厚的友谊。

萨托柏克的年龄比克拉克略大，名声也比克拉克要响，曾在两届奥运比赛中，有过连夺5枚奖牌的佳绩，其中有4枚金牌，1枚银牌。萨托柏克成为国际体坛上冉冉升起的一颗耀眼明星，但是从来都不居功自傲。而克拉克却没有这般幸运，尽管打破过17项世界长跑纪录，可从未得到过一枚奥运金牌。为此，克拉克一方面常常心怀遗憾，另一方面又一直努力不懈。

又逢东京奥运会开幕,各国运动健儿相聚在五环旗下。在参加1万米长跑时,萨托柏克与克拉克再次交手,两人展开激烈地追逐。然而,天不随愿,克拉克还是没得到这枚金牌。

赛事结束后,克拉克去看望萨托柏克,受到了极其热情的接待。临别的前夕,萨托柏克郑重其事地交给克拉克一个精美的包裹,并认真地嘱咐他:在登上飞机之前,千万不要打开它。

克拉克感到迷惑,但还是点头应允。

当波音客机飞越太平洋上空的时候,克拉克悄然打开了那个精美的包裹。令他惊喜不已的是,里面竟是一枚多年来梦寐以求的金光闪闪的奥运金牌。金牌下放着一页信笺,萨托柏克在信笺上写道:

"亲爱的克拉克,感谢你这么多年来一直伴我驰骋赛场。可你知道吗?正是因为你这种屡败不馁的精神激励着我,它让我时刻明白:无论在什么时候,都要戒骄戒躁,勇往直前。因此,我的成绩也有你的血汗,我的荣誉也就是你的荣誉。今天赠你这枚金牌,它应该属于你,请接受我诚挚的情意……"

此后,这枚金牌成了克拉克的非同寻常的珍藏品,始终陪伴在他身旁。

这个故事也很快传颂开来,成为流传世界体坛的一段佳话。人们无不夸赞萨托柏克是一位真正的奥运健儿,是一位比只夺得奥运金牌更加高尚与辉煌的奥运健儿。

品格往往高于战绩,因为使人高贵的主要标志,是品格,而不是战绩。战绩辉煌而品格低下者,不为贵;地位低下而品格高尚者,不为贱。

品格往往高于战绩,因为使人心悦诚服的主要力量,是品格,而不是战绩。

品格往往高于战绩,因为使人争相传颂的主要事迹,是品格,而不是战绩。

品格往往高于战绩,因为品格比战绩流传得也更加久远,更加是人们心中的不朽丰碑。

智慧锦囊

用身体征服对手,对手只是折服;用灵魂征服对手,对手是心悦诚服。在竞争的舞台上不只是智力和体力的拼搏,也是心灵的较量,在较量中只有具有包容、博爱之心的人才能赢得金牌。

让别人信任我们很容易，那就是不要多看别人的"钟表"，用我们自信的"钟表"说话。

自己的钟表

◇李雪峰

一个老钟表匠，开了个修理钟表的铺子，一辈子都是靠给别人修理钟表为生。

他钟表铺子里的钟表很多，柜台里放的，墙上挂的，墙角堆的，满屋子都是嘀嗒嘀嗒的嘈杂钟表走动声。只不过所有钟表的针的指向很不一致，有朝上的，有朝下的，有朝左的，有朝右的，简直让人有些眼花缭乱。但钟表匠却很喜欢这些，在他看来，这每个时间指向错误的钟表，都像一个神经错乱的病人，都需要自己一一去细心调理，然后它们才能回归正常的生活。

钟表匠的修理铺子在闹市区，左右的邻居，邻近的商店，甚至一些过路人常探进头来向钟表匠打听准确的时间，钟表匠总是瞥上一眼自己挂在墙上的那个老式橡木匣闹钟，然后报出一个准确的时间数字来。

这几乎成了这片闹市区的一个习惯，老钟表匠的钟表铺子寒来暑往就成了这片闹市区的一座钟楼，只要谁问一声，钟表匠就会报出一组精确的数字来。由于钟表匠的不厌其烦，他在附近赢得了广泛的人缘，生意也一直很红火。

有一天，钟表铺子里来了一位年轻人，他向钟表匠探问时间，钟表匠还是像往常那样，瞥了一眼自己的那个老式橡木匣子钟表，然后就报出一组精确的时间数字。听了老钟表匠报出的时间，那年轻人并没有立即离开，他怀疑地向老钟表匠问道："师傅，你报的时间准确吗？""准确！"老钟表匠肯定地说，然后又说："怎么会不准确呢？我的那个橡木匣子钟表十几年来都是分秒不差的。"

年轻人说："难道你的那个钟表没有出过毛病吗？"老钟表匠说："出过，怎么能没出过呢？人年龄大了都会生病，何况机械这种东西呢。"

年轻人笑了，说："那你能保证现在是你的这只老式橡木钟表走得准确呢，还是旁边挂的哪一只钟表走得准呢？"年轻人又笑笑又说，"你刚才说过，你的橡木钟表也是出过毛病的。"

钟表匠扭过身来，看看自己的那个老式橡木钟表，又看看橡木钟表旁边那些嘀嗒嘀嗒都正在走动的其他钟表，这些钟表的指向时间很不一致，有差十多分钟的，有相差三四分钟的，还有相差一分钟或者几十秒钟的，这么多钟表，自己凭什么就相信自己的那个橡木挂钟走得准呢？年轻人问的没错，或许它也有了毛病，或许它的时间也有误差呢，老钟表匠笑笑说："或许那一只闹钟比这老式橡木挂钟走得更准呢。"年轻人笑笑走了。

第二天，又有人探进头来向老钟表匠探问时间，老钟表匠好久都没报出时间数字来，他盯着自己的老式橡木挂钟，又看了看墙上的那些其他正在嘀嗒走动的钟表，他也不清楚到底是哪个钟表走得更准确了，也不能轻易再报出一个准确的时间了。

第三天，又有邻居来问时间，老钟表匠无奈地说："这么多钟表，我也不知道哪个钟表的时间是正确的。"慢慢地，来向老钟表匠探问时间的人少了，而且，许多人家的钟表坏了，也不再送到铺子里来让老钟表匠修理了，邻居们叹息着说："连一个准确时间都瞧不出来的人，能修理好钟表吗？"

大家从此不再信任老钟表匠了。

生活常常就是这样，当你充满自信时，你也能很容易赢取别人的信任；当你丢掉了自己的那一份自信，人们就会动摇对你的信任。

让别人信任我们很容易，那就是不要多看别人的"钟表"，用我们自信的"钟表"说话。

智慧锦囊

假如一个人的实力是一颗钻石，那自信就是光线。假如没有光线，钻石只不过是一颗黯淡的石头。一个人如果对自己缺乏信心，无论他有多大的才能，人们都不会相信他，因为一个连自己都不相信的人，别人怎么会相信他。

你们对人生、对生活的温度保持在100℃，这样你们的世界才能会最大。

人生的温度

◇李雪峰

教授的一群学生要离开教授毕业了，最后一堂课，教授把他们带到了实验室。皓首白发的教授说："这是我给你们上的最后一堂课了，这是一个最简单的试验课,也是一个最深奥的试验课,我希望你们以后能永远记住这最后一堂课,因为这对你们的一生将十分有益。"

教授说着,取出了一个玻璃容器,又往容器里注入了清水。教授说:"这是常态下的水,如果把它倒进一条小溪里,它将能流入大河,然后和许多水一道奔流着涌进大海。"教授把盛水的容器放进一旁的冰柜说:"现在我们将它制冷。"过了一会儿,容器端出来了,容器里的水凝结成了一块晶莹剔透的冰块,教授说:"0℃以下,这些水就成了冰,冰是水的另一种形态,但水成了冰,它就不能流动了,诸如南极极地的一些冰,它们呆在那里几千年几万年了,几公里外的地方它们都不能去,更别说是流向大河,流向大海了,它们的全部世界就是它们立足之地的那丁点儿大地方,我们实在替这种水感到深深惋惜和悲哀啊。"

"现在,我们来看水的第三种状态。"教授边说边把盛冰的玻璃容器放到了酒精炉上,并点燃了熊熊的火焰。过了一会儿,冰渐渐融化了。后来被烧沸了,咕咕嘟嘟地翻腾出了一缕缕乳白色的水蒸气,在实验室里静静地氤氲着、弥漫着。

过了没多久,容器里的水蒸发干了。教授关掉酒精炉让同学们一个个验看玻璃容器说:"谁能说出那些水到哪儿去了呢?"学生们盯着教授,他们不明白这最后一堂课,学识渊博的教授为什么给他们做这个最简单的试验呢?这是他们初中、甚至小学时都已经做过的试验,它太简单了,简单得简直让大家谁都懒得去回答。

教授看着那些不愿回答这个幼稚得有些可笑的问题的学生们说:"水哪里去了?它们蒸发进空气里,流进蓝蓝的辽阔无边的天空里去了。"教授微微顿了一顿说:"你们可能都觉得这个试验太简单了,但是,"教授口气一转严肃地说,"它并不是一个简单的试验!"

教授瞅一眼那些迷惑不解的学生说:"水有三种状态,人生也有三种状态;水的状态是温度决定的,人生的状态也是自己心灵的温度决定的。假若一个人对生活和人生的温度是0℃以下,那么这个人的生活状态就会是冰,他的整个人生世界也就不过它的双脚阔步的地方那么大;假若一个人对生活和人生抱平常的心态,那么他就是一掬常态下的水,他能奔流进大河、大海,但他永远离不开大地;假若一个人对生活人生是100℃的炽热,那么他将飞起来,他不仅拥有大地,还能拥有天空,他的世界将和宇宙一样大。"

教授微笑着望着他的学生们问:"明白这堂最简单的试验课了吗?"

"不,这不是一堂简单的试验课!"他的学生们异口同声地说。

"让你们对人生、对生活的温度保持在100℃,这样你们的世界才能会最大。这就是我这堂试验课的最终试验结果。"教授微笑着说。

同学们"哗"地鼓起了雷鸣般的掌声。他们记住了这最后的一堂试验课,他们知道心灵的温度将会决定一个人的生活和一生。

谁能忘记这堂最后的试验课呢?人生的课,人们会用一生去铭记。

人生的温度其实就是人生的态度。如果你觉得生活处于冰点,生活就对你绝望;如果你觉得生活温暖如春,生活就会对你微笑。放下一些埋怨和绝望,尝试向美好靠近,你会发现美好也在向你靠近。

往昔平静而祥和的家,因为这个瓶子,开始变得不再和睦。

谁能舍弃一个瓶子

◇马 德

电影《上帝也疯狂》记录的是发生在非洲卡拉哈里地区的一个故事。

这是个似沙漠又非沙漠的地区,最荒僻处,生活着一大家黑人。他们喝木薯的汁,用蘸着麻醉药的箭猎捕小动物,孩子们玩着自创的游戏,虽然与现代文明隔绝,然而他们的日子却自足而又快乐。

一天,主人公基从外边打猎归来,捡到了一个从天而降的可乐瓶子。他们从来没有见过这个“怪物”,它质地坚硬,在太阳下闪闪发光,放在嘴边还能吹出好听的响声,他们坚信这是上帝赐给他们的一件不同凡响的礼物。开始时,大人们互相传递,爱不释手,谁都想让瓶子在自己的手里多停留一会儿。后来便是孩子常常因为得不到它而打架。——生活,因为这样一个突然降临的瓶子而不再宁静了。

基曾经想把它扔到天上,归还给上帝,没有成功。他想把它永远埋在土里,结果野猪拱出来后,又被孩子们得到。往昔平静而祥和的家,因为这个瓶子,开始变得不再和睦。于是,基决定带上这个邪恶的东西,走到天边,把它归还给上帝……

也许基根本走不到天边,也许他最终也见不到上帝。但是,由于有了这样一份勇于舍弃的气度和决心,在我们看不到的角落,一些罅隙开始弥合,一些坚冰开始融化,一些种子开始萌发。也正是由于有了这样一份舍弃,让我们发现这一刻的世界,比前一刻的世界更美,更富有人情味,也许,这已经就够了。

当拥有已不能带给你应有的和谐与快乐，这时就要学会舍弃，懂得舍弃是一种人生智慧，因为舍弃是另外一种获得。

外力往往不能摧毁一个人，包括疾病、灾难。能摧毁我们的，其实是我们自己。

不要被自己击倒

◇感　动

第一个故事：我曾经有一个朋友，是一个出类拔萃的青年教师。5年前，他因为胸部疼痛去一家医院检查，结果他拿到的是确诊为肺癌的化验单。回到家，他便倒下了，再也吃不进一口东西。从此，他目光呆滞，惶恐不安，日渐消瘦，不到6个月，这个生龙活虎的年轻人便病入膏肓了，家里为了他耗尽所有钱财，仍未挽回他的生命。

今年4月，这家医院因为管理混乱、造成很多医疗事故而被媒体曝光，接着被卫生部门全面检查，许多令人吃惊的错误被公布于众。

一天，一个男人来到我朋友的家里告诉他的父母：医院在5年前把化验单弄错了，确诊为癌的本来是他，而朋友当年的化验结果为：肺感染。

另一个故事：美国的科学家不久前做了一个试验：把一只小羊和一只狼关在一起。狼是拴着的，吃不到羊。但是羊却可以听到狼的叫声，看到狼凶巴巴的样子。而另外一只小羊是单独关起来。8个月以后，单独圈养的羊膘肥体壮；但是和狼关在一起的那只，永远是一只长不大的小羊，后来逐渐就僵掉了，再后来就变成病羊了，最后成了一只死羊。

与一个心理学家聊天时，他告诉我，我的朋友和那只羊的确都是病死的，但这个病的病根却是源于内心，心理脆弱的人会接受外界刺激，然后转变成压力强加给自己。这种压力不断地变大变大，最后就把自己给压垮了。

外力往往不能摧毁一个人，包括疾病、灾难。能摧毁我们的，其实是我们自己。

一个人最大的对手不是别人，而是自己。自己惊吓自己，自己否定自己，自己说服自己放弃，甚至自我绝望。疾病和灾难只能摧毁一个人的身体，在很多时候彻底摧毁我们灵魂的是我们自己的软弱。

人，只有把自己放低，才能吸纳别人的智慧和经验啊。

把自己放低

◇李雪峰

一个满怀失望的年轻人千里迢迢来到法门寺，对住持释圆和尚说："我一心一意要学丹青，但至今没有找到一个能令我心满意足的老师。"

释圆笑笑问："你走南闯北了十几年，真的没能找到一个自己的老师吗？"年轻人深深叹了口气说："许多人都是徒有虚名啊，我见过他们的画帧，有的画技甚至不如我呢。"释圆听了，淡淡一笑说："老僧虽然不懂丹青，但也颇爱收集一些名家精品，既然施主的画技不比那些名家逊色，就烦请施主为老僧留下一幅墨宝吧。"说着，便吩咐一个小和尚取来了笔墨砚和一沓宣纸。

释圆说："老僧的最大嗜好，就是爱品茗饮茶，尤其喜爱那些造型流畅的古朴茶具。施主可否为我画一个茶杯和一个茶壶？"年轻人听了，说："这还不容易？"于是调了一砚浓墨，铺开宣纸，寥寥数笔，就画出一个倾斜的水壶和一个造型典雅的茶杯，那水壶的壶嘴正徐徐吐出一脉茶水来，注入到了那茶杯中去。年轻人问释圆："这幅您满意吗？"

释圆微微一笑，摇了摇头。

释圆说："你画得确实不错，只是把茶壶和茶杯放错位置了，应该是茶杯在上，茶壶在下呀。"年轻人听了，笑道："大师何以如此糊涂，哪有茶壶往茶杯里注水，而茶杯在上茶壶在下的？"

释圆听了，又微微一笑说："原来你懂得这个道理啊！你渴望自己的杯子里能注入那些丹青高手的香茗，但你总把自己的杯子放得比那些茶壶还要高，香茗怎么能注入你的杯子里呢？涧谷把自己放低，才能得到一脉溪水；把自己放在最低的陆地，才能成为世界上最深的海洋。人，只有把自己放低，才能吸纳别人的智慧和经验啊。"

年轻人思忖良久，终于恍然大悟。

智慧锦囊

整天高昂着头走路的人，很容易跌进命运预设的坑。谦卑不是卑微，而是对自己的正确了解。懂得越多的人，会知道自己未知的领域还有更多。只有见识短浅的人，才会常以为自己胜人一筹。

是我们缺乏自信力的内心，一步一步把我们从优秀的高地上拉下来，一直拉到了平庸的位置上。

谁拉你走向了平庸

◇马　德

有这样一个试验：

一个长跑运动员参加一个 5 人小组的比赛。赛前教练对他说，据我了解，其他 4 个人实力并不如你。结果，这个运动员轻松地跑了个第一名。后来，教练又让他参加了另外一个 10 人小组的比赛，教练把其他人平时的成绩拿给他看，他发现别人的成绩并不如自己，他又轻松跑了个第一名。再后来，这个运动员又参加了 20 人小组的比赛，教练说，你只要战胜其中的一个人，你就会胜利。结果，比赛中，他紧跟着教练说的那个运动员，并在最后冲刺时，又取得了第一名。

后来，换一个地方。赛前，关于其他运动员的情况，教练并没和他沟通过。在 5 人小组的比赛中，他勉强拿了一个第一名；后来在 10 人小组的比赛中，他滑到了第 2 名；20 人的比赛中，他仅仅拿了一个第 5 名。

而实际的情况是，这次各个组的其他参赛运动员与第一次的水平完全相同。

这不由得使我想起自己上学的故事来了。

在小学的时候，自己是班里的佼佼者，觉得第一非自己莫属。升到了初中之后，人多了，觉得自己能考前 10 名就不错，于是一旦考到了前 10 名，便沾沾自喜。高中之后,定的目标更低,即便考试稍有出入,也会安慰自己道:高手这么多,已经不错了。就这样,一步步从优秀走向了平庸。

是的,生活中,不会永远有人告诉我们,竞争对手的实力和能力。于是面对着周围越来越多的人,我们开始茫然不知所措,或者妄自菲薄,主动地把自己"安排"到一个较低的位置上。这也许是前进的路上,许多人都要走的一条路。

一个著名的企业经营家曾经说过,一个优秀的人才,他的自信力恒久不衰。是啊,一个人如果对自己缺乏自信力,不论有多大的才能,也不会淋漓尽致地施展出来。即便自己曾经是一块金子,缺乏自信心,也会让自己黯然褪色为一块铁,甚至甘心堕落为一粒沙子,长久地淹没在沙土里,不被外人发现。

我们原本是优秀的。只不过,是我们缺乏自信力的内心,一步一步把我们从优秀的高地上拉下来,一直拉到了平庸的位置上。平庸,是人生的一场灾难,也是人生的悲剧。只是,更多的时候,是我们自己为自己导演了这场灾难和悲剧。

智慧锦囊

相信自己杰出,你有可能杰出;相信自己无能,你绝对会无能。人生不过是一个定位的过程。拥有自信,把目标定在巅峰的人,即使不能登顶,也会爬得很高;不够自信,把目标定在半山的,只能在山腰徘徊。

创造一个月亮,其实是创造一种心情。痛苦来袭,我们习惯浩叹,习惯呼救,我们不知道,其实自我的救赎往往来得更为便捷,更为有效。

创 造 月 亮

◇张丽钧

唐传奇当中,有这么三个小故事,叫做《纸月》、《取月》、《留月》。"纸月"的故事是讲有一个人,能够剪个纸的月亮照明;"取月"是说另一个人,能够把月亮拿下来放在自己怀里,没有月亮的时候照照;至于"留月",是说第三个人,他把月亮放在自己的篮子里边,黑天的时候拿出来照照。

我被这样的故事折服了。

自然惊叹古人想得奇，想得妙，将一个围绕地球运行的冷冰冰的卫星想成了自我的襟袖之物，更加慨叹那不知名的作者"创造月亮"的非凡立意。由不得想，能够做出如许想象的心，定然无比的澄澈清明。那神异的心壤，承接了一寸月辉，即可生出一万个月亮。

叩问自己的心：你是不是经常犯"月亮缺乏症"？晦朔的日子，天上的月亮隐匿了，心中的月亮遂也跟着消亡。没有月亮的时候，光阴在身上过，竟有了鞭笞般的痛感。"不是我在过日子，而是日子在过我。"我沮丧地对朋友说。回忆着自己走在银辉中的模样，是那样的诗意盎然，但今天的手却是绝难伸进昨天——我够不着浴着清辉的自己。这座城市里有一个冷饮馆，叫"避风塘"。我路过了它，却又折回来，钻进去消磨掉了一个寂寥的下午。赚去我这整个下午的，是它的一句广告词："一个可以……发呆的地方。"灰暗的心，不发呆又能怎样？

我常常想，苦的东西每每被我们的口拒绝；苦口的药，也聪明地穿起讨好人的糖衣服。苦，攻不破我们的嘴，便来攻我们的心了。而我们的心，是那样容易失守。苦在我们的心里奔突，如鱼得水。可以诉人的苦少而又少，难以诉人、羞于诉人的苦多而又多；忧与隐忧不由分说地抢占了我们的眉头和心头。夜来，只有枕头知道怀揣了心事的人是怎样的辗转难眠。世界陡然缩小，小到只剩下了你和你的烦恼。白天被忽略的痛，此刻被无限放大，心淹在苦海里，无可逃遁。这时候，月亮在哪里？天空没有月亮，心空呢？

想没想过，剪个纸的月亮给自己照明？

创造一个月亮，其实是创造一种心情。痛苦来袭，我们习惯浩叹，习惯呼救，我们不知道，其实自我的救赎往往来得更为便捷，更为有效。唐山大地震的时候，有个女孩掩埋在废墟下达 8 天之久，在那难熬的日日夜夜里，她不停地唱着一段段的"样板戏"，开始是高声唱，后来是低声唱，最后是心里唱。她终于幸存下来。她不就是那个剪个纸月亮给自己照明的人吗？劝慰着自己，鼓励着自己，向自己借光，偎在自己的怀里取暖。这样的人，上帝也会殷勤地赶来成全。

人的生命历程，说到底是心理历程。善于生活的人，定然有能力剪除心中的阴翳，不叫它滋生，不叫它蔓延，给月亮一个升起的理由，给自己一个快乐的机缘，揣着月朗月润的心情，走在生命绝佳的风景里。

智慧锦囊

能照亮我们心头苦痛的月亮，也只能由我们自己创造。有些苦难以言说，有些累要自己承受，他人只是一床被子，能给你温暖的只有你自己。

> 不要把水龙头拧得太紧，过度的束缚与苛求不但会使我们无法达到目标，反而会走向相反的方向。

不要把水龙头拧得太紧

◇感 动

在临近中考的前两个月，我和妻子决定把精力都放在孩子身上，让他考个好成绩。

为了能让孩子专心学习，我关掉了电脑和电视机的电源；锁起了他喜欢玩的篮球和排球；孩子的同学打来电话，都要由我或妻子来接。为了提高孩子的学习效率，我专门请一位教育专家制定了很有效的考前学习计划；从前没有时间看书的妻子也开始恶补营养学知识，特意为孩子的三餐列出一个食谱；孩子每天放学后，我们就如守护神一般轮流守在他的身边，一直陪读到夜深人静。

糟糕的是，我们的努力与付出不但没有一点儿效果，反而，一向名列前茅的孩子的学习成绩竟然每况愈下。我和妻子开始经常争吵，埋怨对方做得不够。

一天，家里的水龙头出现了毛病：关得很紧，水也不停地流出来，我打电话找来一个修理工人。没想他检查后说水龙头根本没有毛病，只不过是拧得太紧了。临走时他告诉我，以后用完轻轻关上就可以了，不要把水龙头拧得太紧，那样反而会漏水的。

那一刻，我因担忧孩子而沉闷的心豁然开朗。

不要把水龙头拧得太紧，过度的束缚与苛求不但会使我们无法达到目标，反而会走向相反的方向。

智慧锦囊

一把沙子，轻轻地捧着，一颗不少。但当用双手紧紧握着时，你越用力，它流走得越快。万物有度，只有在一个合适的距离，使用合适的力度，才能把握住你要的东西。

> 自己的失误，往往就是对手击败自己的机遇。许多时候，我们并不是失败于自己弱小，而仅仅是失败于自己的失误。

败 于 自 己

◇李雪峰

　　一位棋道高手退下来后被聘请为教练，他培训年轻选手的方式十分特别。

　　他不教年轻棋手们怎样去进攻别人，也不教年轻选手们如何运用谋略；他和徒弟们天天对弈，决出输赢后，让他们记住他们自己对弈时的每一步，然后，让棋手们仔细推敲他们自己的每一步落子，找出自己的失误，这就是他布置给那些年轻棋手们的作业。找出自己失误多的，他就表扬；找出自己失误少的，他就十分严厉地予以批评。

　　这样教的时间长了，那些年轻棋手们纷纷就有了意见，大家都说他的教棋方式太单调，既不能旁征博引讲出令人信服的理论，也没有实战的经验和技巧；虽说他过去是个棋道高手，但他不适宜当教练。同行的几位教练也对他十分不解，怎么能如此教棋呢，不传谋略，不传技巧，只让棋手自察失误，如此怎么能培训出一流的棋手呢？

　　面对年轻棋手们的不满和同行教练们的不解，他依旧我行我素，还是认真地让棋手们个个体察自己对弈时的失误。有时，他只是给他们一个简单的提醒，更大的失误，都让年轻棋手们自己去自我发现和体察。刚开始时，每局对弈下来，每个棋手都能找出自己的诸多失误，甚至许多人都觉得自己简直是个臭棋篓子。但天长日久，那些棋手们的失误越来越少了，有的甚至一局对决下来竟没有一次的失误。这个时候，选手们开始向他要求说："给我们传点儿理论和技巧吧，对弈，毕竟是要取胜于别人，不是自己和自己决胜负，没有谋略和技巧怎么行呢？"

　　他冷冷一笑说："棋道，没有什么技巧，也没有什么谋略，一个对弈高手，最大的技巧就是轻而易举能够发现自己的破绽，最高的谋略就是能够避免自己的失误！"后来，他培训的选手参加对弈大赛，和许多顶尖的棋手对决，很多高手都纷纷被他们一一击败，那些高手们惊讶不已，个个摇着头叹息说："这些年轻选手们太厉害了，虽说他们没有什么技巧和谋略，但我们却丝毫找不到他们的破绽和失误,他们赢就赢在他们没有失误上。"

获胜之后,那些年轻选手们欣喜若狂地回来向他报喜,他说:"一个棋手能否赢得别人,技巧和谋略都无关紧要,最重要的是他要赢得自己,杜绝自己的失误,没有失误,就没有破绽,任何人都对你束手无策了。"

是啊,人生难道不是一场对弈吗? 那些善于发现自己不足的人,他们及时克服自己的失误,不给自己的对手留下丝毫破绽,稳扎稳打,步步为营,于是他们获胜了;而那些不能发现自己不足的人,他们的失误造成了一个又一个的破绽,给了对手一次次进攻他们的机会,于是,在一次次的不慎失误里,他们被对手抓住机会彻底击败了。

自己的失误,往往就是对手击败自己的机遇。许多时候,我们并不是失败于自己弱小,而仅仅是失败于自己的失误。

失败,常常是因为自己首先败给自己。

智慧锦囊

成功不仅是进攻,也是一种防守。奋战在人生的战场,单有最锐利的兵器还不够,你还需要充分完善自己,让自己有最完美的防守,这样你才会立于不败之地。

人生,什么时候开始都不算晚。

80 岁以后才开始

◇雪小禅

第十四届金鸡奖闭幕,最佳女主角居然是 84 岁的金雅琴。半月之后的东京国际电影节,她再获殊荣,仍然是最佳女主角。《东方之子》栏目采访她,她笑言自己,演了这个《我们俩》才终于知道怎么演戏,更迷恋电影,也许我真正的演员生涯 80 岁以后才开始。

坐在电视前的我笑了。老人是多么美妙的心态啊。周围的人总是说我老了,学这个太晚了学那个太晚了,招聘会上,35 岁以上的人基本就是中老年系列了,甚至于我的朋友二十七八岁就开始说:"不行了不行了,学什么都记不住了,年龄太大了。"

金雅琴是个老演员,可说真话,我并没有看过她多少作品,在她得奖之前,我甚至不知道她叫金雅琴。

她演了一辈子戏,一直没演过什么主角,84岁,她成了主角,在《我们俩》中演了一个刁钻古怪的老太太。把房子租给了一个年轻的女孩子,她和女孩子由开始的敌视变成祖孙的亲情。我看了片子,非常动人,落了几次泪。

而金雅琴说,在拍戏时,她耳朵听不到,眼睛也看不清,导演什么时候让她演她也不知道,于是她想了个招,让导演举一面小红旗,红旗一落下就是应该演了,片子就这么一点点拍出来了,老人的敬业精神感动了所有人。

当然也感动了镜头前的我。

我总觉得自己不再年轻,总觉得在单位应该享受什么待遇了,在80后的那帮女孩子们面前倚老卖老,并且总嚷这疼那里疼,和84岁的金雅琴比起来,我还是小孩子啊,简直是小毛孩子啊。

一个84岁的老人认为自己的人生才刚开始,那么,我的人生是不是随时可以重新开始?

夏天的时候,一直想报个班学芭蕾舞,因为少年时一直崇拜死了那跳芭蕾舞的女孩子,总想跳其中一个小天鹅。可是我看到芭蕾舞班里的学员,最大的只有15岁,我去了,简直是羊群里出了骆驼,还不让人笑死?买好的鞋也放到了箱子里。

但现在我想去了。

周日去报名,教芭蕾舞的女孩子问我:"你要学?是你吧?"

她大概没有见过30岁的女人还学什么芭蕾舞,我点点头说:"是我,就是我。"这次我没有羞愧没有脸红,我要学芭蕾舞。

她们开始的不理解和嘲笑最后变成了敬佩,我一不为上台演出,二不为名不为利,只为自己那份心中的喜欢,有什么不可以?

十多天之后,当我能站起来似一只小天鹅时,我幸福地笑了。

我愿意开始学自己想学的一切,因为我知道,人生,什么时候开始都不算晚。

智慧锦囊

白发不是人变老的标志,故步自封、丧失对生活的热情才是。很多时候,不是时间而是成见令我们步履蹒跚。不敢尝试,不敢幻想,在胆怯中,我们的光阴真的一去不复返了。

第 十 辑　　**绊倒你的也许正是金块**

人世中的许多事，只要想做，都能做到；该克服的困难，也都能克服，用不着什么钢铁般的意志，更用不着什么技巧或谋略。只要你正确认识自己，不断提升自己，你会惊讶地发现，造物主对世事的安排，都是水到渠成的。

绊倒你的也许正是金块

◇崔修建

中文系的才子肖宇毕业后,竟出人意料地去了一家医药公司做了营销员。很辛苦地奔波了一年,他业绩平平,还不如那些中专毕业生。不服气的他干脆辞职,与两位校友合伙开了一家广告策划公司。三个聪明的脑袋凑到一起,非但没像预想的那样赚到钱,还彼此伤了友情,落了一个不欢而散。这时,肖宇又四处借贷,独自撑起一个不大的门面,先是卖手机,接着又卖电脑耗材,结果是又白白地忙碌了一遭,亏空不少。

转眼间毕业5年了,商海中连连受挫的肖宇,看着昔日大学同窗在各自领域里均有不俗的业绩,不由得频频慨叹自己命运不佳,枉费了自己的聪明和勤奋。

一日,肖宇见到了大学讲哲学的韩老师,谈起自己涉世之初所摔的一连串的跟头,韩老师笑着说:"年轻人摔摔跟头也好,再说了,绊倒你的并非都是石头啊。"

"绊跟头的不是石头,难道还能是金块吗?"他以为韩老师又要用"失败是成功之母"之类的大道理来安慰他。

"凡事需得仔细思考,不能妄自断言。时间和事实会告诉你,绊倒你的也许正是金块呢。"老师依然微笑着,送他一本书,要他回去仔细读读,认真想想。

绊倒自己的怎么会是金块呢?肖宇满腹狐疑地打开韩老师送他的那本智慧书,不经意地随手翻到一页读了起来,读着读着,他不禁怦然心动于那上面的一个小故事——

19世纪中叶,美国的科罗拉峡谷发现了金矿。于是,淘金者们闻讯从四面八方蜂拥而至,一时间,长长的峡谷里人声鼎沸。清贫的坎普森也怀揣发财梦,毅然离开了受雇的农场主,加入到淘金者的行列。

十分不幸,在一个漆黑的雨夜,坎普森在急切地穿越一座山谷时,不慎被一块大石头重重地绊了一个跟头，顺着山坡滚落下去，摔得他鼻青脸肿，两条腿都骨折了。在山脚下那个好心的汤姆老人的小屋里躺了整整五个月，他才能跛着脚下地慢慢活动一下。

拖着一条残腿，他无法再去淘金了，也不能再回那个不辞而别的农场了。轻轻拭去眼泪，他跟着汤姆老人来到他跌倒的那个山谷。汤姆老人指着前方一块块淤泥堆积的滩涂，满脸自信地告诉他："孩子，这可是上帝送你的宝地啊，肥沃得插根筷子都会发芽的。"

会全套的农活，却始终没有一亩属于自己的土地的坎普森，踩着松软的淤泥，露出了笑容——他知道自己该在哪里淘金了。他立刻向汤姆老人借来种子和农具，在那个被人遗忘的山谷里忙碌起来。

秋天来临时，那被无数淘金者忽略的滩涂，果然变成了汤姆老人预言的神奇的聚宝盆，丰收的果实让勤快的坎普森的腰包马上鼓了起来。接着，他又断断续续开垦了一片片土地。不久，他又接手了汤姆老人经营了几十年的一大片山地，雇用了许多菜农、果农和种植工，开开心心地当上了富裕的庄园主。

几年后，当初那些淘金者的命运却是——科罗拉峡谷的藏金量并不多，淘金者们把整个峡谷掘得满目疮痍，也只有极少数人发了财；绝大多数的人扔掉了工作，荒了田园，花光了本钱，抛尽了汗水，却只赚得失望怅然而归，有人甚至还把性命扔在了荒山野外。

此时，已是腰缠万贯的坎普森正悠然地坐在阳光里，指着已搬到院中的那块曾绊倒过自己的石头，向人们自豪地讲述："这就是当年绊倒我的金块，它让我懂得了该到哪里才能掘到自己的金子……"

"对呀，必须要找准地方，才能掘到金子。"肖宇恍然大悟。

不久，肖宇关闭了毫无生气的店铺，远离了喧嚷的市声，躲到一个僻静的地方，开始潜心文学创作。随着一部部作品的接连畅销，他很快便拥有了豪宅和名车，潇洒地成了名人俱乐部会员。

那天，正在省城新华书店签名售书时，肖宇在涌动的人群中发现了韩老师，他激动地跑上前去，恭恭敬敬地向韩老师深鞠一躬，再次由衷地感谢韩老师当初那宝贵的赠书与赠言。

西方有句俗语——上帝在向你关上一扇门时，一定会给你打开另一扇窗户。在生活中，当你接二连三地遭遇失败时，切切不要急于抱怨什么，不妨坐下来认真地总结一下，不妨扪心自问：自己是否找准了努力的方向？自己的那些汗水是否洒对了地方？肖宇的经历告诉我们——某些挫折其实正暗示自己"此路不通"，需要及时地转弯转向，需要果断地更弦易张。谁能及早聪颖地意识到了这一点，谁就能把曾绊倒自己的石头，智慧地点化成神奇的金块。

"众里寻她千百度,蓦然回首,那人却在灯火阑珊处。"生命的流转中,我们总是无法找到一个合适自己的舞台,但在不经意间,我们回首一望,原来我们寻梦的终点就是我们梦想起航的起点。

不要畏惧成功的遥遥无期,成功其实不需要太长的时间,用上你发呆或喝咖啡的时间已经足够了。

成功需要多长时间

◇李雪峰

两个年轻人酷爱画画,一个很有绘画的天赋,一个资质则明显差一些。20岁的时候,那个很有天赋的年轻人开始沉醉于灯红酒绿之中,整天美酒旌歌醉眼迷离,丢掉了自己的画笔。

而那个资质较差的年轻人则没有。他生活虽然极为贫困,每天需要打柴、下田劳作,但他始终没有丢掉自己钟爱的画笔。每天回来得再晚、再累,他都要点亮油灯,伏案在破桌上全神贯注地画上一个钟头。即使在他做木匠走村串户为别人打制桌椅床柜的时候,他的工具箱里也时刻装着笔墨纸砚,休歇的短暂间隙,行路时的路边稍坐,他都会铺上白纸,甚至以草棍代笔,在泥地上画上一通。

40年后,他成功了,从湖南湘潭一个名不见经传小镇上的一介凡凡木匠,成了声蜚世界的画坛大师,这个人就是齐白石。

齐白石成功后,曾和他一起酷爱过绘画的那个年轻人到北京来拜访过齐白石,不过,他和同时自称"白石老人"的齐白石一样,已经是个年过六旬的老头了。两个人促膝交谈。齐白石听他慨叹美术创作的艰辛和不易,听他述说对自己从事绘画半途而废的深深惋惜,齐白石听完莞然一笑说:"其实成功远不如你想的那么艰辛和遥远,从木艺雕刻匠到绘画大师,仅仅只需要4年多的时间。"

"只需要4年多一点儿?"那个人一听就愣了。

齐白石拿来一支笔一张纸伏在桌上给他计算说,我从20岁开始真正练习绘画,35岁前一天只能有一个小时绘画的时间,一天一小时,一年365天,只有

365 小时,365 小时除以 24,每年绘画的时间是 15 天。20 岁到 35 岁是 15 年,15 年乘以每年的 15 天,这 15 年间绘画的全部时间是 225 天;35 岁到 55 岁的时候,我每天练习绘画的时间是 2 小时,一年共用 730 小时,除以每天 24 小时,总折合是 31 天,每年 31 天乘以 20 年合计是 620 天;从 55 岁至 60 岁,我每天用于绘画的时间是 10 小时,每天 10 小时,一年是 3650 小时,折合 152 天,5 年共用 760 天。20 岁到 35 岁之间的 225 天,加上 35 岁到 55 岁之间的 620 天,再加上 55 岁到 60 岁时的 760 天,我绘画共用 1605 天,总折合 4 年零 4 个月。

4 年零 4 个月,这是齐白石从一个乡村懵懂青年成为一代画坛巨匠的成功时间。很多人对齐白石仅用了 4 年零 4 个月的时间成功很惊愕,但何须惊愕呢?其实成功离我们每个人并不远,成功也不需要太长的时间,只要你坚持,只要你勤奋,成功的阳光便很快会照射到你忙碌的身上。

不要畏惧成功的遥遥无期,成功其实不需要太长的时间,用上你发呆或喝咖啡的时间已经足够了。

智慧锦囊

鲁迅说他成功是因为别人在喝咖啡的时候,他却在写作。一个成功的人固然比一个常人努力百倍,但如果平摊到一生,常人和成功的人每小时的差距可能只是几秒。

> 普天之下,没有一个人会愉快地忘掉别人的诺言,哪怕是一只狗。

没谁会忘掉你的诺言

◇刘燕敏

1977 年 4 月 22 日,法国总统德斯坦访问卢森堡,将一张象征 4936784.68 法郎的支票,交到卢森堡第五任大公让·帕尔马的手上,以此来了却持续了 180 年的"玫瑰花诺言"案。

"玫瑰花诺言"发生在 1797 年 3 月 17 日。当时,法国皇帝拿破仑在卢森堡大公国访问,在参观国立卢森堡小学时,他向该校赠送了一束价值 3 个金路易的玫瑰花,并许诺只要法兰西共和国存在一天,将每年送上一束,以作两国友谊的象征。

拿破仑离去之后,由于忙于战事,最后把这一诺言给忘了! 1894 年,卢森堡大法官萨巴·欧白里郑重向法兰西共和国提出"玫瑰花诺言"问题,要求法国政府在拿破仑的声誉和 1374864.76 法郎(3 个金路易的本金,按复式利率 5%计算,存期 98 年)之间进行选择。此后成为外交惯例,每年的 3 月 17 日,卢森堡都要重提此事,致使法国的历任总统在访问卢森堡时,都要在谈完正事之后,顺便提一下"玫瑰花"之事,以示没有忘记此事。

据说,促使德斯坦总统了结"玫瑰花诺言"问题的,是他家的宠物犬——庞贝。

一天,他带庞贝在农场散步,礼帽一下被吹跑了,由于风势较大,转眼就消失得无影无踪。德斯坦对庞贝说:"宝贝,看你的了,回来我会好好奖励你的!"

不到一刻钟,庞贝就把帽子找了回来。回到住处,德斯坦总统从冷藏柜里拿出两只山羊睾丸奖励庞贝。就在它吃完第一只,准备要第二只的时候,电话铃响了。总统在去接电话时,下意识地将那只山羊睾丸,装进自己的口袋。

接完电话,德斯坦总统就从后门乘车走了。出了农场,他才发现自己闹了笑话,于是掏出那只山羊睾丸,扔给了路边的一群山鹰。

自此,他的宠物犬庞贝落下一个毛病,见到他就立起身子,用前爪扒他的口袋。起初,德斯坦总统不知道是因为欠了它一只山羊睾丸,直到三个月后,再次带它在农场散步,才想起自己的许诺没有完全兑现。

德斯坦总统找出原因之后,有意在口袋里装了一只。据总统讲,自庞贝吃了他从口袋里掏出的那份奖品,再没有扒过他的口袋。

当德斯坦总统在一次内阁会议上讲完庞贝的故事,说:"了结'玫瑰花诺言'的时候到了! 最后,以 236 票对 5 票通过了总统的提议。

现在,德斯坦作为法国前总统,担任着欧盟制宪委员会主席的职务,他之所以能担任这个职务,据说是因为整个欧洲认为,他是一个最值得信任的人。在他的就职演说中有这么一段话:

许下的诺言,一定要兑现。如果没有兑现,下次见面时也一定要重新提起;千万不要心存侥幸,认为诺言会悄悄地溜走。请记住,普天之下,没有一个人会愉快地忘掉别人的诺言,哪怕是一只狗。

智慧锦囊

每一个诺言都是为了实现而存在的,不要轻易许下诺言。许下一个诺言只需要嘴巴的几个动作,但实现这些诺言可能需要一生的时间。

博取信任最直接的方法就是不要把自己弄得复杂，而是要尽量简单得让人能够一目了然。

最简单的最智慧

◇澜　涛

有一个年轻人，读研究生的时候就非常关注近年风靡国内的特许经营模式。他发现，特许经营的核心是拷贝成功，拥有了好的品牌和模式，连锁加盟是一个把蛋糕迅速做大的捷径。跃跃欲试的他在认真的权衡和斟酌后，将目光锁定在"特色馄饨店"上。理由是：许多人都爱吃馄饨，物美价廉；再有，街面上的馄饨多以肉馅带汤为主，其实小小馄饨却奥妙丰富，在广东叫云吞，在四川叫抄手，在江西叫清汤，在新疆叫曲曲，在福州叫扁肉，不仅可煮着吃，还可以蒸着吃、炸着吃、先煮后炸吃……创业伊始，他将自己的特色馄饨定位到100个品种。

目标有了，他并没有急于行动，而是先"弯腰"到一家日本人开的便利店做了名店长，他要学习日本人优秀的管理技术。软硬件都准备好了之后，第一家"吉祥特色馄饨店"在上海人民路开张营业了。干净明亮的店堂、顾客第一的理念、皮嫩馅鲜的馄饨、新颖丰富的品种、经济实惠的价格……刚开业，便开始出现了顾客排队等候的火暴。

他知道，要想将事业的蛋糕做大，就不能将眼睛只盯在眼前的小店上，因为再怎样扩大这一家店，规模都不会大起来，想真正地做大就必须开连锁店。他想到，麦当劳的汉堡绝不是世界上最好吃的东西，可能一个美国乡村老婆婆做得都比它的好，但麦当劳的汉堡却遍布全球，最主要的原因应该是，麦当劳所有的食品制作都有量化的标准，比如要炸几分钟几秒、调料要放多少克等等，所以在任何一家店里吃到的汉堡都是一个味道。而中餐一般的讲解方式都是说盐少许，味精少许等，这种方法是无法做出同一个口味东西的。他决定，为了让所有连锁店的馄饨味道一致，建立一家中心厨房，馄饨统一配送；选料、配料与生产的每一个环节细化并责任到人，每一个环节的人只需要将自己的工作按规定做好；洗菜的工人只洗菜，切菜的工人只切菜……这种看起来简单，但做起来每一项都是硬标准的规章很快让他赢来丰厚的回报，开业一年后，他投资3万元的小馄饨店拥有了50余家连锁店，年产值达2000万元。

这个年轻人叫翁联辉,是上海市工商局注册个人独资企业的第一人。最简单的最智慧,翁联辉的50多家连锁店店面设计统一、技术统一、产品配方统一……这种完全统一的克隆经营,将繁杂简洁规划,让人们相信了走到哪一家都是正宗。正是这种无论走进哪一家店都可以吃到不变口味馄饨的统一,赢得了顾客对任何一家连锁店的信任,奇迹也就在这种信任中滚大了。

克隆不是照搬,是一种简单的智慧——让人信任。博取信任最直接的方法就是不要把自己弄得复杂,而是要尽量简单得让人能够一目了然。

智慧锦囊

智慧不是用别人不懂的东西糊弄别人,而是用最简单的语言表达最深刻的东西。生活也不需要太高深的理论,只要化繁为简,找准方向然后集中力量,就一定可以做到最好。

你的心中,究竟储存着多少清凉?面对你丰富的拥有与无私的施与,我一颗寒酸寒苦的心,感动得轻颤起来。

心中的清凉

张丽钧

一条渡船,上面载满了急切到对岸去的人。船夫撑起了竹篙,船就要离岸了。这时候,有个佩刀的武夫对着船家大喊:"停船!我要过河!"船上的客人都说:"船已开行,不可回头。"船夫不愿拂逆众人的心,遂好生劝慰武夫道:"且耐心等下一趟吧。"但船上有个出家的师父却说:"船离岸还不远,为他行个方便,回头载他吧。"船夫看说情的是一位出家人,便掉转船头去载那位武夫。武夫上得船来,看身边端坐着一位出家的师父,顺手拿起鞭子抽了他一下,骂道:"和尚,快起来,给我让座!"师父的头被抽得淌下血来。师父揩着那血水,却不与他分辩,默默起身,将座位让与了他。满船的人见此情景,煞是惊诧。大家窃窃议论,说这位禅师好心让船夫回头载他,实不该遭此鞭打。武夫闻听此言,知道自己错打了人,却不肯认错。待到船靠了岸,师父一言不发,到水边洗净血污。武夫看到师父如此安详的神态举止,愧怍顿由心生。他上前跪在水边,忏悔地说:"师父,对不起。"师父应答道:"不要紧,外出人的心情总不太好。"

讲这故事的人是这样评价这件事的:禅师如此的涵养,来自视"众生皆苦"的慈悲之心。在禅师看来,武夫心里比自己苦多了;不要说座位,只想把心中的清凉也一并给了他。

我坐在这个故事的边缘长久发呆。我轻抚着自己的心,悄然自问:这里面,究竟有几多的"清凉"?

和那位拥有着"沉静的力量"的师父比起来,我是近乎饶舌的。现实的鞭子还没有抽打到我的身上,我已经开始喋喋地倾诉幽怨了。我不懂得有一种隐忍其实是蕴蓄力量,我不懂得有一种静默其实是惊天的告白。我的心,有太多远离清凉的时刻。面对误解,面对辜负,面对欺瞒,面对伤害,我的心燃起痛苦仇怨的火焰,烧灼着那令我无比憎恶的丑恶,也烧灼着我自己颤抖不已的生命。我曾天真地以为,这样的烧灼过后,我的眼将迎来一片悦目的青葱。但是,我错了。我看到了火舌舔舐过的丑恶又变本加厉地朝我反扑,我也看到了自己"过火"的生命伤痕累累,不堪其苦。总能感到有一道无形的鞭影在我的头顶罗织罪名,总是先于伤口体会到头破血流时的无限痛楚。我漂泊的船何时靠岸?洗净我满头血污的河流又在何方?

当我和这位禅师在一本书里相遇,曾忍不住抚着纸页痴痴地对他讲:因为怜恤,所以,你不允那人独自滞留岸上;遭遇毒打时,你因窥见了那人焚烧着自我生命的满腔怒火而万分焦灼;当那人跪下向你忏悔,你原谅了他,还真心地为他解脱。——你的心中,究竟储存着多少清凉?面对你丰富的拥有与无私的施与,我一颗寒酸寒苦的心,感动得轻颤起来。

几年前在一个寺院,一位师父告诉我说:"一照镜子,你就读到了一个字。"愚钝的我傻傻地问道:"那是个什么字呢?"师父在自己的双眉上画了一横,又在两眼上各画了一下,然后,在鼻子上打了一个十字,末了,又指指自己的嘴,问:"猜着了吗?"我懵懵懂懂地说:"没……有。"师父说:"哦,猜不着才好。猜不着,你有福了。"说完,径自去了。我急煎煎地问同行的伙伴:"到底是个什么字啊?"伙伴说:"是个'苦'字哦。"

——却原来,我们带着一个"苦"字来到尘世间。你是苦的,我是苦的,众生皆是苦的。

惊悸的心,枯涩的心,猜疑的心,怨怼的心,愤怒的心,仇恨的心,残忍的心,暴虐的心……这些心,全都淤塞着太多太多的苦。被苦主宰着的心远离春天,远离自由。当我们宣泄内心的苦的时候,这苦最先蜇伤的,往往是我们自己。就像那个高举鞭子的武夫,鞭子未及落下,自己的灵魂已皮开肉绽。说到底,无非就是这样一个道理——虐人亦即自虐,爱人亦即自爱。

让我们在每一面镜子前驻足,认清自己脸上刻着的那个清晰的字。让我们深深怜惜那些被这个字穷追不舍的可怜的人。让更多的人一抬手就能轻易扪到自己心中无尽的清凉。

人生最苦是什么？人生最苦是放不下。放不下命运对自己的辜负，放不下别人对自己的冷遇，放不下自己对自己的严苛。豁达一点儿，包容一下，才能放下心中沉重的执著，自会找到心中的清凉。

一个成才的人是不能远离社会这个群体的，就像一棵大树，不能远离森林。

生命的林子

◇李雪峰

有一个僧人，可能就是唐玄奘吧，他刚剃发的时候，在法门寺修行。法门寺是个香火鼎盛、香客络绎的名寺，每天晨钟暮鼓，香客如流。玄奘想静下心神潜心修佛，但法门寺法事应酬太繁，自己虽青灯黄卷苦苦习经多年，但谈经论道起来，自己远不如寺里许多僧人。

有人劝玄奘说："法门寺是个名满天下的名寺，水深龙多，纳集了天下的许多名僧，你若想在僧侣中出人头地，不如到一些偏僻小寺中阅经读卷，这样，你的才华便会很快就光芒进露了。"

玄奘自忖了许久，觉得这话很对，便决意辞别师父，离开这喧喧嚷嚷高僧济济的法门寺，寻一个偏僻冷落的深山小寺去。于是玄奘就打点了经卷、包裹，去向方丈辞行。

方丈明白玄奘的意图后，问玄奘说："烛火和太阳哪个更亮些？"玄奘说当然是太阳了。方丈说："你愿做烛火还是太阳呢？"

玄奘认真思忖了好久，郑重地回答说："我愿做太阳！"于是方丈微微一笑说："我们到寺后的林子去走走吧。"

法门寺后是一片郁郁葱葱的松林。方丈将玄奘带到不远处的一个山头上，这座山头上树木稀疏，只有一些灌木和偶尔的三两棵松树，方丈指着其中最高大的一棵说："这棵树是这里最大的最高的，可它能做什么呢？"玄奘围着树看了看，这棵松树乱枝纵横，树干又短又扭曲，玄奘说："它只能做煮粥的薪柴。"

方丈又信步带玄奘到那一片郁郁葱葱密密匝匝的林子中去，林子遮天蔽日，棵棵松树秀颀、挺拔。方丈问玄奘说："为什么这里的松树每一棵都这么修长、挺直呢？"

玄奘说："都是为了争着承接天上的阳光吧。"方丈郑重地说："这些树就像芸芸众生啊，它们长在一起，就是一个群体，为了一缕的阳光，为了一滴的雨露，它们都奋力向上生长，于是它们棵棵可能成为栋梁。而那远离群体零零星星的三两棵树，一团一团的阳光是它们的，许许多多的雨露是它们的，在灌木中它们鹤立鸡群，没有树和它们竞争，所以，它们就成了薪柴啊。"

玄奘听了，便明白了。玄奘惭愧地说："法门寺就是这一片莽莽苍苍的大林子，而山野小寺就是那棵远离树林的树了。方丈，我不会再离开法门寺了！"

在法门寺这片森林里，玄奘苦心潜修，后来，终于成为一代名僧，他的枝叶，不仅伸过云层，伸过了天空，而且，承接了西天辉煌的佛光。

是的，一个成才的人是不能远离社会这个群体的，就像一棵大树，不能远离森林。

智慧锦囊

臭豆腐缸出的只会是臭豆腐而不会是鱼子酱。在一个优质的环境，和一群优秀的人竞争，不断地吸取别人的精华，不断地鞭策自己前进，才能成为优秀的人才。

在现实中真正对你忠诚的，都是曾经给过你恩惠的人。

谁是最忠诚的人

◇刘燕敏

贾迪·波德默是一名犹太人，他在商界的成功史已没人知道，因为他没留下任何文字性的东西，然而，他在危难时期的一个决定，却让世人永远记住了他。

1942 年 3 月，希特勒下令搜捕德国所有的犹太人，68 岁的贾迪·波德默召集全家商讨对策，最后想出一个没有办法的办法，向德国的非犹太人求助，争取他们的保护。

办法定下来之后，接下来是选择求生的对象。两个儿子认为，应该向银行家金·奥尼尔求助，因为他一直把波德默家族视为他的恩人；在不同的场合，他也曾多次表示，如果有什么需要帮助的，尽管找他。

波德默家族拥有潘沙森林的采伐权，在欧洲是数得着的木材供应商。金·奥尼尔是一家银行的小股东，他是在波德默家族的资助下发家的。40年来，为了支持他打败竞争对手，波德默家族的钱，从来都没有存入过其他的银行，就是到事发的时候，他的银行里还存有波德默家族的54万马克。现在波德默家族遭到了灭顶之灾，向他求助，他怎会袖手旁观？

68岁的老人却不是这种意见，他认为应该向拉尔夫·本内特求助，他是一位木材商人，波德默家族的人是跟他打工起家的，后来是经过他的资助，波德默才有了今天的家业。现在虽然很少往来，但心理上从没断绝过感激和思念。

最后，老人说，你们还是去求助拉尔夫·本内特先生吧！虽然我们欠他的很多。

第二天一早，两个儿子出发了。在路上，二儿子说，我们不能去本内特先生那儿，上次我见他时，他还提那700吨木材的事。要去，你去吧！我要去求奥尼尔。最后，二儿子去了银行家那儿，大儿子去了木材商的家。

1948年7月，一个叫艾森·波德默的人，从日本辗转回到德国，去寻找他的家人，最后一无所获。后来，他从纳粹档案中查到这么一条记录：银行家金·奥尼尔来电，家中闯入一年轻男子，疑是犹太人。一年后，他又于奥斯维辛集中营的死亡档案中，查到他父亲、母亲、妻子、弟妻及六个孩子的名字，他们是在他和弟弟分手后第四天被捕的。

1950年1月，艾森·波德默定居美国；2003年12月4日去世，终年83岁，留下一部回忆录、两个儿子、三个女儿和九个孙子、孙女。他留下的一本回忆录主要讲述，他在木材商本内特的帮助之下，怎样偷渡日本，保全性命的。该书的封面上写着：献给父亲贾迪·波德默先生！封底写着：许多人认为，要赢得他人的忠诚，最好的办法是给其恩惠。其实，这是对人性的误解，在现实中真正对你忠诚的，都是曾经给过你恩惠的人。

智慧锦囊

用利益建立起来的友谊会随着利益的离去很快就土崩瓦解，只有以爱相交的人，才会在危难之中给予你帮助。一个平白无故给你恩惠的人，是出于真诚，而不是其他功利性目的。

想要拥有果香，就该懂得割舍。

父亲的果树

◇ 感 动

　　大学时，两个女孩成了我的好朋友。倩，温柔似水，对我的照顾无微不至；而雅才华横溢，与我同在文学社里共事。大三时，倩与雅同时向我表白了爱意，面对两个同样出色的女孩，我幸福并痛苦着，不知道该如何取舍。

　　这个春天，我带着烦恼回到了乡下老家，

　　知儿莫过父。尽管我努力表现得快乐，若无其事，但父亲还是看出了蹊跷。在父亲的追问下，我说出了自己的烦恼和困惑。第二天吃过早饭，父亲让我陪他去菜园。菜园里有两棵一般高的苹果树，刚刚结出一串串指甲大小的青苹果。我站在树下，畅想到秋天的时候两棵苹果树就将硕果累累，不知道我的爱情到时候会不会也能收获。这时，父亲拿着一把剪刀站到一棵苹果树下，手起刀落，将一些幼果剪了下去。我惊讶地提醒父亲是不是剪错了，但父亲依然自顾自剪着，直到把这棵苹果树上的果子剪落大半才离去。

　　看着父亲的背影，我庆幸另一株苹果树上浓密的果实未遭劫难。

　　临近秋天的时候，同学们纷纷联系着毕业去向，而我却依然在倩与雅的选择中挣扎着。倩要回到她出生的那座城市，去帮助开公司的爸爸，她希望我能与她一起回去；而雅则希望我能和她一起去南方的一家杂志社，并肩作战……情感的取舍应该是最难的取舍吧？我深陷在选择的煎熬中。

　　突然接到家里的电话，说是父亲生病了，我急忙赶回家乡。

　　父亲一脸憔悴，看到我，眼中闪现出喜悦，在得知我还没有做出爱情选择后，他沉默良久，然后示意我去给他摘几个苹果。我再次来到那两棵苹果树下时，惊异万分：没有被父亲修剪的那棵苹果树，只剩下稀疏可数且又青又小的苹果，而另一棵苹果树上则是红彤彤的缀满硕果。

　　一瞬间，我突有所悟，我知道了，我那农民的父亲在用他特有的方式在告诉我一个人生哲理：想要拥有果香，就该懂得割舍。

面对一个两难的选择，最大的错误不是选择的失算，而是犹豫不决的踌躇，犹豫会令你最终一无所有。人生没有两全其美，懂得舍弃才能得到收获。

"成功"是一个大步流星的行者，你必须拼命与时间赛跑，才可能撵上他。

迟到是一种病

◇张丽钧

做班主任的时候，我发现班上有两个学生几乎"买断"了迟到。雨天迟到，晴天也迟到；有了不高兴的事迟到，有了高兴的事也迟到。我跟他们说："我非把你们这毛病扳过来不可！我就不信这个邪！"我让他们写"保证书"，如果谁再迟到就罚做一周的卫生；我找他们的家长，希望得到他们的积极配合；我煞费苦心地在早晨5点40分就带着他们到学校旁边的牛肉面摊上去，让卖板面的师傅亲口告诉他们说："我每天早晨5点以前必须起床，准备出摊，风雨无阻。"……总之，我用尽了所有的办法，想要把他们迟到的毛病修正过来。但是，我发现我并没有获得真正的成功，因为在他们刚有了进步不久班级就换了班主任，而新班主任很快就发现了班上有两个"迟到专业户"。

现在，我的这两个学生都已经不再是学生了。不久前，我得知其中一个人下了岗，另一个人在单位混得很差。作为深谙他们性格缺点的老师，我为他们人生的失意感到难过；也巴望着通过对他们以及他们难以作别的"迟到"的审视与挞伐，使更多的人及早警醒，向"迟到"宣战，全力捣毁这个有可能带来"溃堤"之患的蚁穴。

只要你留意观察，你就会发现，在我们的身边，总有一些喜欢迟到的人。认真分析这些人，你会发现他们有着以下的一些特点：

一、迁就自我。人都是有惰性的，优秀的人总是设法去战胜自身的惰性，而惯于迟到的人却一味地怜悯自己，姑息自己——多赖一会儿床，磨蹭着做一件事，他心底有个他自己都不愿意承认的声音："总要等到迟到才好啊！"他是一个善于向自己妥协的人,时间的标尺被他机巧地换成了疲沓的松紧带。他生命的血性与锐气就在一次次迟到中磨损,直至必然地约会到失败。

二、投机心理。最初的迟到,可能也伴随着愧疚与自责,但后来,投机与侥幸的心理越来越严重。昨天迟到遭到了斥责,今天,他会怀着一种可笑的心态哄骗自己说:"今天未必会给抓到吧?"这样的心态,还必然扩大到其他方面——做事,爱耍偷梁换柱的伎俩;做人,爱玩瞒天过海的把戏。

三、责任感缺失。人活在世上,首先应该对自我负责——对自我的形象负责,对自我的成败负责,对自我的人生负责。惯于迟到的人,不愿意担负起这份责任。他钟情于摆脱了责任后的那种轻松自在。尽管他明白"习惯性迟到"终将使他"尊严扫地",但他宁愿要这样一个结局,也不愿意让"责任"压痛自己的肩膀。这样的人,永远难担大任。

看,迟到是一种多么可怕的疾病!

人生本是不可以迟到的。学生时代的迟到,是知识在你心灵的迟到;职业生涯中的迟到,是成功在你人生中的迟到。时间在你的腕上,时间在你的眼中,时间更在你的骨里,心里。既然一定要奔赴一个邀召,为什么不早一些出发?"成功"是一个大步流星的行者,你必须拼命与时间赛跑,才可能撵上它。别让迟到缠上你,别让人从你一次次的迟到中读出你的慵懒疲沓,你的冥顽荒唐,你的庸碌无能。

记着,只有早于朝阳启程,才能够拥抱日出,才能够拥有朝阳般的人生。

智慧锦囊

> 对生活不在乎的人,生活也不在乎他;对机会有所辜负的人,机会也会辜负他。今日对自己的放纵会成为日后自食的恶果。

> 成功的合作,是在合作之前,把你想到的有关负面的东西告诉对方,但是,要记住:别把时间顺序搞错了。

合作的黄金定律

◇林 夕

那天,和一位商界资深朋友闲谈,谈到我的一位朋友在和人打官司,我忍不住发牢骚说:商业社会人与人的关系,实际上就是合作关系。可是现在与人合作太难了。开始挺好,大家是朋友,谈友谊,谈合作,可是合作的结果,大都不欢而散,弄不好还要闹到法庭上去,从朋友变成敌人了。

这位朋友笑笑,说:"我经商 10 年多了,和许多人合作过,但没有一个上法庭的,你知道这是为什么吗?"

我摇摇头。

"现在大部分人做生意是这样:先认识,然后谈友谊,谈合作。然后是利益。然后就是不满,甚至像你的朋友那样,闹上法庭,从朋友到敌人。"

"为什么会这样呢?"我问。

"我想是因为:很多人和别人洽谈时,为了尽快谈成,就把自己的所有想法、方案和对未来美好的前景都说出来,而且人为地夸大,诱使对方做出决定。等到对方抱着美好的不切实际的幻想做出决定,开始投入合作时,会发现越来越多的问题,会感到合作并不像当初许诺得那么美好。矛盾、冲突越积越深,到最后终于爆发,一次合作就终止,从朋友变成敌人。"

我点点头,但还有些不解:"那么你为什么能和别人合作、利益,再合作,再利益,反复重复下去呢?你和合作伙伴之间就没有矛盾、冲突吗?"

"凡是合作都会有矛盾和冲突,但我会事先分散、化解,而不是压制到最后爆发。"

"那你是怎么样分散、化解的呢?"

"我想这是因为:我能很好地控制每次交谈的密度。我和别人洽谈合作时,第一次见面,谈话的内容只占我整个方案的 3%,其他都是闲谈,与主题无关;而且,下一次谈话一定选在三天之后,给对方一定的消化时间。第二次再谈,交谈的内容增加一倍,是 6%。下次再谈,再增加一倍,12%。三次之后,一般人就会动心了,他会用心思考,反复推敲,但这个时候,还不能做决定。紧接着,是第四次交谈,这一次是 24%,很多人在这个时候,就已经做出决定。做还是不做,他自己心里已经非常清楚。如果这时候还不能做决定,再谈一次,这一次,密度是 48%。这个时候,他心里一定会做出决定。很多人这个时候,就急着签字,但我不是,还要再谈。再谈,正好相反,不是往上增,而是往下减。我会提出一些负面的问题,这些问题,并不会影响他做决定,他正在兴奋点上,会按惯性往前走。但是我说和不说对我不一样。等到他最终做出决定,并开始和我实际合作时,会发现问题,但这些问题我都事先和他讲过。所以他有准备,会接受,而不是怨我,即使这次合作最后没有赚到钱,他也不会怨我。因为我所有的想法不是一次性强加给他,而是慢慢渗透给他的,是他自己接受了才做决定。要怨,只能怨自己,当初没有认真对待我提出的问题;如果认真对待,也许就不会有今天的结果了,所以他还要感谢我呢。下一次,如果有机会,他还会和我合作。"

每一个合作,不仅会有有利的积极的一面,也一定会有有弊的消极的一面。大部分人,为了合作成功,都只说正面,对负面的东西瞒着不说,等到出现问题,就互相埋怨,结果可想而知。成功的合作,是在合作之前,把你想到的有关负面的东西告诉对方,但是,要记住:别把时间顺序搞错了。否则,没有人会和你合作。

智慧锦囊

合作,不是欺骗,不是利益的夸张放大,合作应该是一份最基本的真诚——既客观地展现前景也充分地暴露风险,这样才能令你拥有可以良性循环的合作机制。

我们往往放眼庞大的目标,却忘记无论身在何处,都可效上一份力量……

种下一棵心灵树

◇澜　涛

2004 年,随着诺贝尔和平奖的揭晓,获得者万加丽·马阿萨伊的名字立刻被世界瞩目,她是凭借什么获得这一殊荣的呢?

马阿萨伊是肯尼亚环境部副部长。挪威诺贝尔委员会赞扬她为"可持续性发展、民主与和平所作的贡献"。

如同其他发展中国家一样,贫困与人口膨胀成为肯尼亚自然环境的沉重负荷。为了索取燃料、为了开垦农田,穷苦的人们肆意砍伐树木。随着树木的消失,动物与其他植物也开始消失。更可怕的是,地面表土遭雨水侵蚀,土中养分全被冲走。自然环境的退化加深了贫困的恶性循环,带来营养不良、食水短缺、传染病蔓延等问题。

1977 年,还是生物学家的马阿萨伊目睹肯尼亚的森林遭肆意砍伐而深感忧心。她成立的一个民间团体"肯尼亚全国妇女理事会",教导妇女如何培植树苗。妇女们从中赚取酬劳,用以满足当前的急需、供孩子上学、作有利可谋的投资。后来,这一活动扩展成为一个庞大的草根运动——"绿带运动"。"绿带运动"不但缓和了森林遭砍伐的问题,更为妇女带来收入,使他们能够在自己的社区挺身扮演领导的角色。随着越来越多的国家的效仿,"绿带运动"变成一股全球性洪流。

面对荣誉,马阿萨伊说过这样一句话:"我们每一个人都渴望有所贡献,我们往往放眼庞大的目标,却忘记无论身在何处,都可效上一份力量……"

每个人都渴望成功,渴望拥有万众瞩目的成就,但常常殚精竭虑、煞费心机的结果并不都能够花香满怀。马阿萨伊其实什么都没有做,只是在自己的院落里教人们怎样种树,结果种出了诺贝尔和平奖。她用爱的心,将浓荫一点点传遍肯尼亚荒蛮的大漠,传遍非洲,传遍世界。只要心中有树,有浓荫,有爱,然后一片一片地伸展爱的叶片,浓荫就会征服荒蛮,平凡也可以诞生奇迹。

重要的不是目标多么远大,而是动手去做。种下一棵心灵树,就可能走进绿色海洋,走进涛澜跌宕。从心灵开始,先种下一棵淡泊的、挚爱的树,成功就不会遥远……

智慧锦囊

一个口号,一个目标,无论多么宏伟,多么华丽,都只不过是一张地图,要达到我们心中的那个目的地,还是要靠一步接一步的实际行动。

不管有多少事情都可以分为两类,紧要的和重要的,它们是不同的。

经 营 未 来

◇林 夕

一次偶然的机会,我从一位新加坡公司总裁那看到一份公司的 15 年发展规划书,那是 3 年前做的,里面分析预测从 1995 年到未来 2010 年的市场环境及发展趋势,包括产业形势和竞争形势等,企业目前产品定位及现有业务在未来的发展方向,拓展哪些新的增长点,如何为未来发展建立完善的组织机构、企业机制等,厚厚的像一本大学教材。我看着结尾的年代数字,不仅感到有些新奇,忍不住说:"2010 年,太遥远了! 谁知道那时候会是什么样呢? "

那位总裁很认真地看了看我,有些忧虑地说:"我在新加坡时,接触了一些来考察项目的中国企业家,他们每考察一个项目,总是先问我什么时候能收到回报。当然注重回报是应该的,但是如果过分强调我担心会有负面影响。所以我当时问他们为什么。他们说因为他们必须在任期内收到回报,否则离任后和他们就没关系了。这和我们新加坡的企业不同。当然我们也会强调短期回报,但我们也很注重长期效益。因为我们认为,企业是一个活体,和人一样,是一个累计发展的过程。即使是最伟大的企业家,也不可能一夜辉煌。"

我有些不好意思地说:"我们还真有不少一夜辉煌的企业家。翻开前几年的各大报纸,那上面被称为企业家的恐怕大都不知今夕是何夕了。他们有的也有过宏伟规划,但大都是目标式、口号式的,比如像跻身世界、全国几百强或赶超一流什么的。"

总裁笑笑,摇摇头:"罗马不是一天建成的。不过,责任也不全在他们,用你们自己的话说,是体制问题。好,不谈这个问题了,说说你自己吧,你自己的发展规划是什么?"

"我……"我感觉有些脸红。这回,轮到总裁吃惊了,他打着手势:"难道你竟然不为自己制定一个让自己10年后受益的规划并从现在开始付诸实施?"

我摇摇头。

"那你每天怎么做事?"

"什么要紧就做什么,一天到晚也闲不着,忙忙碌碌,但是到了年底一盘点好像也没做什么。就寄希望于明年。"

总裁笑说:"在管理学上,你犯了一个策略上的错误。记住:不管有多少事情都可以分为两类,紧要的和重要的,它们是不同的。许多人不成功是因为他们把大部分的时间都花在眼前的许多紧要事情上,而没有时间去做重要的事。正确的做法是用20%的时间去处理眼前那些很多的紧要事情,而把80%的时间留做那些较少但很重要的事情。这就是管理学上的二八法则。"

我沉思了一会儿,慢慢地说:"我明白了,就是说:我们用20%的时间去处理眼前这些很多的紧要事情只是为了眼前的生计,而用80%的时间去做较少但很重要的事情,是为了未来,它才会让我们拥有更多的真正的财富。"

智慧锦囊

许多人不成功是因为他们把大部分时间都花在了眼前大量的紧要事情上,而没有时间去做那些目前效益较少、但长远且重要的事情。经营现在的人,人生账号上一直为零;而那些善于经营未来的人,人生不断在升值。

> 人人都是自己命运的设计师，最可依靠的不是任何人的权力和威望，而是自己的力量。

靠 自 己

◇蒋光宇

有一天，大仲马得知自己的儿子小仲马寄出的稿子接连碰壁，便对小仲马说："如果你能在寄稿时，随稿给编辑先生们附上一封短信，或者只是一句话，说'我是大仲马的儿子'，或许情况就会好多了。"

小仲马倔强地说："不，我不想坐在你的肩头上摘苹果，那样摘来的苹果没味道。"年轻的小仲马不但拒绝以父亲的盛名做自己事业的敲门砖，而且不露声色地给自己取了十几个其他姓氏的笔名，以避免那些编辑先生们把他和大名鼎鼎的父亲联系起来。

面对那些冷酷无情的一张张退稿笺，小仲马没有沮丧，仍在屡败屡战地坚持创作自己的作品。

他的长篇小说《茶花女》寄出后，终于以其绝妙地构思和精彩的文笔震撼了一位资深望重的编辑。这位编辑曾和大仲马有着多年的书信来往。他看到寄稿人的地址同大仲马的地址丝毫不差，怀疑是大仲马另取的笔名，但作品的风格却和大仲马的迥然不同。这位编辑带着兴奋和疑问，迫不及待地乘车造访大仲马家。

令他大吃一惊的是，《茶花女》这部伟大的作品，作者竟是名不见经传的大仲马的儿子小仲马。

"您为何不在稿子上署上您的真实姓名呢？"这位编辑疑惑地问小仲马。

小仲马说："我只想拥有真实的高度。"

这位编辑对小仲马的做法赞叹不已。

《茶花女》出版后，法国文坛的评论家一致认为，这部作品的价值远远超过了大仲马的代表作《基督山恩仇记》。小仲马靠自己的力量攀登到文坛的高峰。

美国物理学家富兰克林，是家中12个男孩中最小的。由于家境贫寒，他12岁就到哥哥开的小印刷所去当学徒。他把排字当做学习写作的好机会，从不叫苦。

不久，富兰克林认识了几个在书店当学徒的小伙伴，经常通过他们借书看。随着阅读数量的增加，他逐渐能学着写些小文章了。

在富兰克林 15 岁时,他哥哥筹办了一份报纸《新英格兰新闻》,报上常登载一些文学小品,很受读者欢迎。

富兰克林也想试一试文笔,但又不想通过哥哥来采用自己的文章。为此,富兰克林化名写了一篇小品,趁半夜没人时把稿子悄悄地放在印刷所的门口。

第二天一早,他哥哥看到那篇稿件,便请来一些经常写作的朋友审阅评论。那些人一致称赞是篇好文章。有一位诗人竟断定,这是出自名家的手笔。

……

从此,富兰克林的文章经常在报上发表,但他的哥哥一直不知道真正的作者是谁。后来,他哥哥决心要识破这个谜,在半夜时藏在印刷所门口。他哥哥做梦也没想到,这位"名家"竟是自己的弟弟小富兰克林。

……

"滴自己的汗,吃自己的饭。自己的事,自己干。靠人靠天靠祖上,不算是好汉。"郑板桥的这些话,当然不是主张可以忽视前进中可以借用的力量,而是强调千靠万靠不如自靠的主张。从根本上说,人人都是自己命运的设计师,最可依靠的不是任何人的权力和威望,而是自己的力量。

智慧锦囊

全靠外界力量获得的成功,来得很虚幻,让人不踏实。只有靠着自己的拼搏赚来的成功,才是最牢固的成功。这个世界从来没有救世主,能拯救你的菩萨和上帝就是你自己。

眼睛只能看到花朵的艳丽,心灵却可以品味到花朵的馨香。很多时候,机会与成功就在眼睛和心灵之间。

眼睛和心灵之间

◇澜　涛

一名外商欲在某市投巨资合营办厂,该市领导极为重视,热情接待。经过考察,外商对各方面均感满意。中外双方便进入实质性的谈判。这天,具体细节都基本协定,只剩下一点儿收尾工作便可以在协议书上签字,适逢中午,外商兴致很高,提议共进午餐。

在驱车前往饭店的路上，外商由谈笑风生变得满脸严肃。中方代表一头雾水，不知何故。

在饭店，外商道出了原因："对不起，各位，我决定放弃在贵市的投资。刚才在来饭店的路上，各位应该都注意到街道两旁的路灯都亮着。在这条繁华的街道，一个上午走过的人不止千万，只要有一个人打个电话给有关部门，路灯就不会亮一个上午了。很简单的一件事，却没有人去做。"外商的话属实，而且掷地有声："对一个连自己的城市都缺少责任心的市民，我不敢想象在我的工厂里会负责。"

生活里，因为忽视、不经意，乃至不屑使一些细微、琐碎的事物与我们擦肩而过，无动于衷。其实，心底里我们都很明白：涓涓细流汇聚浩瀚，滴滴微水蕴成大海。

眼睛和心灵之间，有时很近，有时很远。

眼睛只能看到花朵的艳丽，心灵却可以品味到花朵的馨香。

很多时候，机会与成功就在眼睛和心灵之间。

智慧锦囊

有些时候不是我们的眼睛看不到善，而是我们的心灵忽视了它的存在。有些时候不是我们的眼睛看不到恶，而是我们的心灵有意遮蔽了它的存在。当眼睛里的图像和心灵里的抉择越来越远，美好也会离我们越来越远。

其实成功非常简单，就是在成功之前扮演成功。

扮 演 成 功

◇林 夕

那年我大学毕业不久，在一家报社驻外记者站工作。帆是我的上司，当时他才27岁，是报社最年轻的负责人。他的工作方法很与众不同。记得他布置我第一个任务是，把资产在千万以上的企业总裁做一个名录给他。

一个星期后，我把帆要的"黑名单"整理好交给他。他逐一研究了一番，锁定目标，准备开始行动。行动之前，他做了两件事，一是把办公室搬到一家四星级大酒店。他原意是去五星级酒店，总社没同意他才罢手。二是通过朋友关系以极低的价格租了一辆丰田轿车。两项支出加起来，一年的办公经费所剩无几。

虽然新办公室宽敞舒适，出门又有车坐，但为此花掉全年办公经费，也太浪费了吧！我们又不是做生意，有必要这么装点门面吗？我满怀疑虑。

帆却不以为然。

"我们要想活，就必须弄到好新闻，把报纸卖掉。这不就是做生意吗！"说到这，帆停顿了一下，又说："不过就目前而言，光靠卖新闻赚不了钱，我们得通过新闻采访建立人际关系，人际关系就是钱呵！"

"那还不好办，新闻界有一句戏言，要想认识谁，就去采访谁。"我不屑地道。

帆看看我，不无嘲讽地说："那好，我问你，怎么去？坐11路（指步行）？"

见我沉默不语，帆又提高声音继续说道："我们不仅要'认识'，还要把人际关系弄'结实'。可谁愿意和穷人交朋友呢？人的眼睛习惯向上看，这是人的本性。你不能改变人性，只能改变自己。"

当帆开着丰田车带我去采访他亲自锁定的目标——一家钢铁企业集团总裁时，受到的待遇确实不一样。总裁不仅亲自出马，采访结束时还特意请我们去五星级酒店，喝的是五粮液。酒是最能滋生灵感的东西，加上帆本来就是谈话高手，看似漫不经心，实则深藏玄机，每一句都深思熟虑，恰到好处，起到该起的作用。总裁大有相见恨晚之感，一高兴又要了瓶五粮液。快结束时，趁总裁不注意，帆把随身带的公文包给我，悄声说："包里有支票，你出去把账结了。"

当酒宴结束总裁喊"埋单"时，侍者走过来用手指指我："这位女士已经把账结了。"

我这辈子也忘不了他当时的表情，不亚于9·11。惊愕在他脸上停留了足有五六秒钟，才渐渐散去。他感叹道："这是我这么多年和新闻界吃饭第一次没埋单。"

我不禁有些脸红。没想到新闻界在企业家眼里竟如此形象。也难怪，因为媒体的传播功能，对企业的报道客观上起着宣传扬名的功能，不向企业收费已经有些心痛，吃顿饭何足挂齿。这也是我在新闻界这么多年第一次没"白吃"。3000多元的餐费让我心痛好几天，但比起后来的收益就算不了什么了。

交往不到三个月，帆和那位总裁把五粮液换成了二锅头。通常情况下，友情和餐费是成反比的。所以当总裁又一次拍着帆的肩膀说"兄弟，有事吱一声"，帆很随意地提起一位在俄罗斯做生意的同学，手里有一批废旧钢轨。总裁二话没说，爽快地答应道："没问题，你让他报个价。"

帆几乎没费什么劲就做成了这笔生意。他还主动提出如果资金紧张可以以物抵款。总裁自然是乐不可支，把抵债来的三辆轿车折价给帆。帆用其中的两辆换成皮大衣和手套发回俄罗斯抵货款，留下一辆做我们办公用车。

如果不是亲眼所见，我怎么也不相信这样的事实。当我们第一次开着自己的车去采访，我忽然间明白了，其实成功非常简单，就是在成功之前扮演成功。

迈向成功的第一步,必须先要有成功的念头,接下来要做好成功之前的每一个准备,确定明确的目标,计划好成功所需要的每一个细节。

> 第二眼的意义就在于不为第一印象所迷惑,不急于下结论,凡事都需要经过认真思考。

第 二 眼

◇王国华

一个调查者受命去查访该地区贫困的原因。在出发前,就有人告诉他,那儿的人特别好吃懒做,无所事事。这话给他留下了先入为主的印象。果然,他来到此地后,下车去田里暗访,看到一个农夫模样的人在割草,那人坐在深深的草丛里,割一会儿就喘一会儿气。调查者想,连割草都要坐着,这儿的人真是懒得无可救药了。于是他生气地往回走。就在他转身的一瞬间,眼睛不经意间又瞥了那人一下,发现那农夫原来根本就没有双腿!

调查者惊出一身汗,想,幸亏我看了第二眼,否则我就要冤枉了一个勤劳的残疾人啊!

叫我看,第二眼的意义就在于不为第一印象所迷惑,不急于下结论,凡事都需要经过认真思考。

朋友对我讲,他上班第三天就跟同事小张吵了一架,当时把他气坏了。回家后他想了许多对策去对付这个"难缠"的同事:"既然他对我怀有敌意,我就收拾他一顿!"

由于种种原因,他"收拾"小张的计划被一再推迟。然而就在这期间,他通过近一步的接触发现小张其实本质并不坏,并且还乐于助人,就是脾气有点儿急。随着时间的推移,他们工作上的合作越来越多,不知不觉地竟还成了好朋友。

幸好当时没有立即"采取行动",朋友至今还在庆幸。"第二眼"让他的生活中少了一堵墙,多了一条路。

没有调查就没有发言权，在我们下结论之前，我们一定要先确认自己已经详细了解了情况。第一印象，有时只是一个表象，对真实慎重，就是对自己慎重。

一旦能力有限，怎样的努力都落在其他人的后面，倒不如耐心发掘身边的土地，种植自己的果树。

抢果子不如自己去种果树

◇澜　涛

王雨菲是一家外资保险公司在东北区的业务总监，她也是这家保险公司在全球几十个分支机构里年龄最小的大区业务总监，她今年只有 23 岁。

1997 年，从一家商业中专毕业的王雨菲到现在就职的这家保险公司做起了推销员。不高的学历、一般的长相、清贫的家境，她有些茫然，但自幼倔强的她告诉自己一定要做出成绩来。她开始整天奔走在大街小巷，每天坚持拜访陌生人，挨家挨户地敲门，承受拒绝和冷漠。

一天，她去一家公司联系业务，看大门的年轻人朗读英语的声音让她心机一动——一个看大门的外来打工青年如此上进求学，这种困境中的坚强让她和这个叫解铭的年轻人交谈起来。当她问解铭为什么要学习英语时，解铭告诉她："我想自己种一个果树总比在别人的果树下等果子掉下来要好……"解铭那有些乡土的话让她很震动，她暗想：我也可以自己种果树的啊！并且，一个奇怪的念头进入她的大脑，解铭一定会成为她的客户的。可当时解铭的情况是一贫如洗，月收入 300 元，只是初中毕业。但她还是坚定自己的念头，她常常帮助解铭找资料，帮助解铭找新的工作机会。以至于解铭曾很感动地对她说，将来他成功了，一定要用全部家产的一半买她的保险。解铭说这话的时候，全部家产只是一个旧提包，还有一台二手的 386 电脑。但解铭的话让王雨菲很感动，常常会在不是很忙的时候去看望他。

在辛勤的奔波和努力中，王雨菲的业务成绩不断提升着，2000 年 4 月，因业绩突出被送到美国进行培训。12月，结束培训的她刚刚回到公司，就接到解铭的电话。她才知道，现在的解铭已经今非昔比，因为在互联网方面的出色拼杀，他的公司在香港科技板上市了，半个月里融资500万美元，他自己占15%的股份，他的身价一下就达到了75万美元。他指定由王雨菲亲自受理他的保险，以表示他的感激和信任，共保了两种，每种98份，总保额102万元人民币，这是公司当年在大陆地区接受的最大的一笔个人寿险保单。没多久，在应邀参加解铭的婚礼上，解铭网络界的朋友纷纷和王雨菲握手，说早就听说她四年如一日地支持一个数字英雄的故事，赞誉她是"数字伯乐"，而且纷纷留下名片，表示随时恭候她的光临，并且都嘱咐她，去的时候不要忘记带上一份空白的保险协议书。

如果能力能够让我们跑得足够快，那我们可以快速地去竞争面前的机会，可一旦能力有限，怎样的努力都落在其他人的后面，倒不如耐心发掘身边的土地，种植自己的果树。只要汗水够了、时间够了，赢来的可能就是今年的回报啊！

智慧锦囊

不论你是一个什么样的出身，只要你通过后天的努力，培育自己追求成功的热情和信心，不断开发自己的潜能，不断磨炼自己的行动力，让自己的思维和行动变得异常敏锐，你就必定可以走出属于自己的成功之路。

追逐别人的脚印在生活和命运里从众，你往往看不到最新最奇的人生风景，你永远抵达不了与众不同的生命境界。

别人的脚印

◇李雪峰

昆虫学家在观察毛毛虫的生活习性时，曾做过这样一个实验：

把一根树棍折成圆形放在一堆树叶上，然后依次在圆形树棍上放上十几只毛毛虫，很快，这十几只毛毛虫就在树棍上排成一个圆形，首尾相接地蠕动起来了，它们从上午走到下午，从下午又走到第二天、第三天……

其间，有一只毛毛虫一不小心从圆形木棍上掉下来了，它在树棍旁蠕动了蠕动，就触到了那些嫩生生的绿叶，于是它便有滋有味地吃起来了。

四天过去后，树棍上的那一圈毛毛虫已经全部饿死了，它们一个一个还首尾相接在那根树棍上。如果它们有哪一只稍稍偏离一下木棍，甚至只是稍稍扭一下自己的身子，它们的触角就可以触到那些鲜嫩的绿叶了；但因为它们寸步不离前者的足迹，所以，尽管美味的绿叶食物就近在它们的身旁咫尺，而它们却全部饿死了。

只有那一只不幸从它们队伍中摔掉下来的毛毛虫，庆幸地活了下来，它吃得身材臃肿、通体绿亮，还在叶丛上快乐地生活着。

昆虫学家叹息说："那一群首尾相接累死饿死的毛毛虫，它们不是饿死于它们的路无尽途，它们是饿死于它们自己的盲目从众意识；而不幸摔下木棍的那只毛毛虫，它能幸运地存活下来，是因为它幸运地被摔出了一个盲目从众的心理习性。"

从众，让那些毛毛虫身距绿叶咫尺却白白地饿死了；脱离从众，却让一只毛毛虫意外地存活了下来。而我们多少人何尝不是那些盲目从众的毛毛虫呢？什么专业热门，我们就踊跃报考什么专业；哪条旅游线路人多，我们就不假思索地挤进哪条旅游线路……

结局往往是：热门的专业，给了我们一个就业的冷落；热闹的旅游线路，只给了我们一抹与众相同的风景。

从众的思维，造就出的只能是思想的庸者。

从众的人生，造就出的只能是生活俗人。

追逐别人的脚印在生活和命运里从众，你往往看不到最新最奇的人生风景，你永远抵达不了与众不同的生命境界。

智慧锦囊

踏着别人的脚印，虽然走得很安全、很轻松，但你到达的都是别人的领域；另辟蹊径，走一条自己的路，虽然很辛苦，也有风险，但你得到的都是别人未曾得到的东西。

> 但是，你不能什么都不会！你必须得会一样，你要竭尽全力把它做到极限。这样，你就会永远 OK 了。

你必有一样拿得出手

◇林 夕

我的一位商界朋友，45 岁的时候，移居去了美国。

大凡去美国的人，都想早一点儿拿到绿卡。他到美国后三个月，就去移民局申请绿卡。一位比他早先到美国的朋友好心地提醒他："你要有耐心等。我申请都快一年了，还没有批下来。"

他笑笑说："不需要那么久，三个月就可以了。"

朋友用疑惑的目光看着他，以为他在开玩笑。

三个月后，他去移民局，果然获得批准，填表盖章，很快，邮差给他送去绿卡。

他的朋友知道后，十分不解："你年龄比我大，钱没有我多，申请比我晚，凭什么比我先拿到绿卡？"他微微一笑，说："因为钱。"

"你来美国带了多少钱？"

"10 万美元。"

"可是我带了 100 万美元，为什么不给我批反而给你批呢？"

"我的 10 万美元，在我到美国的三个月内，一部分用于消费，一部分用于投资，一直在使用和流动，这个，在我交给移民局的税单上已经显示出来了；而你的 100 万美元，一直放在银行里，没有消费变化。所以他们不批准你的申请。"

原来如此。

美国是一个十分注重效率和功利的国家，你要对美国的社会经济发展有益，美国才会接纳你。在美国拿绿卡，只有两种人可以：一种是来美国投资或消费；还有一种人，就是有技术专长。

这位商界朋友前不久回国，给我讲了一个他在美国移民局亲眼目睹的故事，使我更深刻地理解了美国。

他在美国移民局申请绿卡的时候，曾经遇到过一位中年妇女，从她被晒成古铜色的皮肤，可以断定是一位户外工作者。由于好奇，他上前和她搭话，一问才知,她来自中国北方农村,因为女儿在美国,才申请来美。她只读完小学,汉语都表达不好。

可就是这样一位英语只会说"你好"、"再见"的中国农村妇女,也在申请绿卡。她申报的理由是有"技术专长",移民官看了她的申请表,问她:"你会什么?"她回答说:"我会剪纸画。"说着,她从包里拿出一把剪刀,轻巧地在一张彩色亮纸上飞舞,不到3分钟,就剪出一群栩栩如生的各种动物图案。

美国移民官瞪大眼睛,像看变戏法似的看着这些美丽的剪纸画,竖起手指,连声赞叹。这时,她从包里拿出一张报纸,说:"这是中国《农民日报》刊登的我的剪纸画。"

美国移民官员一边看,一边连连点头说:"OK。"

她就这么OK了。旁边和她一起申请而被拒绝的人又羡慕,又嫉妒。

这就是美国。你可以不会管理,你可以不会金融,你可以不会电脑,甚至,你可以不会英语。但是,你不能什么都不会!你必须得会一样,你要竭尽全力把它做到极限。这样,你就会永远OK了。

智慧锦囊

追求完美的人很难达到完美,人的一生短暂,要什么能力都掌握是不可能的。寻找一个兴趣点,寻找一个突破口,在自己最擅长的领域达至巅峰,你便有了存在的价值。

青花能够传世凝聚着稻草的价值,稻草是青花的呵护天使啊!

稻草是青花的天使

◇澜 涛

2005年7月,一件名为"鬼谷下山"的中国元代青花图罐在伦敦拍卖行卖出约2.3亿人民币的天价,刷新了中国工艺品拍卖的世界记录。

青花瓷器在我国历史悠久,随着时代的演变,种类也由最初单一的碗盘繁众起来:菱口盏托、梅瓶、执壶等,所绘制图案也逐渐丰富:花鸟、海兽、亭榭人物……一件件或素朴雄浑、或恬淡雅致、或古雅幽菁。从泥土到光彩照人的青花,所有的青花瓷器都必须经历一个相同的过程:制模、翻模、灌浆、打磨、上釉到烧制……

今天,在世界各地的大多数博物馆中都珍藏着来自中国的青花瓷器。这些青花瓷器能够完美无缺地运到世界各地,都离不开稻草。

在中国陶瓷的故乡景德镇,至今仍保留着一种叫做"茭草"的手艺,就是使用稻草将脆弱珍贵的瓷器包装起来,这是陶瓷七十二道工序中最末的一项。茭草工匠取下一堆的碗碟,在手上轻轻松松地抖几抖,那些原本摆放无序的碗碟就整整齐齐地摆在一起,"对仝口"完成了,开始包装了。在一摞碗碟的两端垫上草垫,取出早已扎好的草结将碗碟牢牢地捆扎在一起。为了避免瓷器的边缘在运输中受到磨损,所有的部位都不能裸露在外,"卷摸龙"这道工序可以将碗碟严严实实地包卷起来。如果是包装茶壶或大件瓷器,就要将稻草拧成绳,叫做"卷拧龙",这样的包装更加结实。

所有的瓷器,无论普通的、珍贵的,都必须经过"茭草"。经过"茭草"的瓷器,有的被运往河岸,送到京城,成为皇宫深院里帝王后妃心爱的器皿;有的在骆驼背上经历漫漫黄沙,万里颠簸,从丝绸之路运往西方……

百年变幻,千年青花。青花能够传世凝聚着稻草的价值,稻草是青花的呵护天使啊!

成为青花需要万千历练,成就人生同样需要万千历练。每个人都渴望青花般的光鲜无限,但并不是每个人都会有被烧制后的幸运。若做不了青花,能够脚踏实地地成为一株稻草,成为把美丽传送至世界的呵护天使,一样是美丽又有价值的生命。

智慧锦囊

不以物喜,不以己悲,懂得放弃,才会拥有。一粒种子,总有一块适合它的土地,找准自己的位置,离成功就不远了。

> 对他们来说，所有的灾难都已成为过去，重要的是他们还活着，还拥有人生的3枚金币，这比什么都重要。

人生有5枚金币

◇林　夕

5月份的一天，我正在旅顺和朋友一起办事，听说陈家村有三位渔民因为船机器出了故障，在海上漂了七天六夜，船上什么吃的都没有，村里的人都以为他们死了，谁也没想到他们活着回来了。我听了，连忙赶去采访。

三位渔民脸晒得黑红，坐在我们面前，讲述着曾经发生的故事，面带笑容，语气平淡，好像不是他们自己亲历而是发生在别人身上似的。

"你们开始的时候想到会漂七天吗？"

"没有，我们想再坚持一天，明天就会有人来救我们。如果一开始就知道要等七天，受这么多罪，我们可能会受不住。"为首的一位年纪较大的渔民说，他是这艘船的主人。

"第六天下午，我觉得自己坚持不住了，喝进去的海水在胃里翻腾，难受死了。就在这时候我们听见了马达声，看见有一条船朝我们开来，我们三人趴在船上喊救命，可是当船驶近的时候，船上的人却冲我们说：你们慢慢漂吧。我绝望地趴在船帮上想跳海自杀，是他救了我。"年纪较小的帮工感激地指着船主说。

船主不好意思地摸摸后脑勺："其实也没什么，我只是给他们讲了一个5枚金币的故事。

"小时候，我生活在内蒙草原，有一次，我和爸爸在草原上迷了路，我又累又怕，到最后快走不动了。爸爸就哄我，他从兜里掏出5枚硬币，把一枚硬币埋在草地里，把其余4枚放在我的手上，说：'人生有5枚金币，童年、少年、青年、中年、老年各有一枚，你现在才用了一枚，就是埋在草原上的那一枚，你不能把5枚都扔在草原，你要一点点地用，每一次都用出不同来，这样才不枉人生一世。今天我们一定要走出草原，你将来也一定要走出草原，世界很大，人活着，就要多走些地方，多看看。不要让你的金币没用就扔掉。'

"我们走了一天一夜，终于走出了草原。我一直记得那天父亲说过的话，也一直保存着那4枚硬币。25岁的时候，我从电视上看到大海，我把第二枚金币埋在草原，带着其余的 3 枚硬币一个人乘车来到大连旅顺，当了一名水手。今年是我来海上的第九个年头了，我刚刚用攒下的钱买下这条 12 马力的新木船，我一生的梦想，是能拥有一条可以远洋的 100 马力以上的铁船。我们还年轻，我们还有人生的 3 枚金币，我们不能就这么把它们都扔到大海里。我们一定要活着回去！从我讲这个故事到我们被救，才十几个小时。我们真的活着回来了。"

海上漂泊七天六夜，他们喝海水，吃鱼饵，忍受着肉体和精神上双重的痛苦，直到现在他们因为海水中毒而全身浮肿，胃出血，脚溃烂，但他们坐在我们面前，面带笑容，语气平淡。对他们来说，所有的灾难都已成为过去，重要的是他们还活着，还拥有人生的 3 枚金币，这比什么都重要。

智慧锦囊

5 枚金币是人生的五段岁月，5 枚金币是对人生的五次期许和五次责任。在你人生最绝望之际，不要想着轻易放弃。即使你身边什么都没有了，你还有余下的金币和对人生的渴望和期待。

贪欲不仅让我们难以得到更多，甚至连原本可以得到的也将失去。

不要等到比原来还少

◇澜　涛

小时候，有一次和祖父进林子去捕野鸡。祖父教我用一种捕猎机，它像一只箱子，用木棍支起，木棍上系着的绳子一直接到我隐蔽的灌木丛中。只要野鸡受撒下的玉米粒的诱惑，一路啄食，就会进入箱子，我只要一拉绳子就大功告成。

支好箱子，藏起不久，就飞来一群野鸡，共有 9 只。大概是饿久了，不一会儿就有 6 只野鸡走进了箱子。我正要拉绳子，又想，那 3 只也会进去的，再等等吧。等了一会儿那 3 只非但没进去，反而走出来 3 只。我后悔了，对自己说，哪怕再有一只走进去就拉绳子。接着，又有两只走了出来。如果这时拉绳，还能套住一只，但我对失去的好运不甘心，心想，总该有些要回去吧。终于，连最后那一只也走出来了。

那一次,我连一只野鸡也没能捕捉到,却捕捉到了一个受益终生的道理:人的欲望是无法满足的,而机会却稍纵即逝;贪欲不仅让我们难以得到更多,甚至连原本可以得到的也将失去。

智慧锦囊

虽然说人应该不断追求,但有时候是要知足常乐,许许多多的错误和失望,都是因为人的欲望太强烈了才发生的。世界上美好的东西太多,我们不可能全部占有,眼前所拥有的才是最需要珍惜的。

年轻人的成长也是这样的,要想使自己长大到极致,就不要拘泥于一个小小的鱼缸。

成　　长

◇王国华

某单位办公室门口摆着一个挺大的鱼缸,缸里放养着十几条产自热带的杂交鱼。那种鱼长约 3 寸、大头红背、鱼鳍宽宽,长得特别漂亮,惹得许多来这儿办公的人都驻足凝神。

一转眼两年时间过去了,那些鱼在这两年时间里似乎没有什么变化,依旧 3 寸来长,大头红背,鱼鳍宽宽,每天自得其乐地在鱼缸里生活,时而游玩,时而小憩,吸引着人们惊羡的目光。

忽一日,鱼缸的缸底被本单位头头那顽皮的小儿子砸了一个大洞,待人们发现时,缸里的水已经所剩无几,十几条热带鱼可怜巴巴地趴在那儿苟延残喘,人们急忙把它们打捞出来。怎么办呢?人们四处张望了一下,发现只有院子当中的喷水泉可以做它们的容身之所。于是,人们把那十几条鱼放了进去。

两个月后,一个新的鱼缸被抬了回来。人们都跑到喷水泉边来捞鱼。捞来一条,人们大吃一惊,又捞出一条,人们又大吃一惊。等十几条鱼都被捞出来的时候,人们简直有点儿手足无措了。两个月,仅仅是两个月的时间,那些鱼竟然都由 3 寸来长疯长到一尺长!

人们七嘴八舌,众说纷纭。有的说可能是因为喷水泉的水是活水,鱼才长这么长，有的说喷水泉里可能含有某种矿物质，也有的说那些鱼可能是吃了什么特殊的食物。但无论如何，都有共同的前提，那就是喷水泉要比鱼缸大得多！

年轻人的成长也是这样的，要想使自己长大到极致，就不要拘泥于一个小小的鱼缸，到喷水泉里去，到更广阔的环境中去！

智慧锦囊

如果你追求理想，那么你就必须拒绝温室的诱惑，追求更远大的目标。你必须放弃安逸的现状，你不可能舒舒服服地躺在床上，同时又能进步成长。

守到黎明见花开

三峡截流时不允许记者进入库区，几乎所有的记者都被警卫拦在了警戒线之外。当一个记者将精彩的三峡截流照片登在媒体上时，许多同行都大吃一惊："你到底是怎样拍到的？"他说，为了这张照片，他和一位渔民做了一笔小交易，让渔民在月黑风高的午夜把他偷渡到对岸，然后他在一辆工程车下躲了20多个小时。成功就是不间断努力和不放弃的坚持。

> 要取得那令人仰慕的成功,最最重要的,仅仅需要无所畏惧、无所顾忌地迈出眼前的这一步。

迈出一步并不需要多大的勇气

◇崔修建

海曼斯49岁那年秋天,在一次交通事故中,失去了左腿,一只眼睛也几乎完全丧失了视力,并因此失去了一份不错的工作。

经历了短暂的伤感后,海曼斯决定重新设计一下自己未来的生活。他首先想到的是写作,尽管他谈不上有任何的文学天赋和基本功底,此前他几乎没认真读过几部文学作品,也从未写过任何与文学有关的东西,但他还是满怀激情地拿起笔来,开始跋涉于一个陌生的领域。

最初的两年间,海曼斯收到了超过700封的退稿信后,才在一家发行量非常小的刊物上发表了一篇不足千字的小小说。就是这一小小的成功,却给了他极大的鼓舞,他继续勤奋地笔耕不辍,终于在文学上赢得了世人瞩目的成就——在他二十多年的文学创作中,他先后出版了28部作品,并数十次获得各类文学大奖。

在海曼斯60岁生日那天,他迈动重新安装的假肢,站到墙上的一幅世界地图前面,突然,一个强烈的愿望在他心头坚定起来——他要从60岁这一年开始,以伤残之躯,徒步周游世界。

毫无疑问,他的这一极具冒险性的想法,受到了来自亲人和朋友们的一致反对。但决心已定的海曼斯还是做了简单的准备,便毅然地踏上了艰难与危险相伴的漫漫征途。

在一路风霜雪雨的艰苦跋涉后,他的足迹遍及了整个美洲大陆,并在1952年踏上了欧洲的土地。在瑞士,他结识了一位著名的登山家,向其虚心地求教了许多有关登山的知识。然后,他兴致勃勃地开始了又一个人生的挑战——攀登几座世界著名的山峰。

1956年,在他69岁那年,他竟然拖着一条假腿,令人不可思议地独自登上了非洲的终年积雪的最高峰——乞力马扎罗山的顶峰。当时欧美的许多报刊在报道他的这一壮举时,都不约而同地称他是"又一个海明威式的美国英雄"。

环球跋涉归来，《纽约时报》的一位著名记者追问年近八旬的海曼斯如何创造了一连串神奇的成功，老人满面微笑，平静地说出了一句耐人寻味的至理名言："其实，就像平常走路一样，迈出一步并不需要多大的勇气，只要懂得一步接一步地往前迈，谁都会遇到成功的。"

没错，遥遥的征程和高高的峰巅，常常会让我们不由自主地停下向前的步履；但如果能够把远方和顶峰藏在心底，把目光盯住脚下的"这一步"，许多事情就会立刻变得十分容易起来。因为对于绝大多数人来说，像平时走路一样轻轻松松地迈出一步，并不是多么艰难的事，并不需要付出多大的勇气和努力……

再次阅读这位美国著名的作家、旅游探险家海曼斯精彩的人生片段，笔者不禁感慨——原来，要取得那令人仰慕的成功，最最重要的，仅仅需要无所畏惧、无所顾忌地迈出眼前的这一步，仅仅需要把那些朴素而简单的"一步"又"一步"不断地累加起来……

智慧锦囊

"不可思议"的名字叫做相信和毅力。相信自己的目标，相信自己的能力，用坚毅和血汗，用一辈子去实现那个目标，我们就能拥有"不可思议"这个名字。

仔细想想，一生能一直做一件事，并且保证做好这件事，非常不易。做好了，自然就成为好人。

做好一件事

◇栖 云

风风火火跑到楼下的美发厅，老板小亮我早就认识，所以劈头便提问：10分钟，10分钟修剪一下头发时间够不够啊？我要赶车。

我有福，那一刻他正巧结束手里的活儿。"洗头吧。"他不慌不忙地回答。

洗发、半吹干、用卡子盘出层次，我一看手表，时间已经过去5分钟。剩余5分钟，能行吗？头发在人家手中紧握，生杀大权，身不由己啊！虽然心里猴急猴急,脸上却收敛住。

既然来剪头,就安心把头发剪好。是吧,姐。

嘘,我晕。

我感到随着小亮剪子的移动,头皮阵阵冒汗。还剩3分钟,还剩2分钟,哥们,行行好,随便剪剪就行啦。宁多一剪子,毋误半分钟。

那可不行,你往车上一坐,人家都问,哪儿剪的头啊,我的生意不砸啦?

大可放心,我不说,打死也不说。

那也不行,我心不安,不能因为你忙,我就欠你内疚。你我都不公平。

我是自愿的,求求你行吗? 我的耐心已经到达极限,还剩1分钟了,他还搬着我的脑袋左相右看,拿个推子绣花似的一丝一丝处理。嘴里慢吞吞往外吐字:别急呀,小心剪了你的耳朵。

哇呀,不剪耳朵要夺命,害死我了。

什么叫栽,急到临死关头,人家没有一丁点儿同情心。

10分钟到,披肩撤。好啦,快走。

飘逸、隽永、柔顺。我,起死回生,上车。

小亮每天都固守在美发厅内,剪发哲学是,所有剪出的头都是送出去的名片,印刷体,决不毛糙。他的店门口挂着名店的牌匾,还有一块黑色炫目的牌子:剪好头,做好人。

仔细想想,一生能一直做一件事,并且保证做好这件事,非常不易。做好了,自然就成为好人。

智慧锦囊

做一件事容易,用一生做一件事很难,用一生做好一件事难上加难。子弹之所以无坚不摧,是因为它不会左顾右盼,它只会专心地向着目标前进。人如果能像子弹一样用一生做好一件事,就一定能突破阻挠,达成意愿。

> 我认为无氧登山运动的最大障碍是欲望，因为在山顶上，任何一个小小的杂念都会使你感觉到需要更多的氧。

登山者的发现

◇刘燕敏

有位叫蒙克夫·基德的登山家，在不带氧气瓶的情况下，多次跨过6500米的登山死亡线，并且最终登上了世界第二高峰——乔戈里峰。他的这一壮举1993年被载入吉尼斯世界记录。

不带氧气瓶登上乔戈里峰是许多欧美登山家的愿望，然而，自1881年有人携带氧气袋登上这座山峰以来，一百多年过去了，还没有一个人登上它。因为一旦超过6500米，空气就稀薄到正常人无法生存的程度，攀登者在这个高度每前进一步都必须停下来大口大口地喘上十几分钟才行，想不靠氧气瓶登上近8000米的峰顶，确实是一个严峻的挑战。

可是，蒙克夫做到了，这位美籍印度人为了实现这一夙愿不断摸索，最终他发现了无氧登山运动的奥秘。在颁发吉尼斯证书的记者招待会上，他是这样描述的：我认为无氧登山运动的最大障碍是欲望，因为在山顶上，任何一个小小的杂念都会使你感觉到需要更多的氧。作为无氧登山运动员，要想登上峰顶，就必须学会清除杂念，脑子里杂念愈少，你的需氧量就愈少；欲念愈多，你的需氧量就愈多。在空气极度稀薄的情况下，为了登上峰巅，为了使四肢获得更多的氧，必须学会排除一切欲望和杂念。

我们大多数人都没有登过高山，更没有在极度缺氧的环境里停留过，然而，我们都或多或少地在贫困里支撑过，在金钱始终不甚宽裕的日子里生活过。你是否发现，我们的心一旦充满欲望，就会感到需要钱，并且欲望愈大，愈是感觉到需要更多的钱，尤其是沉溺于享乐时，更是如此。根据蒙克夫发现的道理，这样的人在生活和事业上是登不上顶峰的。

智慧锦囊

欲望，是我们攀登生命高峰最大的障碍。如果我们在接近巅峰之时，脑子充满着对欲望的向往，我们根本没有可能心无旁骛地朝着极致靠近。杂念越少爬得越高，这是生活给我们的启示。

> 只要你努力，成功虽然不能预期，但却不会远离
> 你的预料。

成功可以预料

◇李雪峰

熊旁是瑞士的化学家，他经常孜孜不倦地沉醉在实验室里，就是回到家里，他也要于茶余饭后做上一点儿微小的实验。

1896年一天下午，熊旁趁妻子午休的时间，自己躲在家里的那间小实验间里做试验，由于一不小心，他把桌上那瓶盛满硝酸和硫酸混合液的瓶子碰倒了，溶液流在了桌子上。熊旁马上去找抹布，抹布没有被立即找到，眼看那些溶液就要从桌子上漫流到地板上，慌乱之中，就顺手拿起了放在旁边的一条妻子的棉布围裙抹擦掉那些溶液。围裙浸了溶液，湿淋淋的，熊旁担心妻子见后责怪，就悄悄把围裙带到厨房，准备烘干，没料到刚靠近火炉，就听轰地一声，围裙在瞬间被烧得干干净净，没有一点儿烟，也没有一丝灰烬。熊旁惊得目瞪口呆，但随后就欣喜万分，他意识到了自己于不经意间已经合成了可以用来做炸药的新的化合物，一个发明在不经意间突然出人意料地成功了。

1838年，法国著名物理学家达盖尔正在费尽心机地苦苦研究影像保留在胶片上的方法，但研究进行半年多了，达盖尔几乎尝试过了各种材料和方法，但研究仍然是一片空白、毫无进展。

就在达盖尔要对此项研究绝望得金盆洗手时，有一天，他意外地发现了一影像居然留在了胶面上。达盖尔大喜过望，立刻小心翼翼地整理实验桌上的所有化学物品，想弄明白到底是什么东西使自己这项原本已山穷水尽的研究又突然变得柳暗花明？结果，他惊讶地发现，原来是一支温度计破碎后留下的水银。

在不经意之间，熊旁发明出了世界上的第一种无烟炸药，而达盖尔则发明了摄影技术。其实在科学研究进程上，像熊旁和达盖尔这两个歪打正着的成功真是屡见不鲜，但没有他们的不懈努力，没有他们的锲而不舍，成功的果实能被他们如此偶然地摘到吗？

在这个世界上，幸运总是偏爱那些坚韧不拔的人，只要你脚步不停地跋涉，意想不到的风景总会闪过你自己的眼帘。

只要你努力,成功虽然不能预期,但却不会远离你的预料。

智慧锦囊

　　成功是一个未知终点,当我们全力以赴、锲而不舍,当我们朝着成功的方向不断努力,我们就会不断靠近成功。虽然我们不能预计成功离我们有多远,但只要努力了,我们可以预料成功离我们有多近。

> 世间的任何事物,只要你执著地追求,你会发现它们的背后都隐藏着副产品。

追求者的副产品

◇刘燕敏

　　一位青年教师去泰山,本意是想看泰山的日出。他徒步而行,往返3400里,历时两个月零六天,日出没有看到,结果身边多出了一位姑娘、两本游记和天南海北的一群朋友。

　　这听起来有点儿传奇色彩,其实是件真事。在这个世界上歪打正着的事情是经常发生的。古代的炼丹者,为了长生不老,到山林里采药炼丹,长生不老丹没有炼出,结果却发现了对人类很有用的水银、火药及一些技术。人对目标的追求,有时就是这样,无论有没有结果,最后都会有一些收获,并且这种收获常以副产品的形式出现。

　　歌德本来是追求一位姑娘的,一年后,人没追到,手上却多了一件副产品——《少年维特之烦恼》;伦琴在实验室里蹲了6年,本来是想找晶体光谱的,结果光谱没找到,却意外地发现了X射线;伦琴的副产品更多,除了那根X射线外,英国政府给他12万英镑,瑞典诺贝尔奖委员会奖励他53万美元,他那张印着左手的感光纸,更是副产品中的大头,1932年被美国的一位收藏家以120万美元的价格买下。总之,造物主从不让伟大的追求者空手而归,即使你最后没有得到要找的东西,它也要给你点儿副产品,作为对你的奖赏。

　　世间的任何事物,只要你执著地追求,你会发现它们的背后都隐藏着副产品。你追求爱情,爱情没得到,结果你成了诗人,诗成了隐藏在爱情背后的副产品。你追求幸福,幸福没得到,结果你成了智者,智慧成了幸福背后的副产品。你追求事业的辉煌,事业还没达到顶峰,你就成了名人,名气成了事业的副产品。在这个世界上,对追求者而言,是不存在失败者的。他们即使实现不了最初的梦想,也会获得一些潜藏在梦想背后的副产品,这些副产品的价值,有时甚至远远超过他们梦想的价值。如果你现在是一位正在为梦想奋斗着的人,千万不要停下你的脚步,意外的惊喜,也许明天就会降临。

智慧锦囊

对梦想奋力追求,未必能把握梦想的脉搏。但只要你对梦想有足够的热忱,命运会以另一种方式回报你的热忱。如果你曾经失之桑榆,或许你会收之东隅。

胜利者与失败者在大难大事上的重要区别是:胜利者屡败屡战,绝不轻易放弃努力;失败者屡战屡败,可惜地放弃了努力。

不可放弃的努力

◇蒋光宇

有所不为,才能有所为。人生有很多是可以放弃的东西,但万万不可轻言放弃的是:努力。

你是否知道鲅鱼和鲦鱼的习性?鲅鱼喜欢吃鲦鱼,鲦鱼总是躲避鲅鱼。有人曾经用这两种鱼做了一个实验。

实验者用玻璃板把一个水池隔成两半,把一条鲅鱼和一条鲦鱼分别放在玻璃隔板的两侧。开始时,鲅鱼要吃鲦鱼,飞快地向鲦鱼游去,可一次次都撞在玻璃隔板上,游不过去。过了一会儿工夫,鲅鱼放弃了努力,不再向鲦鱼那边游去。更有趣的是,当实验者将玻璃隔板抽出来之后,鲅鱼也不再尝试去吃鲦鱼了!鲅鱼失去了吃掉鲦鱼的信心,放弃了已经可以达到目的的努力。

其实,作为万物之灵的人,有时也犯鲅鱼那样的错误。记得4分钟跑完1英里的故事吧?自古希腊以来,人们一直试图达到4分钟跑完1英里的目标。人们为了达到这个目标,曾让狮子追赶奔跑者,也曾喝过真正的虎奶,但是都没实现

4分钟跑完1英里的目标。于是,许许多多的医生、教练员和运动员断言:要人在4分钟内跑完1英里的路程,那是绝对不可能的。因为,我们的骨骼结构不对头,肺活量不够大,风的阻力又太大,理由实在很多很多。

然而,有一个人首先开创了4分钟跑完了1英里的纪录,证明了许许多多的医生、教练员和运动员的断言都错了。这个人就是罗杰·班尼斯特。更令人惊叹的是,一马当先,引来了万马奔腾。在此之后的一年,又有300名运动员在4分钟内跑完了1英里的路程。

训练技术并没有重大突破,人类的骨骼结构也没有突然改善,数十年前被认为是根本不可能的事情,为什么变成了可能的事情?是因为有人没有放弃努力,是因为有了榜样的力量。

在由失败通往胜利的路上,有时候障碍的确存在,甚至很多;有时候障碍已经消失,或已在不知不觉中被我们克服,可我们还误认为障碍仍然存在,不可逾越。可以说,有好多障碍并不是存在于外界,而是存在于我们的心里。

几乎每个胜利者,都曾经是个失败者。胜利者与失败者在大难大事上的重要区别是:胜利者屡败屡战,绝不轻易放弃努力;失败者屡战屡败,可惜地放弃了努力。

在由失败通往胜利的征途上有道河,那道河叫放弃。

在由失败通往胜利的征途上有座桥,那座桥叫努力。

智慧锦囊

不可能成功,是慵懒的失败者的自我解脱。从失败到成功只有一条路可走——努力。不被他人规劝阻挠,不被自我放弃打倒,怀着对成功的信念,屡败屡战方能拥抱成功。

一个自在的舞者能够超越生活的藩篱,超越世俗的束缚,把一颗自由自信的心演绎得淋漓尽致。

自在的舞者

◇王国华

2005年春节联欢晚会上,由青年舞蹈演员邰丽华领舞的《千手观音》获得了全国观众的一致共鸣,一举夺得最受观众喜爱的节目。这个节目之所以得到如此反响，是因为所有表演者均双耳失聪。很多人都难以理解，一个听力上有缺陷的人如何做舞蹈演员？因为，舞蹈是有节拍的，它是音乐的灵魂；没有了音乐，灵魂将何以安身？然而，我们却真切地看到：邰丽华等人在台上翩然起舞，裙裾飘飘，俨然是纤尘不染的精灵。她们的每一个动作都那么干净而精致，让你甚至感觉到她们的骨髓里都渗透了韵律。

早在几年前，就有人怀疑，邰丽华真的失聪了吗？在大连的一次演出中，有人在中途突然将音乐停掉，全场观众都惊愕地看到，邰丽华浑然不觉，她依然像沉醉了似的，在飘逸的舞步中轻歌曼舞。一曲就要结束的时候，音乐重新响起，人们发现，邰丽华的舞步居然仍能够和音乐合在一起，就好像刚才的音乐根本没有停掉。所有的人都被震撼了。一位诗人说，邰丽华的舞蹈已经超越了音乐，她是一个自在的舞者。

是啊，当舞步就在我们心中的时候，一切外在的约束都已经不再是问题。可是，你环顾四周，看到的几乎都是拘谨的身影。他们形容委琐，被物化的规矩羁绊了前行的步伐。也许，夜深人静的时候，他们应该扪心自问：音乐是否在我心中，舞步是否在我心中？

智慧锦囊

能够不被外界的音乐干扰，遵循身体的节奏；能够漠视观众的目光，起舞在自我的舞台。一个自在的舞者能够超越生活的藩篱，超越世俗的束缚，把一颗自由自信的心演绎得淋漓尽致。

生活中，只有那些能耐得漫漫长夜，忍得风吹雨打的人，才能守得黎明到来，看到世间最美的花朵。

守到黎明见花开

◇感　动

2002 年夏季，我大学毕业了，由于所学的专业在当年并不热，所以，我并没有像其他专业的同学那样幸运地把自己签出去。无奈，我为自己制作了一份详细的求职信，复印后，分别寄到二十多家与我专业对口的公司，然后回到家里等静候佳音。

两个多月过去了,发出的求职信全部石沉大海,我心乱如麻。

"读了一回大学,却找不到工作……"渐渐地,我没找到工作的事成了我居住的那个小区里一些邻居的饭后谈资。而爸爸和妈妈的压力也很大,整日忙着为我联系工作单位,看着为我操劳奔波的父母,我不由骂自己没用。

已经快三个月了,我愈加心焦起来,没想到急火攻心,竟生了一场大病,只几天,人便瘦了一圈,打了几个点滴,病情才有好转,可我却不敢走出屋子去见外面的熟人了。

这时候,才突然感觉到,曾经的壮志雄心,曾经的美好理想,已在这一天天的等待中消磨殆尽、破碎虚空了,我看不到一点儿希望。

一天,住在农村的五奶奶来到我家,看到我这样,就提出要带我去乡下住几天,她说农村的空气好,住上几天心情就会好起来的。

我坐上了五奶奶的驴车,离开城市的喧嚣与骚动,来到了那个偏远的山村。

换了个环境,我的情绪好了很多。

五奶奶居住的这个小村子靠山,平日里,村里人用干柴来生火做饭,于是,我常与五奶奶一起到山坡上拾些干柴。

在山坡上,我看到了一种不知名的类似于向日葵的绿色植物,便问老人家这种植物的名字。五奶奶告诉我,这是黎明花。"黎明花? 这名字倒很动人,但除了绿叶,我没有看到一朵花呀?"我疑惑地问她。五奶奶说:"它之所以叫黎明花,就是因为它只在黎明到来时开放。其他时间里是看不到它的花儿的。"老人家还告诉我:"黎明花的花朵娇艳无比,看到它的人都说,它是世界上最动人的花儿。但在我们这儿,并没有多少人看见过黎明花儿开,因为看花开的人要一夜不睡觉,守在花儿旁边,当天光放亮,黎明到来那一刻,花蕾就会慢慢张开,美丽的花朵旋即绽放。当太阳一出来时,花朵便枯萎了。所以,只有那些能挨过漫漫长夜、一直守到黎明的人,才有机会看到花开。"

听着五奶奶的话,我对眼前的黎明花有了异样的感觉,感觉自己的信心与理想又回来了,浑身一下子充满了力量。

如今,已参加工作两年了,但我一直不能忘记那山坡上的黎明花。

是的,有些时候,我们太浮躁,太急功近利,因为缺少足够的耐心,所以便会被灰暗的心情和自暴自弃蒙住眼睛,再也看不到世间的美好与希望。生活中,只有那些能耐得漫漫长夜、忍得风吹雨打的人,才能守得黎明到来,看到世间最美的花朵。

智慧锦囊

等待是一条终点线,等待的后面就是光明和成功,很多在生活的赛跑中倒下、放弃的人,他们只看到了终点线的遥远,却看不到终点之后的喜悦。跨不过等待的人,也迎接不了光明和成功。

> 人无所舍,必无所成。一方面,要善于集中精力,抓住机会,做好可以做好的重要的事情;另一方面,又要善于舍弃不重要的事情或暂时不宜做的事情。

有为有不为

◇蒋光宇

有位青年人,非常刻苦,可事业上却收效甚微,为此他很苦恼。

有一天,他找到昆虫学家法布尔说:"我不知疲倦地把自己的全部精力都花在了事业上,结果收获却很少。"

法布尔同情、赞许地说:"看来你是一个献身科学的有志青年。"

这位青年又说:"是啊!我爱文学,我也爱科学,同时,对音乐和美术的兴趣也很浓,为此,我把全部时间都用上了。"

这时,法布尔微笑着从口袋里掏出一块凸透镜,做了一个"小实验"让这位青年看:当凸透镜将太阳光集中在纸上一个点的时候,很快就将这张纸点燃了。

接着,法布尔对有些惘然的青年说:"把你的精力集中到一个点上试试看,就像这块凸透镜一样!"

这位青年恍然大悟,由此受到很大的启发。

每个人的精力都是有限的,有所不为才能有所为,只有把有限的精力集中到一点上,才能干出一番事业。这个道理虽然通俗易懂,但如果用语言表达,则很容易平淡和一般化。法布尔借用凸透镜能将太阳光集中起来并点燃纸张的现象来说明,有所不为和集中精力的重要性,既明白易懂,又形象生动。

其实,不仅初出茅庐的年轻人容易犯忽视有所不为和集中精力的毛病,而且有所专长的人也容易犯这个毛病。

有一天,19世纪德国著名画家阿道夫·门采尔耐心地倾听一位画家诉苦。那位画家说:"我真不明白,为什么我画一幅画只需一天时间,可卖掉它,却要等上一年。"

门采尔认真地回答:"亲爱的!请你颠倒过来试试吧!要是你花一年工夫去画它,那在一天里准能卖出去!"

"请你颠倒过来试试吧!"门采尔的这句话,巧妙地揭示了一天画完的画往往得需一年才能卖出去,而一年画完的画则往往只需一天就能卖出去的规律性,说明了有所不为才能有所为,只有把有限的精力集中到一幅画上,才可能创造出为人们喜爱的佳作。

人无所舍,必无所成。一方面,要善于集中精力,抓住机会,做好可以做好的重要的事情;另一方面,又要善于舍弃不重要的事情或暂时不宜做的事情。"知足知不足,有为有不为。"这句老话讲得正是这个道理。

智慧锦囊

针头把精力集中在一点,才能刺穿厚实的布料;大刀把精力集中在一个刀刃,才能划开坚硬的盔甲。人的成功不在乎努力的程度,而在乎努力的方向。

让自己飞远,必须要让自己有重量,假若你是一根羽毛,即使有力的炮膛也是无能为力的。

炮 轰 羽 毛

◇李雪峰

恺撒大帝帐下有位年轻的将军,他不读兵书,不研究战法,但总是牢骚满腹地埋怨恺撒大帝不提拔和重用他。

一天,年轻的将军又在营帐中大发牢骚,恰巧恺撒大帝走到了这位将军的帐外。恺撒大帝旁若无人地静静听完了他的牢骚,什么也不说,只是进帐吩咐这位将军说:"你随我到炮营去,我们搞一次炮击训练。"将军跟着恺撒大帝来到炮营,恺撒吩咐士兵说:"去,给我送来几枚炮弹和几堆羽毛。"

羽毛? 炮营要羽毛干什么? 士兵们很不解,但恺撒大帝已经吩咐了,他们尽管心里有疑团,但他们还是去拉来了两车的羽毛。恺撒大帝指着羽毛对那位年轻的将军说:"把这些羽毛装进炮膛里。"将军不明白恺撒大帝要把这些乱七八糟的羽毛装进炮膛里干什么,但他还是按照吩咐装上了。羽毛装满后,恺撒大帝命令说:"现在,我命令你点火开炮! "

将军点上火一拉,炮响了,轰出了一团纷飞的羽毛。那些羽毛有的飘落在炮筒上,有的落在草地上,甚至有许多飘落在那位将军的头发上和肩膀上,围观的士兵们都哗地笑了起来。恺撒大帝让这位将军连开了几炮,但那些羽毛没有一根能被轰到 10 米以外的。

恺撒大帝命令士兵把几枚炮弹推进炮膛里，又命令那位年轻将军说："现在,我命令你开炮!"

将军按照命令,点上火一拉,只听轰地一声,炮弹带着火焰射出炮膛,然后一眨眼的工夫,就在几百米远的地方轰隆爆炸了,卷起了一团火光和烟尘。

恺撒大帝转身问那位年轻的将军说："你回答我,为什么炮弹可以射到几百米之外,而羽毛却射不出十米远呢?"

这位年轻的将军立刻回答说："是因为羽毛太轻没有重量,但炮弹却有自身的重量!"恺撒大帝听了,点点头说："一样的炮膛,一样的推力,炮弹可以射出几百米远,但羽毛却射不出 10 米,一切都因为自身的重量啊。如果你是羽毛,即使我的炮膛再用力,也不能把你射到百米之外;但如果你把自己变成炮弹,有了自己的重量,我的炮膛轻轻一推,你就可以飞出几百米远的。年轻人,你明白了吗?"

那位年轻将军马上就脸红了。

是啊,谁能把一根羽毛甩出去很远? 而谁又不能把一块石片或一个铁块甩飞得很远呢? 一个物体能飞多远,决定它的,不仅仅是别人的用力,而最关键的是自己自身的重量。

让自己飞远,必须要让自己有重量,假若你是一根羽毛,即使有力的炮膛也是无能为力的。要想让梦想飞高飞远,必须让我们的每一个日子都有重量。

重量,才是我们梦想飞翔的翅膀。

智慧锦囊

外界条件完全相同的双胞胎,取得的成就也会有高下之分。人与人的差距,更多的是内在的差距。有些人因为没有机遇,整天在失落中徘徊,整天在自怨自艾,殊不知,机遇只钟爱有重量的人。

> 只有懂得抛弃不断出现的诱惑，盯着一只羊追，才是最佳的。

放弃最近的目标

◇ 感 动

　　读高三时，我设计了一种简单的教学软件，并被我所在的学校应用到了教学中。这激发了我对计算机的极大兴趣。后来，我考入了一所大学的计算机专业，在几年内，我在计算机编程方面的天赋逐渐展示出来了。毕业前夕，我正准备报考软件开发方面的研究生。一天，系主任把我叫去谈话：省政府招考公务员，我的条件是系里同学中最好的，也是最有希望的，学校打算将我推荐。"毕业后马上就可以成为政府机关干部了，唾手可得的机遇近在咫尺，不容错过呀……"主任语重心长的话让我兴奋异常。我放下了考研的事，开始为公务员考试忙碌起来，笔试成绩我名列前茅。我正沾沾自喜，但接下来是面试却是乐极生悲——因为个子太矮，本来属于我的位置被另一个人取代了。

　　公务员的梦想破灭了，考研也荒废了。我的人生一下子跌到了低谷。

　　一天，在电视上看到了一个有关动物的节目：在非洲的拉马河畔，肥嫩的青草一望无际，一群群羚羊在草丛中欢快地觅食。突然，一只非洲豹向羊群扑去，羚羊受到惊吓，开始拼命地四散奔逃。非洲豹的眼睛盯着一只未成年的羚羊，穷追不舍。在追与逃的过程中，非洲豹超过了一只又一只站在旁边惊恐地观望的羚羊，但是它却没有改追这些离自己更近的猎物，它只是一个劲地向那只未成年的羚羊追去。终于，那只未成年的羚羊被非洲豹扑倒了，它喘着粗气，挣扎着倒在了血泊中。节目的解说员这样解释，在追赶的过程中，豹子不会放弃先前那只羚羊而改追其他离它更近的羚羊，因为豹子自己已经很累了，但是其他的羚羊并没有跑累，如果在追赶途中改变目标，这个新目标转瞬就会把已经跑得疲累不堪的豹子甩到身后，因此豹子不会丢开已经被自己追赶累了的羚羊，直到它成为自己的猎物。

　　一直以为，最近的目标是最有可能成功的目标。而生活中，只有懂得抛弃不断出现的诱惑，盯着一只羊追，才是最佳的。

人生有太多的诱惑,太多的目标,过于贪婪,朝三暮四,常常一无所获。一个优秀的弓箭手之所以能百发百中,是因为他认准了一个箭靶,而不是毫无目的地乱射。一个能命中命运红心的人,是一个对目标有准确定位的人。

"有些退却,其实正是前进",说的正是此理。

可贵的知难而退

◇崔修建

参加某公司业务部门经理一职的竞聘者经过几轮激烈的竞争,6名佼佼者脱颖而出,开始最后一轮的角逐。

主考提出了这样的考题——如果公司只拥有10万元的资本,要做需投资1000万元的项目,该如何运作?

于是,几位竞争者广开思路,各施绝技,纷纷亮出自己的设想。主考面带微笑、不断颔首地听完了前5位竞聘者的慷慨陈词;然后,将目光转向眼睛不时地扫视着地面的最后一位。

这位年轻人缓缓地站起来,平静地道出自己简单的想法——既然资本有限,就应该量力而行,放弃那个诱惑人的大项目。

这不是知难而退吗?众人一片哗然。

"你真的是这么想的?你不觉得放弃这样一个大项目太可惜了吗?"

主考盯着年轻人的眼睛追问。"这是我反复思考后所做的抉择,如果我是决策者,我一定会坚持它。"年轻人充满自信地回答。

"回答得非常好!"主考脱口赞叹。

众人不解地望着主考,以为自己的耳朵出了毛病。主考欣然解释道:"知难而进,固然可贵,然而作为一个决策者,能够审时度势,知难而退,则更为难得,因为这除了需要更多的智慧,还需要足够的勇气。"

片刻的沉默后,热烈的掌声响起,诸位竞聘者心悦诚服地祝贺最终取胜的那位年轻人。

没错,我们在生活中,常常会面临很多的局限。如果不能冷静地思考,只凭着一时脑袋发热,一味地逞能,非要知难而进,极有可能遭致惨重的失败;相反,如果能够在一些巨大的利益诱惑面前摆正位置,量力而行,就会稳扎稳打,一步步走向更大的成功。

有这样一句诗——"有些退却,其实正是前进",说的正是此理。

智慧锦囊

知难而进是一种勇敢,知难而退是一种智慧。审时度势,觉得目标遥不可及而选择放弃是一种理智的体现。人生不是一条鲁莽的直路,所以在必要的时候要懂得转弯和后退。

巨大的成功,其实是从细微的收获开始的。

分 解 成 功

◇李雪峰

古印度人有个捕捉猴子的神秘妙法:在群猴经常出没的原始森林里,放上一张装有抽屉的桌子,抽屉里放一个苹果或者桃子,然后将抽屉拉开到猴子的手能伸进去而苹果或桃子却不能拿出来的程度,猎人就可远离桌子静静地安心守候。每一次,猎人都可看见这么一幅可笑的画面:猴子将手伸进抽屉里取桃,桃子却怎么也取不出来,而猴子又死活不肯放弃,于是贪婪的猴子急得两眼直冒绿光,却又一筹莫展。

这种古老的方法让很多聪明的猴子轻而易举成了猎人手到擒来的猎物。

有一天,一个猎人又用这个方法准备擒捉一只在附近栖息了很久的猴子。

一会儿,那只猴子终于探头探脑地走到了桌子旁边,它先将一只手伸进抽屉里取苹果,但苹果太大,抽屉缝又小,任它怎么努力还是取不出来。于是猴子又将另一只手也伸了进去,两只胳膊飞快地在抽屉里翻动,不一会儿,一个又大又圆的苹果被它用尖利的指甲抠削成一堆苹果碎块,猴子扔掉果核,用手掏出抽屉里的苹果碎块有滋有味地吃起来,吃完后,它心满意足地扬长而去了。

这只聪明的猴子将苹果抠成碎块化整为零了,它因此而获取了整个苹果,避免了贪婪的猴子失败的悲剧。

我们对于成功又何尝不是如此呢?许多人贪婪巨功,将自己的一生紧紧系在一个硕大的成功果实上,结果就像那些紧紧拿住苹果而束手待擒的猴子,忙碌了一生,连"苹果"的皮也没有尝到。而另一些人知道先将成功一点点分解,虽然每次得到的只是微不足道的一点点,但一次又一次的积累,使他们最终获取了圆满的成功。

巨大的成功,其实是从细微的收获开始的。

智慧锦囊

许多人因为目标过于远大而无法达到。其实我们可以把主目标分解为一个个细小的、容易执行的"次目标",当我们一步步把"次目标"完成,你会发现你不经意间完成了一个伟大的目标。

当喜爱一旦成为习惯,惯性荡起来的就不止是一个秋千,或许是造就一生的机遇。

推一下的机遇

◇澜　涛

20 世纪 70 年代初,在上海一所中学当教师的一个年轻人因为政治原因不得不离开自己喜爱的讲台,他怀揣着 50 元钱来到了香港,几经辗转终于找了一份做地盘的工作。

连续加了一个星期的班后,终于可以休息一天了,可年轻人没有什么地方可去,他来到了维多利亚公园,这是他到香港后第一次到维多利亚公园。因为境遇落魄吧,美丽的景色怎么也无法让他兴奋,他找了一把椅子坐了下来,眼睛漫无目的地四处观望着。这时,他注意到,在秋千架前,一个瘦小的妇女由于体弱无力,几次尝试着将孩子抱上秋千都失败了。他走了过去,帮妇女把孩子抱上了秋千架,并加力荡起了孩子,刚才还愁眉不展的孩子脸上立刻绽开了笑容,笑声随着秋千一起荡来荡去。妇女连连对他说着感谢。在交谈中，年轻人得知这位妇女是印尼华裔，丈夫在印尼驻香港领事馆工作。三天后，年轻人遇见了另一位印尼华侨朋友，在和朋友的叙谈中，年轻人得知这位朋友因为领事馆的商业签证遇到麻烦，一批准备运往印尼的货物迟迟不能起运，每耽误一天，损失就加重许多。年轻人立刻想到了自己在公园遇到的那位妇女，便毛遂自荐地表示走一趟，看能不能帮助解决问题。年轻人带着文件和礼物敲开了那位妇女的家门，这位妇女热情地将他引见给了自己的丈夫，这位领事馆的官员在了解了个中原委后，帮助补办了一些手续后，批下了商业签证。年轻人的朋友兴奋异常，决意送给年轻人5万元钱表示谢意。这5万元钱相当于这个年轻人当时工资的10年之和。年轻人凭借这5万元钱做资金，涉足商海，今天，那5万元钱已经滚成了14亿的资产。

这个年轻人就是世界景泰蓝大王，香港亿万富翁陈玉书。

如果说，从5万元到14亿是汗水和智慧打造的；那么从50元到5万元，则是善爱赢取的。

推一下秋千是一个十分简单的动作，简单到没有任何目的，简单到只是出于爱心。而正是这轻轻一推，却折射出一个人的修养和习惯。当善爱一旦成为习惯，惯性荡起来的就不止是一个秋千，或许是造就一生的机遇。

在机遇还没有到来的时候，不要气馁，先营造我们的习惯，机遇也许就会随着惯性到来。

智慧锦囊

推一下秋千，秋千荡起来了会以同样的力量回赠你的双手。人生无非是一个推秋千的过程——你对别人施与善意，别人就以善意回报。

人生，应该拥有绝临峰顶的梦想，但更应该懂得不是每个人都有攀抵峰顶的能力。最重要的不是能否到达峰顶，而是是否尽到了最大努力。

一个人的奔跑

◇澜　涛

那是一个经典的夜晚，喧嚣的墨西哥城终于渐渐安静下来，奥运会田径比赛的主体育场被笼罩在漆黑的夜色中。享誉国际的纪录片制作人格林斯潘因为忙于制作节目，并没有注意到体育场已经空无一人，当他将当天马拉松比赛优胜者们领取奖杯、庆祝胜利的典礼镜头制作完毕，才意识到自己该回宾馆休息了。他刚要离开体育场，突然看到一个右腿沾满血污、绑着绷带、运动员模样的一个人跑进体育场，这个人一瘸一拐地跑着，步伐踉跄、气喘吁吁，但却没有停下来，他围绕体育场跑了一周，抵达终点后，一下瘫倒在地……格林斯潘意识到，这是一名马拉松运动员，在好奇心的驱使下，他走了过去，询问这名运动员为什么要这么吃力地跑至终点？这位来自坦桑尼亚，名叫艾克瓦里的年轻人轻声地回答说："我的国家从两万多公里外送我来这里，不是叫我在这场比赛中起跑，而是派我来完成这场比赛的。"

我要跑向终点，尽管我已经落在奔跑队伍中的最后面，但我有着和他们一样神圣的目标；我要跑到终点，尽管已经不再有观众为我加油，但我的身后有着祖国的凝望……

风骨凛然，傲气铿锵，格林斯潘双眼盈盈，很快，他就用镜头将奥运史上这最动人的一幕传递到世界上的每个角落。

人生，应该拥有绝临峰顶的梦想，但更应该懂得不是每个人都有攀抵峰顶的能力。最重要的不是能否到达峰顶，而是是否尽到了最大努力。不要逼迫自己一定要一骑绝尘，不要强制自己一定要登临绝顶，只要用尽了所有的能力，只要抵达了自己最能企及的目标，就已经是一种成功。

峰顶，可以神采飞扬地一览众山小；山腰，可以花香满怀地领赏红艳绿娇。

智慧锦囊

不是每个人都能登上峰顶，但每一个向着顶峰不断前进的人都值得我们欢呼。人的成就可以有高下之分，但对理想的执著追求却同样尊贵。冠军已经获得荣誉，失败者也应赢得尊重。

现在我每天坚持写作，我深知，不放弃 1%，最小的目标也会变成最大的成功。

每天成功 1%

◇马国福

我几乎每天会收到许多朋友们和编辑记者的邮件，有时也会收到许多垃圾邮件,我对此十分反感,浪费时间不说还影响我的情绪。有时处理完这些垃圾邮件我便自我解嘲:又做了一次网络义务清洁工。

有一天打开邮箱一看,还是大量的垃圾邮件。我准备全部删除时,发现有一个邮件的主题为:"经理,请你给我一个机会吧,我会努力的,我将用上全部的力量使自己每天成功1%!"我眼睛为之一亮,觉得好笑,我怎么变成了经理。删除全部垃圾邮件后好奇心驱使我仔细查看这个邮件。

打开这个标题新颖的邮件正文,内容是一个工作受挫的青年给老总的信。信中他说由于自己刚参加工作业务不熟,工作中出了差错,影响了公司的形象和效益。公司准备辞退他,他鼓足勇气给老总自荐自己的信心。言辞很诚恳,尽管写了许多与工作有关的事情,但感情还是很真挚的,洋溢着一股积极向上追求进取的青春气息。

可见他还是非常珍惜、喜欢这份工作的。

从他的话里我看出了自己刚参加工作的那股朝气,他的每天成功1%的执著和信念深深地打动了我的心。于是我红着脸以经理的口气给他回了邮件:我相信你会很优秀的,年轻人,继续努力吧,每天成功1%,你会成功的。经理期待着你做出很大的成绩!

发完邮件我仔细算了一下,相比于一生一天真的很短,以一年365天,一生75岁计算,从18岁成人算起,除去吃喝拉撒、精力不济等种种因素虚度掉的10年,我们还有近50年为确定的目标每天努力付出,如果每天接近目标并成功1%,大概有近183个大目标我们完全可以实现。

计算结果令我大吃一惊!未免有点儿恐慌。我们几乎每天都找借口说自己很忙,一年下来真正做成功的事情并没有多少,想想有多少1%被我们所忽略、放弃?当我们确定一个大目标时,短期内看上去这个目标很遥远、缥缈,但当我们把它分解到年、月、日,分解到时、刻、分、秒,分解到1%,如果我们每时每刻每天为1%付出99%的努力,遥远的目标一下子变得清晰、现实起来!

每天成功1%只是一个为了大目标而努力的落脚点,而当1%逐步上升为100%,变成1变成10,变成100、1000、10000甚至更多时,我们已将成功的桂冠挂在胸前了。

大概半年后我收到一份邮件,主题为"那个每天成功1%的青年感谢你的鼓励",正文内容是这样的:"你好,尽管我们未曾谋面,或许你早已忘记了那个错将邮件发给你的青年。半年前由于工作上的失误我给公司造成了不小的损失,那时公司能否继续留用我,我心中没有底。我很喜欢那份工作,那晚我鼓足勇气给经理发了一份邮件,恳求他给我一个继续工作的机会。邮件发出的第二天我的一个创意被公司采用,给公司创造了一定的效益,公司决定留用我,我以为是经理看到邮件后给我的肯定。经过半年的努力,现在我已坐到经理助理的位置。有一次和经理谈起我曾经发过的那份邮件,他说没有收到过我的邮件。后来我仔细查阅了已发邮件，才发现我阴差阳错发给了你，原来你的邮箱和我们总经理的邮箱只有一个字母之差。真的，我非常感谢你，是你给了我每天成功1%的力量和信心。如果没有你的鼓励说不定我还在找工作，我真诚地希望你在工作和事业中每天不但成功1%，而且每天成倍地收获快乐和成功。祝你和你的家庭幸福。"

我被感动了，欣慰之情油然而生，没想到意外之举竟促成了一个在挫折之中的心灵的奋起，我的不多的文字像台阶一样垫起了一个陌生心灵成功的高度。我很快给他回了一个简单的邮件：你的邮件给了我好心情。施爱于人，一份成功会变成两份成功，一份快乐会变成多份快乐。我也感谢你给我的鼓励，让我们一起接近目标，接近成功。

从那以后我不轻易删除一个陌生的邮件，哪怕一个广告我也会耐心地阅读，我深知，说不定我的鼠标轻轻一击会截断一个陌生心灵通往成功的道路，折断他们充满希冀的翅膀，使他们从理想的天空沉落。

我顿然明白，人的一生也就是使1后面的0不断倍增的进位过程。1就是我们的目标，0就是我们为1所付出的努力，如果失去了每天成功1%的信心，失去了标杆一样的1，一切就永远归于0！

现在我每天坚持写作，我深知，不放弃1%，最小的目标也会变成最大的成功。

智慧锦囊

5块钱，看似微不足道，但如果我们每天储蓄5块钱，一生下来就有数以万倍的回报。一步看似很小，但每天向着前方前进一步，一生下来，足以跨越半个地球。所有伟大的事件都是从最小的积累开始的。

全面地增强自身实力，是解决疑难问题的最稳妥的方法，是迈进成功之门的最可靠的途径，是胜在战前的夺冠之本。

夺 冠 之 本

◇蒋光宇

一位搏击高手参加锦标赛，自以为稳操胜券，一定可以夺得冠军。

出乎意料之外，在最后的决赛，他遇到一个实力相当的对手，双方竭尽全力出招攻击。当对打到了中途，搏击高手意识到，自己竟然找不到对方招式中的破绽，而对方的攻击却往往能够突破自己防守中的漏洞。

比赛的结果可想而知，搏击高手惨败在对方手下，也失去了冠军的奖杯。

他愤愤不平地找到自己的师父，一招一式地将对方和他搏击的过程，再次演练给师父看，并请求师父帮他找出对方招式中的破绽。他决心根据这些破绽，苦练出足以攻克对方的新招；决心在下次比赛时，打倒对方，夺回冠军的奖杯。

师父笑而不语，在地上画了一道线，要他在不能擦掉这道线的情况下，设法让这条线变短。

搏击高手百思不得其解，怎么会有像师父所说的办法，能使地上的线变短呢？最后，他无可奈何地放弃了思考，转向师父请教。

师父在原先那道线的旁边，又画了一道更长的线。两者相比较，原先的那道线，看来变得短了许多。

师父开口道："夺得冠军的重点，不在如何攻击对方的弱点。正如地上的长短线一样，只要你自己变得更强，对方就如原先的那道线一般，也就在相比较之下变得较短了。如何使自己更强，才是你需要苦练的根本。"

在夺取成功的道路上，在夺取冠军的道路上，有无数的坎坷与障碍，需要我们去跨越、去征服。人们通常走的有两条路：

一条夺冠之路是侧重攻击对手的薄弱环节。不少的人，都喜欢直接找出最速成的方法，正如故事中的那位搏击高手，欲找出对方的破绽，给予致命地一击，用最直接、最锐利的技术或技巧，快速解决问题。

另一条夺冠之路是侧重全面增强自身实力。就是故事中那位师父所提供的方法，更注重在人格上、在知识上、在智慧上、在实力上使自己加倍地成长，变得更加成熟，变得更加强大，使许多以往令人头痛的问题，不药而愈，迎刃而解。

其实，这两条夺冠之路并不是完全相互排斥的，而是相辅相成的。巧妙地攻击对手的薄弱环节是极其必要和重要的。记得一位伟大的军事家说过：用一句话来概括指挥战争的艺术，就是集中优势兵力来打击敌人的薄弱环节。但是，全面地增强自身实力，则是攻击对手的薄弱环节的基础。在人们普遍看重攻击对手的薄弱环节的情况下，听一听那位师父全面地增强自身实力的妙论，还是很有启发的。可以说，全面地增强自身实力，是解决疑难问题的最稳妥的方法，是迈进成功之门的最可靠的途径，是胜在战前的夺冠之本。

智慧锦囊

一棵树如果不想被风吹倒，最好的办法不是祈祷风吹得轻柔些，而是逼迫自己长得更加伟岸。取得胜利最根本的方法不是去找对手的弱点，而是令自己更加强大。

多敲一扇门

◇雪小禅

那年，她一个人跑到深圳，只为了自己爱着的男人。

但去了以后男人却不爱她了，她想回北方去，可是职也辞了，和家里人也说好了，难道就这样回去？

实在是不甘心啊。

于是做起了保险，最苦最累的一个职业。但她觉得可以试一下，最起码，可以锻炼自己的勇气。

开始的时候，她吃了太多闭门羹，做了半个月，一单生意没有做出去。

她都准备放弃了，她手里没有什么钱了，只够一张回北方的车票了，她想，如果今天再没有收获，她就回家去。

那天她又去了一个居民楼，有100多户，还是一样，她挨个去敲门。

没有人给她开门，一个搞保险的女子，就傻傻地站在门外，眼泪绝望地含在眼睛里，她想，再去多敲一扇门吧，如果能打开呢。

这次，门果然开了。

是一个中年女子，同样绝望的一张脸，那时，她正想自杀。

她被男人抛弃，女儿又出车祸死了，生，于她好像没有多少意义了。

她开了门，只因为想和尘世的人做最后的告别，然后再去自杀。

那是个怎样的下午呢？她和她，两个同样绝望的女子，说了近5个小时的话。她想，自己是多么幸运，还年轻，还有好多机会，所以，她劝了中年女人5个小时，连她自己都不相信，她这么能说，那也是说给自己的话。5个小时之后，天黑了，她得到了人生中第一份保单，挽留了一个生命；而且，她也想开了，人生何处不繁花啊?!

那天晚上，她和中年女人亲手做了一顿饭，煲了汤，看着万家灯火，她和她，都哭了。

几年之后，她已经做到保险公司的高层，当给那些新来的职员开会时，当有人哭着说做不下去的时候,她总会告诉他们,多敲一扇门,向前走,别回头,总会有路的。

而通过做保险,她交了很多朋友,她终于明白,每一项工作都一样,只要把自己的心交出去,就能收获一个很美的秋天。

智慧锦囊

一个癌症病人,本来只有 4 个月的生命,但他奇迹般地活了 5 年。人们问他原因,他说:我只是每天对自己说我要多活一天。在放弃之前多给自己一个坚持的理由,命运也会由不可能变为可能。

小事是大事的开头,大事是小事的积累。选准小事,可成大事。

举　手

◇蒋光宇

有位极具智慧的心理学家,在他的小女儿第一天上学的时候,教给她一个小诀窍,足令她在学习生活中无往而不胜。

这位心理学家送女儿到学校门口,在女儿进校门之前告诉她:在学校里要多举手,想上厕所的时候要举手,老师提问的时候要举手,遇到问题的时候要举手,只要有话的时候就要举手,多举手特别重要。

小女孩认真地遵照父亲的叮咛,不只在想上厕所的时候举手,而且在老师发问的时候,她总是力争第一个举手。不论老师所说的、所问的她是否完全理解,或者是否能够完全答对,她总是积极举手。

随着日子一天天过去,老师对这个不断举手的小女孩,自然而然印象极为深刻。不论她举手发问,或是举手回答问题,老师总是优先让她开口。这种不为人所注意的争先举手发言的习惯,竟然使小女孩在学习的成绩上,以及在自我肯定的表现上,甚至在许多其他方面的进步上,都大大超过了不爱举手的其他同学。

在不断举手的过程中,小女孩逐渐形成了积极迎接挑战的心态。

在不断举手的过程中,小女孩逐渐积累了积极迎接挑战的经验。

在不断举手的过程中,小女孩逐渐坚定了积极迎接挑战的信心。

在不断举手的过程中,小女孩逐渐扩大了积极迎接挑战的成绩。

多举手是心理学家教给女儿的小窍门,是学习生活中的有利武器。

不错,多举手是小事。但是,小事养成习惯,习惯形成个性,个性决定命运。小事是大事的开头,大事是小事的积累。选准小事,可成大事。

智慧锦囊

举手,是一种人生态度,它代表着主动和勇于挑战。举手,使我们主动表达自己的意愿;举手,使我们不断地挑战新问题。种植一种态度,收割一份人生。举手,只是举手之劳,却能给你很多。

别把目光老是盯着朦胧的远方,只有先将激情和汗水毫不吝惜地播撒在跋涉的路上,才能赢得心中渴望的辉煌……

盯住你手上的石头

◇崔修建

阿忆博士才学出众,参加工作5年间,接连跳槽十几次,仍没找到一个理想的位置,还在京城身心疲惫地漂泊着。看着昔日大学同窗一个个事业有成,连那些学历和能力远远逊色于自己的高中同学,也有好几位如今都已买了豪宅和宝车,自视甚高的他更是慨叹自己命运不佳,总是得不到机遇的垂青。

那天,一位师长直言不讳地批评他:"你的功利心太急切了,应把目光放远一些,先把手头的工作做好。"

阿忆博士却不服气地争辩道:"我具备拿高薪的才能,就应该早一点儿赢得相应的名和利。"

"可是,无论多远的路,都要从脚下开始。"师长一脸的认真。

"这样的道理我也明白,可一到实际生活中,我就无法心平气和地从一点点做起了,我总是不自觉地将眼前的工作,同将来的事业成功与可观的财富紧密联系在一起。但越是急于成功,成功越是迟迟不来,这让我更加苦恼,更没心思眼前的工作了……"阿忆也意识到自己陷入了一个恶性循环的圈子,却很难跳出来。

"这样吧,我给你介绍一位石刻家,他早已是千万富翁,他的成功或许能给你一些有益的启发。"师长知道阿忆无需更多的大道理。

走进那位著名石刻家的工作室,面对那一件件镂刻精美的艺术品,阿忆不禁赞叹不已。他随手指着一个最小的石刻作品,问石刻家花了多长时间雕成的,石刻家轻描淡写地告诉他——10年。

"啊,10年?"阿忆惊诧地张大嘴巴,感觉那实在太不可思议了。

石刻家没有解释,拿起一块绘好图案的花岗岩,旁若无人地镂刻起来。在那坚硬如钢的石头上运刀如笔,其难度叫人看着吃惊,因为他手上丝毫的颤动,都直接影响着镂刻的最终效果。

石刻家全神贯注地盯着手中的石块,一点点地挪动着刻刀,认真得像一个眼科医生,正在为婴儿做着眼球手术。那会儿,仿佛时间都凝固了。

半个小时后,石刻家开始歇息。阿忆不禁问道:"这个花岗岩石刻能卖多少钱?"

"不知道,也许能卖10块钱,也许能卖10万元。"石刻家很淡然。

"那你在雕刻时,心里想到它能卖多少钱?"阿忆追问道。

"根本没想它能卖多少钱,我的眼睛只能紧紧地盯着手上的石头,只能把全部的心思都投在上面。至于它的最终的商业价值,那就不是我一个人所能决定的了。既然我在做石刻,就必须做好它,这才是最重要的。"石刻家不紧不慢的话语中渗透着玄机。

"哦,我明白了!"阿忆恍然大悟地向石刻家深鞠一躬。

道理是再简单不过了——谁的心中都可能有许多美好的憧憬,但谁都必须首先把目光凝聚到眼前,凝聚到最真切的现实中。盯紧手上的石头,用智慧和执著去精心镂刻,石刻家才能让普通的石块变成"金块";盯紧手上的织针,让灵感和想象驰骋,绣女才能织出绚丽无比的锦缎;盯紧手上的锄头,一次次地松动泥土,锄去杂草,农民才可能拥有喜悦的收获……

一位只有小学文化的著名作家在接受记者采访时说:"每次创作,无论是几十万字的长篇,还是百字小文,我都十二分地认真,都全身心地投入其中,只想着写好它,从来不去想它最终能否发表,不去想发表后能拿多少稿费。倒是这种完全抛却功利的轻松,帮我走上了成功。"这位作家的经验,再次告诉那些志存高远的人们——别把目光老是盯着朦胧的远方,只有先将激情和汗水毫不吝惜地播撒在跋涉的路上,才能赢得心中渴望的辉煌……

在人生的舞台,只留意别人的欢呼和台上的灯光,你无法全情投入地演绎你的人生。聆听心灵的旋律,专注手上的工作,把自己最好的一面呈现出来,这已经足够了。

> 只要努力,一只巴掌一样可以拍响。你一样能站起来的!

一只巴掌也能拍响

◇澜　涛

　　她从小就"与众不同",因为小儿麻痹症,不要说像其他孩子那样欢快地跳跃奔跑,就是走一走都做不到。寸步难行的她非常悲观和忧郁,当医生教她做一点儿运动,说这可能对她恢复健康有益时,她就宛如没有听到一般。随着年龄的增长,她的忧郁和自卑越来越重,甚至,她拒绝着所有人的靠近。但也有个例外,邻居家那个只有一只胳膊的老人却成为她的好伙伴。老人是在一场战争中失去一只胳膊的,老人非常乐观,她非常喜欢听老人讲的故事。

　　这天,她被老人用轮椅推着去附近的一所幼儿园,操场上孩子们动听的歌声吸引了他们。当一首歌唱完,老人说道:"我们为他们鼓掌吧!"她吃惊地看着老人,问道:"我的胳膊动不了,你只有一只胳膊,怎么鼓掌啊?"老人对她笑了笑,解开衬衣扣子,露出胸膛,用手掌拍起了胸膛……那是一个初春,风中还有着几分寒意,但她却突然感觉自己的身体里涌动起一股暖流。老人对她笑了笑,说着:"只要努力,一只巴掌一样可以拍响。你一样能站起来的!"

　　那天晚上,她让父亲写了一个纸条,贴到了墙上,上面是这样的一行字:一只巴掌也能拍响。那之后,她开始配合医生做运动。无论多么艰难和痛苦,她都咬牙坚持着。有一点儿进步了,她又以更大的受苦姿态,来求更大进步。甚至在父母不在时,她自己扔开支架,试着走路。蜕变的痛苦是牵扯到筋骨的。她坚持着,她相信自己能够像其他孩子一样行走,奔跑。她要行走,她要奔跑……

　　11岁时,她终于扔掉支架,她又向另一个更高的目标努力着,她开始锻炼打篮球和田径运动。1960年罗马奥运会女子100米跑决赛,当她以11秒18第一个撞线后,掌声雷动,人们都站立起来为她喝彩,齐声欢呼着这个美国黑人的名字:威尔玛·鲁道夫。那一届奥运会上,威尔玛·鲁道夫不仅成为当时世界上跑得最快的女人,她共摘取了3枚金牌,也是第一个黑人奥运女子百米冠军。

任何时候都不要放弃希望,哪怕只剩下一只胳膊;任何时候都不要放弃梦想,哪怕残疾得不能行走。

智慧锦囊

世界上许多困难的事情都是由那些自信心十足的人完成的。如果你有强大的自信,如果你有不屈的斗志,奇迹也会为你动容。

生活中,大多数人只羡慕鹰的翅膀,很少在意蜗牛的壳。

老鹰和蜗牛

◇林 夕

看一部电视片,是关于埃及的。说到埃及,就不能不说金字塔。主持人用极尽赞美之词赞美金字塔。对于金字塔,怎么赞美都是不过分的。末了,主持人又说:世界上只有两种动物能到达金字塔顶。一种是老鹰,还有一种,就是蜗牛。

那一刻,我的眼前立刻闪现出在天空中展翅翱翔的雄鹰,我想象着雄鹰站在金字塔顶、挥舞着一双翅膀的风姿。转而再想蜗牛,我的眼前闪现出它拖着厚重的壳、柔软的身体紧贴在墙面上,不断伸缩、向前蠕动的样子。

老鹰和蜗牛,以往我从来没有把它们联系在一起。它们是如此的不同:鹰矫健、敏捷、锐利,蜗牛弱小、迟钝、笨拙。鹰残忍、凶狠,杀害同类从不迟疑,蜗牛善良、厚道,从不伤害任何生命。鹰有一对飞翔的翅膀,蜗牛背着一个厚重的壳。这两种从出生就注定一个在天空、一个在地上完全不同的动物,它们唯一相同的一点,是都能到达金字塔顶。

鹰到达金字塔顶,我想主要是归功于它有一双飞翔的翅膀。也因了这双翅膀,鹰成为最凶猛、生命力最强的动物。它可以在最短的时间内迅速攻击和迅速逃离,成败都不使自己受伤害。所以,也可以说,鹰的翅膀就是它生命力最重要的一部分。鹰能拥有这样的翅膀,和它的残忍有关。鹰的残忍,不仅表现在对其他动物上,还表现在对自己同类上,包括对自己的幼子。据说,鹰每次产卵同时产出两个,等它们孵化成小鹰后,就把它们两个放在一起,不给食物,让它们争斗,让其中更强健的一个吃掉另一个。这虽然很残忍,但鹰族也因此而进化。

与鹰不同,蜗牛到达金字塔顶,主观上,是靠它永不停息的执著精神,客观上则应归功于它厚厚的壳。蜗牛的壳,95%的成分是碳酸钙,非常坚硬,它是蜗牛的保护器官。活动时若遇敌侵,将头迅速缩入壳内安全避难。蜗牛晚上活动白天休息。休息时将身体全部缩入壳内,保持和减少黏液散失,维持生命存活。据说,有一次,一个人看见蜗牛顶着厚重的壳艰难爬行,就好心地替它把壳去掉,让它轻装上阵。结果,蜗牛很快就死了。

正是这看上去又粗又笨、有些负重的壳,让小小蜗牛得以万里长征,到达金字塔顶。在登顶过程中,蜗牛的壳和鹰的翅膀,起的是同样作用。可惜,生活中,大多数人只羡慕鹰的翅膀,很少在意蜗牛的壳。

智慧锦囊

每个人都可以登上理想的高度,只要我们充分地发挥自己的长处,挖掘自己的能力,并拥有孜孜不倦的追求和持之以恒的耐力,随时调整自己,不屈不挠地前行,生命才有意义。

拥有信心的种子,就会盛开生命的春天;拥有信心的种子,就会撷取命运的花香。

像种子一样期盼

◇澜 涛

那年,高考落榜的打击让我失去了信心和激情,仿佛整个世界也都暗淡下来。在家中龟缩到春节过后,乡亲们纷纷准备春耕了,那些在异乡打工的年轻人也都背起行囊纷纷远行。我依然不知所措地沉湎在茫然和忧郁中,只是偶尔到我的小学班主任甄老师家坐坐。

甄老师已经退休，满头银发，清瘦矍铄，是村里德高望重的老人。每次去，我从来不说落榜的疼痛，他也从来不问，只是拿出围棋来，让我和他对弈。围棋我一点儿皮毛都不懂，他耐心地教授着我。我常常在头昏脑涨的时候问甄老师："你是村里公认的围棋大师，和我这样一个不入门的人下棋，你不会感觉到乐趣的，应该找旗鼓相当的对手下才好……"每次，甄老师总是笑而不语。我从一点儿不懂慢慢熟悉了规则，又慢慢懂得了怎样争抢实地空间。

当庄稼冒出地面，绿色铺满田地……我和甄老师已经可以厮杀得互有输赢了。

这天，和甄老师三盘棋下来已经接近中午了。被甄老师留下吃过午饭后，甄老师叫我和他一起去他的责任田看看。甄老师教学是模范，种地也不比其他人差，一地的玉米苗虽然都还不到半尺长，但生机勃勃。看着那些幼苗，甄老师的脸上浮现出孩子般的笑容，眼睛里满是亲切。突然，甄老师问我："你记得我是在什么时候开始教你下围棋的吗？"我有些迟疑："大概有两个月了吧！"

"是两个月，我教你下围棋的时候，正是要开始种地的时节。那时候，这一地的玉米苗还都是被放在口袋里的种子，当时我就想，等这些种子长成庄稼的时候，你总会学会下围棋的……我的一个学生，在省城开了一家公司，答应让你过去做业务员。你去试试吧，如果是种子，迟早会结出果实的，要有种子一样期盼的心灵。"

这是5年前的事情。在经历了一个又一个坎坷波折后，今天的我，已经拥有了一家百万资金的自己的公司。在我的办公室最显眼的地方挂着一条字幅，上面写着这样一句话：像种子一样期盼。

当山重水复，当冰封雪冻，当绝境压顶，请保存一颗种子般的心灵，期盼阳光穿透黑夜，期盼春意盎然，期盼鲜花灿烂……拥有信心的种子，就会盛开生命的春天；拥有信心的种子，就会撷取命运的花香。

春天来了，让我们像种子一样，期盼。

智慧锦囊

　　每一颗种子发芽之前都要经历泥土掩埋的黑暗。困境只会滋长向上的力量，只要不放弃对春天的期盼，种子总有一天会破土而出，迎风摇曳。

> 难怪有的人奋斗了一生却两手空空，那是因为他没有找准人生的着力点啊。

成功着力点

◇马国福

大学毕业那年找工作时我一心一意想找个条件好的单位,小单位我没有放在眼里。同学们一个个找到了如意的工作,而我还在外边为工作奔波。我被许多单位拒之门外,他们不是嫌我学历太低,就是嫌我专业不对口。我饱受了用人单位的挑剔白眼和一些人的冷嘲热讽,更为伤心的是相恋了两年的女朋友和我分手了。那段时间我感情受挫、工作无门、亲人生病,遇到了一系列不顺心的事。我显得很消沉。

有一天,一位朋友拉着我到校外散心,路过一处露天广场时我们被一场精彩的武术表演所吸引。一位武师运足功夫徒手劈开了十块叠在一起的实心砖头,他的表演赢得了在场的观众热烈的喝彩,并引得过往行人频频回头。表演结束时我和朋友走到后台找到这位武师,请教他是如何运功劈开砖头的。武师重新找了 10 块砖头,亲切地拍拍我们的肩膀,问道:"如果你想劈开这些砖头,你的着力点将放在哪个部位?"我们指着砖的中心说:"这里,我一定要打在中心点上。"武师笑道:"也对,砖架高时的中心点是最脆弱的部位。不过,如果你将着力点放在最上面的那块砖的中心,当你的手掌击中那一点时,将遭受同样大小的反弹力,令你的手疼痛不已。"

我不解地问:"那究竟应将着力点放在那个部位最合适?武师指着最下面的那块砖的下方说:"这里,你把所有的注意力和使力点放在整叠砖的下方的某一点,当你的注意力只看到砖的下方时,由上而下劈砍的手掌就能轻易地通过一块砖,而达到你心里所想的那一点。而你把注意力放在砖的上方或中心时,所用的力只能到中心为止,而无法向下面传递。"说完武师顺手一扬一掌辟开了那叠砖头。

武师的点化解开了我心中所有的迷惑,给我以深刻的启迪。我知道自己问题出在哪儿了。我重新认识自己定位自己,后来找到了一家能够发挥我特长的单位。

生活中成功者与一般人的区别在于他将眼光放在人生的下方,正确定位自己。一般人却习惯于将眼光放在人生的上方,抬高自己,因而他很难辟开人生道路上的"砖头"。成功者看到他真正所确定的目标,并不在乎自己是否具备足够的能力去实现。当他真正想要达到那个目标时,便会给自己自信,用智慧引导自己通过不懈的努力而掌握足够的本领,然后找到成功的着力点达到目标。

难怪有的人奋斗了一生却两手空空,那是因为他没有找准人生的着力点啊。一个人的成功决不会超过自己的信念和智慧,找准你人生的着力点,用心凝聚注意力在你真正想要达到的目标之上,用力一击,你就能听到成功发出的响声。

智慧锦囊

人生最重要的不是天赋和努力,而是一个准确的定位。当你精确知道自己成功的关键在哪,你已经看到了成功;如果你确定不了成功的着力点,即使你拥有天赋和努力,也会有劲使不出。

不论做什么,不管事情是否伟大,只要找到了位置便是了不起和值得庆祝的成功。

位 置

◇崔 浩

迈克在求学方面一直遭遇失败与打击,先是未能升上重点高中,接着在高中未毕业时被学校劝退。校长对他的母亲说:"迈克或许并不适合读书,他的理解能力差得让人无法接受。他甚至弄不懂两位数以上的计算。"

母亲很伤心,她把迈克领回家,准备靠自己的力量把他培养成才。可是迈克对读书不感兴趣,并非丝毫不感兴趣,为了安慰母亲,他也试着努力学习,但是不行,他无论如何也记不住那些需要记忆的知识。母亲很失望,迈克也为自己让母亲失望而感到伤心。他加倍努力学习,但收效甚微。尽管如此,母亲和迈克仍然一同努力,期待着迈克在学习上的成功。

一天,当迈克路过一家正在装修的超市时,他发现有一个人正在超市门前雕刻一件艺术品,迈克产生了兴趣,他围上前去,好奇而又用心地观赏起来。

不久,母亲发现迈克把兴趣从读书转移到雕刻上,无论他发现什么具有一定形状的材料,包括木头、石头等,他一定会认真而仔细地按照自己的想法去打磨和塑造它,直到它的形状让他满意为止。母亲很着急,她不希望他因玩弄这些东西而耽误学习。迈克不得不听从母亲的吩咐继续读书,但同时又从不放弃自己的爱好并且他一直想做得更好。

迈克的学习最终还是让母亲彻底失望了,没有一所大学肯录取他,哪怕是本地并不出名的学院。母亲对迈克说:"你走自己的路吧,没有人会再对你负责,因为你已长大!"

迈克知道他在母亲眼中是一个彻底的失败者,他很难过,决定远走他乡去寻找自己的位置和事业。

许多年后,市政府为了纪念一位名人,决定在市政府门前的广场上置放名人的雕像。众多的雕塑大师纷纷献上自己的作品,以期望自己的大名能与名人以及市政府联系在一起,这将是难得的荣耀和成功。

最终一位远道而来的雕塑师获得了市政府及专家的认可,他的雕塑作品被置于市政府门前广场的显要位置,引来了许多人的参观和赞同。在开幕式上,这位雕塑大师对所有的人说:"我想把这座雕塑献给我的母亲,因为我读书时没有获得她期望中的成功,我的失败令她伤心失望。现在我要告诉她,在大学里没有我的位置,但生活中总会有我一个位置,而且是成功的位置。我想对母亲说的是,希望今天的我不至于让她再次失望。"

在人群中,迈克的母亲喜极而泣。她知道迈克并不笨,当年只是她没有把他放对位置而已。每个人都会在生活中找到属于自己的天地,不论做什么,不管事情是否伟大,只要找到了位置便是了不起和值得庆祝的成功。

智慧锦囊

粪便投入土地的怀抱会变成肥料,蛇毒用于治疗风湿会成为良药。天下没有绝对的一无是处,暂时的失败,只是因为你没有找到属于自己的天地。

给自我加重,这是一个人不被打翻的唯一方法。

风中的木桶

◇李雪峰

一个黑人小孩在他父亲的葡萄酒厂看守橡木桶。每天早上,他用抹布将一个个木桶擦拭干净,然后一排排整齐地排列在那里。令他生气的是夜里那些淘气的风,往往一夜之间,那些风就把他排列整齐的木桶吹得东倒西歪七零八落。

男孩很生气,就在一个个木桶上用蜡笔给风写信说:"请不要吹翻我的木桶。"小男孩的父亲见了,微笑着问小男孩说:"风能读懂你的请求吗?"

小男孩说:"我不知道,但我对风没有办法。"

第二天早上起来,小男孩跑到放桶的地方一看,可恶的风根本没理睬自己的请求,还是依旧把他的木桶吹得东倒西歪。小男孩很委屈地哭了。男孩的父亲摩挲着男孩的头顶说:"孩子,别伤心,我们可能对风没有什么办法,但我们却可以对自己有办法,我们可以拿自己的办法去征服那些风。"

小男孩于是擦干了眼泪坐在木桶边想啊想啊,想了半天,他终于想出了一个办法来。他去井上挑来一桶一桶的清水,然后把它们倒进那些空空的橡木桶里,然后他就忐忑不安地回家睡觉了。

第二天天刚蒙蒙亮,小男孩就匆匆爬了起来,他跑到放桶的地方一看,那些橡木桶一个个排列得整整齐齐,没有一个被风吹倒的,也没有一个被风吹歪的。小男孩高兴地笑了,他对父亲说:"木桶要想不被风吹倒,我们可以对风没办法,但我们可以对自己对木桶有办法,办法很简单,那就是加重木桶自己的重量。"

小男孩的父亲赞许地微笑了。

是的,我们可能改变不了风,改变不了这个世界和社会上的许多东西,但是我们可以改变自己,改变我们自身的重量和我们自己心灵的重量,这样我们就可以稳稳地站在这个世界上和生活上,不去被风或其他什么的吹倒和打翻。

给自我加重,这是一个人不被打翻的唯一方法。

木桶有重量就不会再被风吹倒。人也一样,一个人如果能不去埋怨风的强劲,不去哀求风的恻隐,懂得自尊自爱、自强不息,懂得把自己的能力提升到足以与风抗衡的层次,又怎会在生活的风雨面前跪倒呢?

给兰修根,可以修来一室幽馨的兰香;如果给我们自己修根,修去我们那盘根错节耗费时光的恶习之根呢?

沙 漠 之 树

◇李雪峰

我的阳台上养了一盆吊兰,不是很名贵的那种,绿绿的长条形叶子,微小得如一粒一粒白米的玉白色小花,绿纤纤的茎条上,吊满了一簇簇毛茸茸的小吊兰。微风轻轻拂过,那些吊在纤条上的小吊兰,在空中荡呀荡呀,像一群荡秋千的小孩子。

但我的吊兰总没有对面花圃里的那一盆盆吊兰葱。花圃里的吊兰叶条墨绿,叶子长得又宽又肥,似乎每一条叶子都潜伏着一股生命的蓬勃和昂扬之气,盆盆绿意盎然,底气十足;而我阳台上的那盆吊兰,虽然我也常常给它施肥、浇水,但它始终没有那么生机勃勃地葱郁过,它的叶条向来只是淡绿的,叶茎也稀疏,像一个有些略略贫血的苍白少女。

我去对面的花圃找那位白眉白须的花匠,花匠听后,问我说:"你给它修根了吗?"修根? 难道花儿也需要修根吗? 花匠笑笑,捧过来一盆吊兰用手掌在花盆上拍了拍,然后轻轻用手一提便将吊兰和泥土从盆中提出来了。吊兰纵横的茂盛根须早把泥土抱成了盆形的一团,那根须银银的,细的细如银发,肥的粗壮如小拇指。花匠拿了把剪刀,嚓嚓将那些粗壮的根茎剪掉说:"如果不修根,养分全被吸到根上来了,怎么能给你绽叶开花呢? "

回家后,我像花匠那样,将阳台上吊兰的根茎细细修剪过,果然未出月余,那吊兰就变得氤氲着墨绿的蓬勃色泽,纤纤的青绿茎上绽出一朵一朵星粒似的小花,那花朵幽幽的香弥漫了我静静的居室。

给兰修根,可以修来一室幽馨的兰香;如果给我们自己修根,修去我们那盘根错节耗费时光的恶习之根呢?

或许我们能够修出一脉生命的花香。

智慧锦囊

　　生活就像一个万花筒,千变万化只是它的表象,万花筒的本质不过三片小镜子而已。生活中,我们常常把过多的精力沉浸于事物精致的细节末梢和善变的外形,而忘记了我们更应该注意的问题和更应该探讨的本质。

我淘到了一桶成色十足的金子,那就是诚信。

第 一 桶 金

◇雪小禅

　　这是一个发生在中国 IT 业老板身上真实的故事,主人公现在是北大方正总裁黄斌。

　　1993 年,黄斌在中关村与人合租了一个小门脸攒机子,那时他们的资金只有3000块,在这种环境下,他也算做起了自己的 IT 业。

　　第一笔生意居然是一个 20 万元的单子,一个东北人来北京攒机子,听到黄斌的报价这个东北人简直不相信自己的耳朵,因为简直低得难以想象!谁知签完单子后黄斌才发现自己把报价报错了。这就意味着,假如他继续做这笔买卖,他将赔进去 1 万多块钱,要知道,他的家底只有 3000 块。

　　这时候他犹豫了,因为放在面前的有三条路,第一条是守信誉,做一个诚信的人继续把生意做完,就算赔掉了脑袋也要做。第二条是和对方讲明原因,让他把差价补上。第三条是把这笔单子推出去,就说做不了。

　　经过几天的思考,他再三权衡,然后他对自己做出了一个最重要的承诺:走第一条路。

　　真是塞翁失马,焉知非福,那个东北人知道后感动了好久,接着就把 100 万的活给了他,而此时中关村电脑配件和小孩子的脸一样变得很快,已经狂降了下来。可想而知，黄斌用自己的诚信赢得了什么，岂止是几十万，因为以后，他用这笔资金打开了市场，终于成了IT业的精英人物。

后来有人和他开玩笑，问他淘到的第一桶金赚了多少钱？他总是说，我没有赚，而是赔了一万多，但是，我却淘到了一桶成色十足的金子，那就是诚信。

智慧锦囊

"诚信"这个词是可以这样理解的，你首先要诚实，别人才会信任你。决战商场，最珍贵的资源就是人缘。金钱亏损了，可以赚回来；如果一个人的信誉出了问题，那他以后在商场就很难再有立足之地了。